建筑 市政 公路工程模架图册

北京城建集团有限责任公司 编著

中国建筑工业出版社

图书在版编目（CIP）数据

建筑 市政 公路工程模架图册 / 北京城建集团有限责任公司编著. — 北京：中国建筑工业出版社，2023.2
ISBN 978-7-112-28323-1

Ⅰ. ①建… Ⅱ. ①北… Ⅲ. ①建筑工程-工程施工-图集②市政工程-工程施工-图集③道路施工-图集
Ⅳ. ①TU7-64②TU99-64

中国国家版本馆 CIP 数据核字（2023）第 025272 号

责任编辑：张伯熙
文字编辑：沈文帅
责任校对：董　楠

建筑　市政　公路工程模架图册

北京城建集团有限责任公司　编著

*

中国建筑工业出版社出版、发行（北京海淀三里河路 9 号）
各地新华书店、建筑书店经销
北京鸿文瀚海文化传媒有限公司制版
北京云浩印刷有限责任公司印刷

*

开本：787 毫米×1092 毫米　横 1/16　印张：28½　字数：687 千字
2023 年 3 月第一版　　2023 年 3 月第一次印刷
定价：96.00 元
ISBN 978-7-112-28323-1
（40280）

编委会名单

主　任：张晋勋

副主任：毛　杰　高淑娴

委　员：李鸿飞　杨军霞　董佳节　彭其兵　王振兴
　　　　武福美　杨国良　李红专　李凤君　刘卫东
　　　　宗兆民

编制人：

彭志勇	马铨斌	李全智	黄陆川	高文光	姚文花	贺永跃	雷小娟	张兰芳	郭清明
费　恺	吴仍辉	鄂　梅	董彦廷	钟生平	周泽亮	刘　涛	倪文准	郭　腾	罗彦飞
孙　冰	庞东风	张峻铭	罗大风	刘　龙	杨　谦	付伟杰	张志伟	苏矿源	王　爽
胡　旭	胡经纬	丁志坚	张鹏飞	张继超	胡文滔	陆文娟	王　斌	王学波	苏　靖
侯　帅	王建光	高　然	孙　健	崔建东	尤宏坤	钟　良	马德元	张　鑫	苟学思
马振鹏	孟祥磊	陈佳鑫	潘振涛	彭海中	张绍祯	郝家琪	王伟伟	邢　彬	潘国庆
戈　玮	魏斌孝	孙晓鹏	王同超	肖桂娟	刘艳超	郭锐阳	王　涛	张　鹏	郭晓威
王海燕	黄京健	于英杰	刘大鹏	桂　征	张西成	张永辉	刘　兵	李照杰	昌泰然
江桂龙	刘　其	马桂利	龙长喜	刘晓军	苏艳春	袁志强	李莽义	夏倚天	石　静
					吴国跃	王晓研	孔维国	吴海益	张　强
					王子扬	霍君娣	李学峰	杨　金	李　枫
					王　宾	刘洪民	古文辉	要志东	庞永洪
					尹起龙	孙伟昆	李克涛	林超东	常亚亚
					赵金环	王少冬	李克涛	张　凯	

前　　言

模架工程是保证建筑施工安全、质量的重要环节，其设计受到监督管理、建设、施工、监理等各方的高度重视，先进的模架设计与应用是保证工程安全质量，加快进度和降低成本的重要手段，直接影响着施工企业的经济效益和社会效益。因此，一些模架工程的工具书应运而生，但大多以文字为主，市场迫切需要各类工程的模架施工图工具书。

北京城建集团有限责任公司承建了以北京大兴国际机场、国家速滑馆、国家体育场、国家体育馆、北京首都国际机场、国家大剧院、北京奥运村、北京银泰中心等建筑、市政、公路重大工程项目，其模架工程施工具有技术含量高、工程类别广泛的特点，积累了丰富的模架工程经验，为了提高模架工程施工技术水平，北京城建集团模架工程专业委员会组织编制了本图册。

本图册为模架工程工具书，主要内容涵盖了建筑、市政、公路工程各类现浇混凝土结构不同模架体系的施工应用，涵盖了各类新型模架体系。各类模架工程施工图均包括平面图，立面图，剖面图和相关节点的构造详图。常用施工工艺模架工程的规范化设计，有助于提高施工技术人员编制模架工程专项施工方案的水平，减少技术人员的重复劳动，对提高模架工程施工的安全质量有着重要作用。

本图册执行了现行国家、行业和地方标准，积极吸收采用新型的模架技术和产品，紧密结合工程施工实际，在保证施工安全、质量的前提下，力争做到技术先进，可操作性强。可供施工企业、模架专业公司进行模架设计、施工方案编制、技术交底、施工生产、技术培训等参考使用。

本图册由北京城建集团有限责任公司模架工程专业委员会组织编写、审定，北京城建建设工程有限公司、北京城建二建设工程有限公司、北京城建五建设集团有限公司、北京城建六建设集团有限公司、北京城建七建设工程有限公司、北京城建八建设发展有限公司、北京城建亚泰建设集团有限公司、北京城建北方集团有限公司、北京城建轨道交通建设工程有限公司、北京城建道桥建设集团有限公司等单位的有关技术人员参加了编写工作，北京卓良模板有限公司为本图册编制提供了大量技术资料，在此表示感谢。

由于编者水平有限，本图册难免存在不足之处，恳请提出批评指导意见，以便改进。

2022 年 12 月

图册总说明

1. 本图册适用于建筑、市政、公路工程等现浇混凝土结构施工的模架工程施工图设计。

2. 本图册以模架施工图为主，每一单元或产品设计包括模架施工平、立、剖面图和构造节点详图。所选用的模架施工图均具有一定的代表性，既结合经验及传统做法，又融入先进技术。模架施工图设计时既充分考虑了模架的承载能力、刚度和稳定性，又特别注重模板及其支撑架细部设计，有效地提高混凝土结构的成形质量。设计力求做到：构造简单、装拆方便、改装容易、储运方便，便于钢筋的绑扎、安装和混凝土的浇筑、养护等。

3. 本图册每张模架设计图均以典型工程实例为基础，按比例绘制，出版时隐去部分特定设计数据，但按规范强制性要求标注了构造及必要的安全尺寸（未标明单位的尺寸均以 mm 计），参照使用时应结合工程实际进行针对性设计，在确保安全、质量、工期的前提下，优选通用性强、周转率高、支拆用工少、模板自重轻的模架产品，减少一次性投入，达到技术经济指标合理的要求。

4. 本图册以现行通用的模架产品和施工工艺为主，依据现行的国家、行业标准规范编写，既包含建筑、市政、轨道交通、公路桥梁等领域的传统模架体系，又涉及铝合金模板等新型模架体系。在高层建筑、桥梁结构施工中，本图册重点针对液压爬升模板、液压滑动模板、台模、挂篮等施工工艺进行了模架设计。

目　录

第二章　柱模板

第九章　异形结构模架

第二部分　市政工程

第十章　现浇混凝土挡土墙模板

第十一章　城市地下通道模板

第十二章　隧道工程模板台车

第十三章　轨道交通工程模架

第十七章 上部结构

第十八章 特殊体系

第十九章　现浇防撞墩模板

第一部分

建筑工程

第一章

墙体模板

1.1 墙体模板说明

一、适用范围

适用于现浇混凝土结构的墙体模板。

二、技术要求

1. 墙体模板可采用木胶合板模板、组合钢模板、钢大模板、钢木组合大模板、塑料模板、铝合金模板等。模板材质必须满足规范要求，模板及其支架应具有足够的承载力、刚度和稳定性。

2. 根据混凝土的施工工艺、构件截面尺寸和季节性施工措施等确定模板构造和承受的荷载，绘制配板设计图、支撑设计布置图、细部构造节点详图。

3. 按照模板承受荷载的最不利组合对模板进行设计计算，包括面板的强度、抗剪和挠度、内外背楞的强度和挠度、对拉螺栓的强度等。

三、注意事项

1. 墙体模板配板高度应按以下原则确定：内墙模板高度＝层高－顶板厚（或梁高）＋30；对于钢大模板，外墙模板中的外板高度＝内板高度＋50，安装时外板下挂墙体50，防止错台、漏浆。

2. 具有抗渗要求的墙体采用三节式止水对拉螺栓，其他墙体采用普通对拉螺栓，直径和间距根据计算确定。

3. 清水混凝土模板对拉螺栓孔应做专项设计，原则为对称布置、排布美观，当不能或不需设置对拉螺栓时，应设置假眼。明缝应设在施工缝处，明缝、蝉缝水平方向应交圈，竖向应顺直有规律。外墙模板分块宜以轴线或门窗口中线为对称中心线，内墙模板分块宜以墙中线为对称中心线。阴角模板与大模板之间不宜留有调节余量，确需留置宜采用明缝方式处理。

墙体模板说明				图号	1.1.1
设计	谭丁	制图	罗大风	审核	李湘郴

1.2 组合钢模板

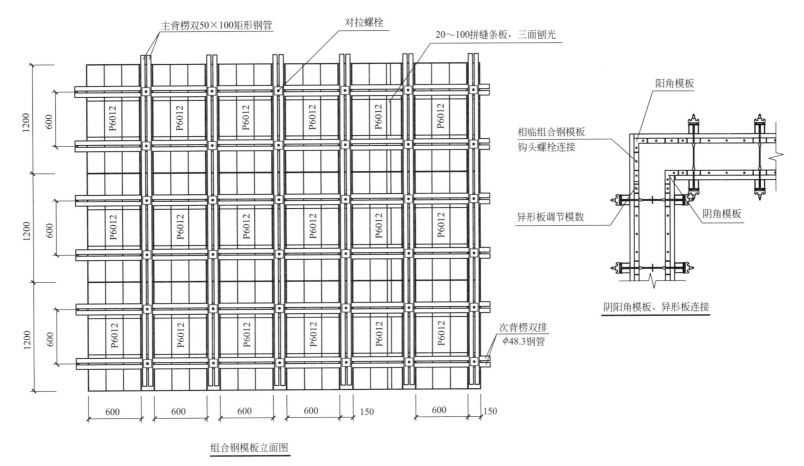

组合钢模板立面图

阴阳角模板、异形板连接

注：1. 螺栓间距750(700)×600，螺栓直径一般为12～16，根据计算确定。
    2. 模板的宽度和高度可根据墙高和墙长需要调整。
    3. 拼缝板与标准板错缝布置。
    4. 主背楞不限于方钢管，也可采用其他材料。

组合钢模板立面图		图号	1.2.1
设计	制图	审核	

5

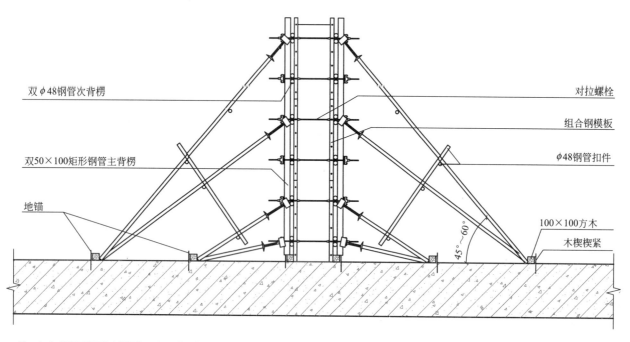

双ϕ48钢管次背楞

对拉螺栓

组合钢模板

双50×100矩形钢管主背楞

ϕ48钢管扣件

地锚

100×100方木

木楔楔紧

45°～60°

注：1. 主背楞不限于矩形钢管，也可采用其他材料。
　　2. 底板(楼板)浇筑时预埋地锚作为支撑点，具体位置和间距根据计算确定。

内墙组合钢模板组装图				图号	1.2.2
设计		制图	罗大风	审核	

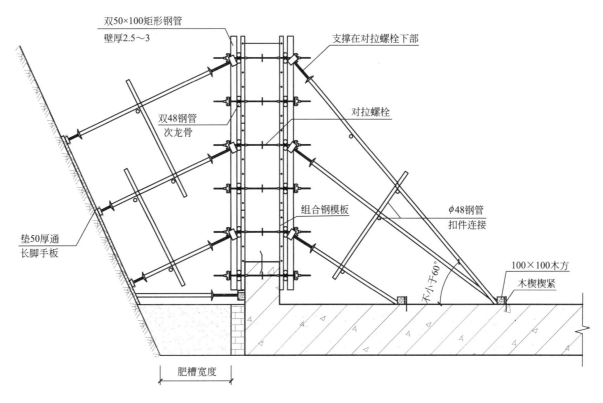

双50×100矩形钢管
壁厚2.5～3

支撑在对拉螺栓下部

双48钢管
次龙骨

对拉螺栓

组合钢模板

ϕ48钢管
扣件连接

垫50厚通
长脚手板

不小于60°

100×100木方

木楔楔紧

肥槽宽度

注：1. 此图为导墙以上第一层墙体做法，其他层同此做法。
　　2. 靠基坑护壁一侧的支撑底部需铺50厚通长脚手板，防水保护墙外侧按要求回填夯实。
　　3. 导墙上预埋止水螺栓用于最下排墙体模板龙骨拉接。

地下室外墙组合钢模板组装图				图号	1.2.3
设计		制图		审核	

7

1.3 钢大模板

一、适用范围

1. 为规范全钢大模板的设计及施工管理，提高模板设计和施工质量，达到技术先进、安全适用、经济合理，制定本图册。

2. 本图册适用于房屋建筑和市政基础设施工程中竖向现浇混凝土工程用全钢大模板的设计与施工。

3. 全钢大模板的应用除应符合本图册外，还应符合《全钢大模板应用技术规程》DB11/T 1848—2021 的相关规定。

二、技术要求

1. 全钢大模板的板块规格应标准化；配板设计应以标准板为主，补充非标准板，宜采取分段流水施工。

2. 全钢大模板宜由平面模板、角模板、斜支撑、操作平台、对拉螺栓及各种连接件组成。模板构造做法宜符合本规程附录 A 的规定。

3. 全钢大模板分为整体式全钢大模板和拼装式全钢大模板，模板的标准规格应符合下列规定：
（1）模板截面高度应为 86。
（2）模板高度应符合建筑模数 1M0（M0＝100）。
（3）模板宽度应符合建筑模数 3M0。

4. 房建用全钢大模板标准板的规格尺寸宜按表 1.3-1 确定。

全钢大模板标准板规格尺寸表　　　　表 1.3-1

模板类型	模板截面高度	模板高度	模板宽度
拼装式模板标准板	86	2600、2700、2800、2900	300、900、1500
整体式模板	86	2600、2700、2800、2900	1800、2100、2700、3000、3300

5. 非标准全钢大模板的高、宽尺寸应按工程需要设计，截面高度宜取 86。

三、注意事项

1. 工程所选用的全钢大模板承载力设计值不应低于 60kN/m²。

2. 全钢大模板中的钢构件设计应符合《钢结构设计标准》GB 50017—2017 的规定。

3. 全钢大模板应满足板面平整、尺寸准确、拼缝严密的要求。

	钢大模板设计说明		图号	1.3.1
设计		制图	审核	

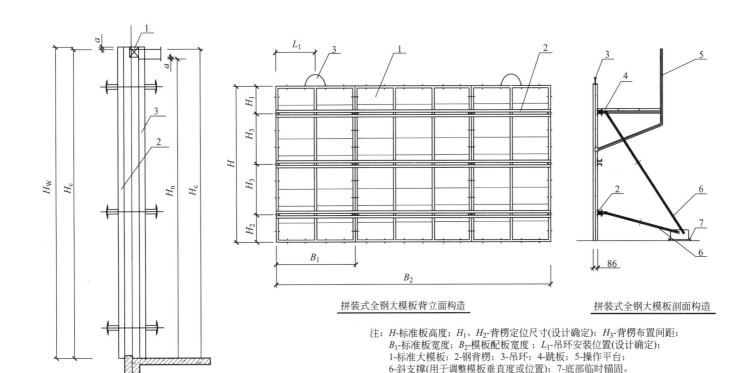

拼装式全钢大模板背立面构造

拼装式全钢大模板剖面构造

注：H-标准板高度；H_1、H_2-背楞定位尺寸(设计确定)；H_3-背楞布置间距；
B_1-标准板宽度；B_2-模板配板宽度；L_1-吊环安装位置(设计确定)；
1-标准大模板；2-钢背楞；3-吊环；4-跳板；5-操作平台；
6-斜支撑(用于调整模板垂直度或位置)；7-底部临时锚固。

拼装式全钢大模板配板设计高度示意图

注：1-施工缝模板；2-外墙大模板；3-内墙大模板；
H_w-外墙大模板设计高度；H_n-内墙大模板设计高度；
H_c-建筑结构层高；a-搭接尺寸。

钢大模板组装示意图				图号	1.3.2
设计	弪水	制图	胡纺纬	审核	李湘祁

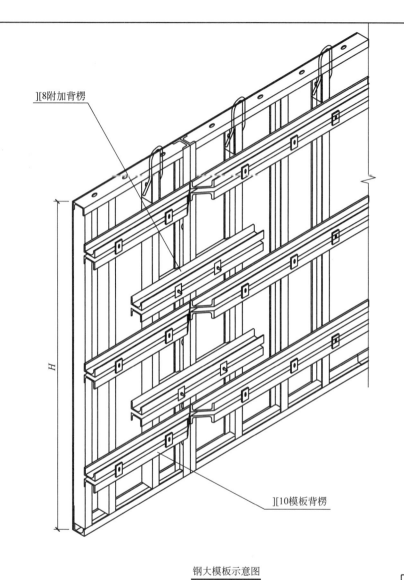

][8附加背楞

][10模板背楞

H

钢大模板示意图

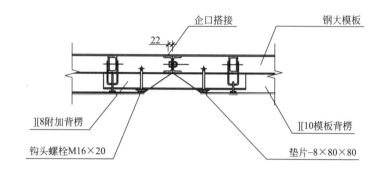

22

企口搭接

钢大模板

][8附加背楞

钩头螺栓M16×20

][10模板背楞

垫片-8×80×80

钢大模板连接示意图

注：1. 本图以86系列钢大模板为例。
　　2. 为保证组拼模板平整度，先将两块模板用标准件连
　　　 接，然后用附加背楞通过钩头螺栓把附加背楞和模板
　　　 连接在一起，其作用是保证组拼模板的平整度。
　　　 配模高度H=楼层净高+50mm。
　　3. 背楞常采用槽钢。

钢大模板连接示意图				图号	1.3.3
设计	丁松水	制图	胡幼纬	审核	李雅如

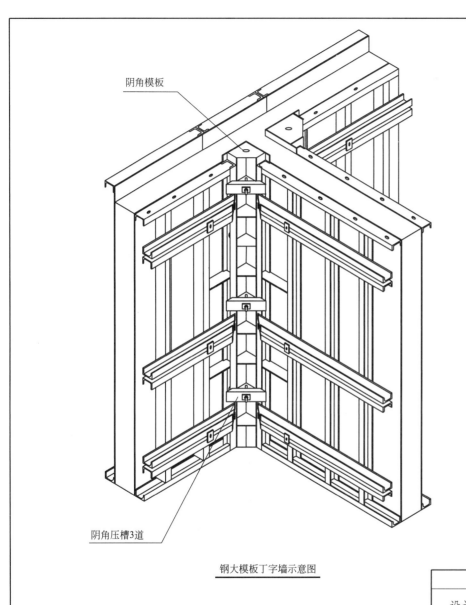

阴角模板

阴角压槽3道

钢大模板丁字墙示意图

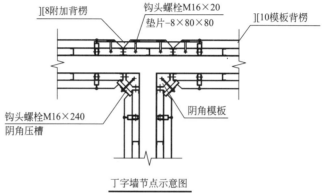

][8附加背楞　　钩头螺栓M16×20　　][10模板背楞
　　　　　　　垫片-8×80×80

钩头螺栓M16×240　　　　　阴角模板
阴角压槽

丁字墙节点示意图

注：1. 本图以86系列钢大模板为例。
　　2. 背楞常采用槽钢。

钢大模板丁字墙节点示意图			图号	1.3.4
设计		制图	审核	

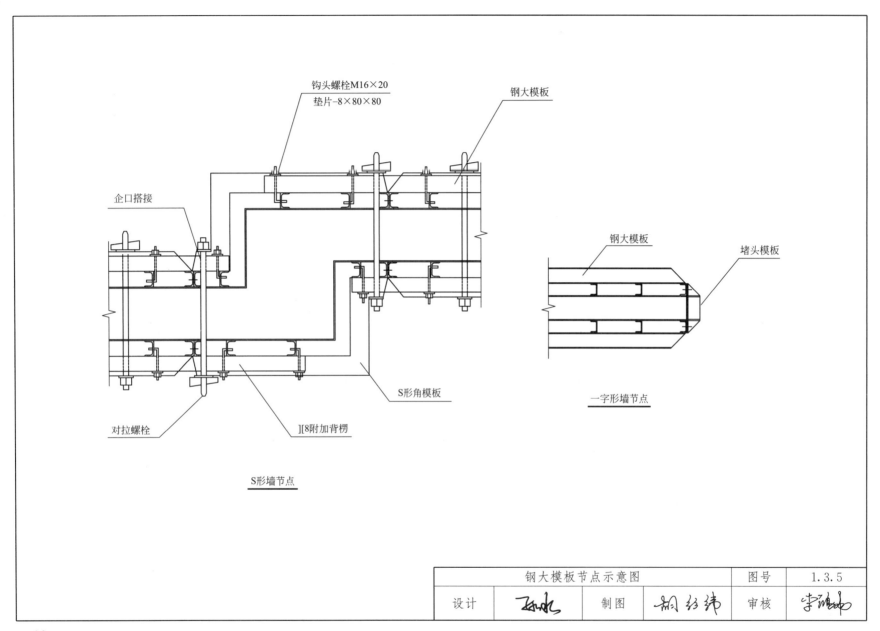

钩头螺栓M16×20
垫片-8×80×80
钢大模板
企口搭接
钢大模板
堵头模板
对拉螺栓
][8附加背楞
S形角模板
一字形墙节点
S形墙节点

钢大模板节点示意图				图号	1.3.5
设计		制图		审核	

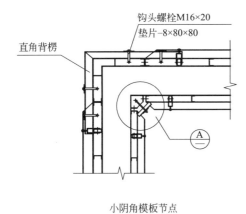

钩头螺栓M16×20
垫片-8×80×80
直角背楞

A

小阴角模板节点

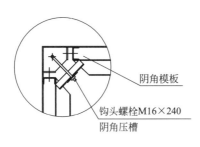

阴角模板
钩头螺栓M16×240
阴角压槽

A

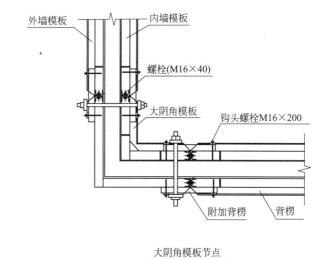

外墙模板
内墙模板
螺栓(M16×40)
大阴角模板
钩头螺栓M16×200
附加背楞
背楞

大阴角模板节点

墙体阴阳角模板节点示意图		图号	1.3.6
设计	制图	审核	

13

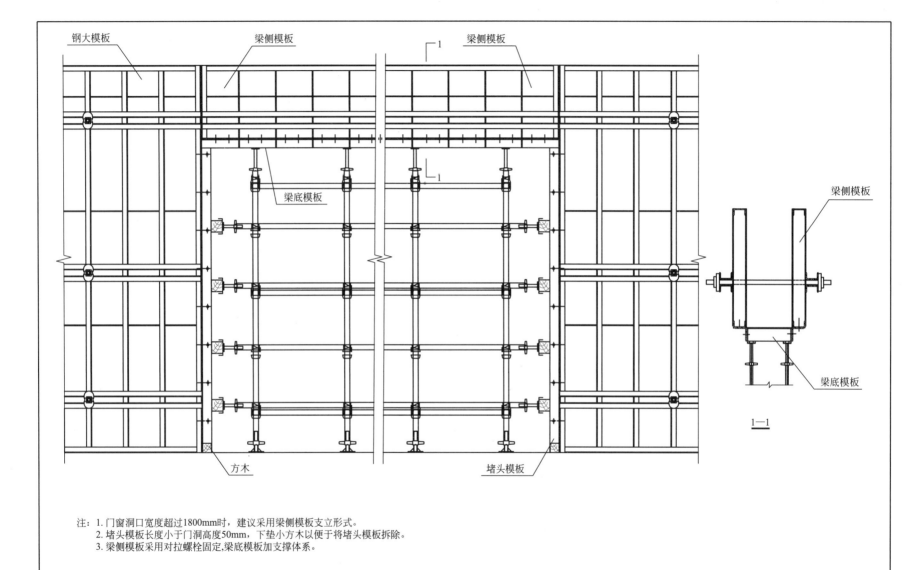

注：1. 门窗洞口宽度超过1800mm时，建议采用梁侧模板支立形式。
　　2. 堵头模板长度小于门洞高度50mm，下垫小方木以便于将堵头模板拆除。
　　3. 梁侧模板采用对拉螺栓固定,梁底模板加支撑体系。

洞口模板节点图				图号	1.3.7
设计		制图		审核	

1.4 钢木组合大模板

一、适用范围

适用于现浇混凝土结构的钢木组合大模板。

二、技术要求

1. 墙体模板采用钢木组合大模板，木胶合板和型钢材质必须满足规范要求，模板及其支撑架应具有足够的承载力、刚度和稳定性。

2. 根据混凝土的施工工艺、构件截面尺寸和季节性施工措施等确定钢木组合模板构造和所承受的荷载，绘制配板设计图、支撑设计布置图、细部构造节点详图。

3. 按照模板承受荷载的最不利组合对钢框木组合模板进行设计计算，包括胶合板的强度、抗剪和挠度、型钢的强度和挠度、对拉螺栓的强度等。

三、设计说明

1. 墙体模板配板高度应按以下原则确定：内墙模板高度＝层高－顶板厚（或梁高）＋30；外墙模板中的外板高度＝内板高度＋50，安装时外板下挂墙体50，防止错台漏浆。

2. 具有抗渗要求的墙体采用三节式止水对拉螺栓，其他墙体采用普通对拉螺栓，直径和间距根据计算确定。

3. 清水混凝土模板对拉螺栓孔应做专项设计，原则为对称布置，排布美观；当不能或不需设置对拉螺栓时，应设置假眼。明缝应设在施工缝处，明缝、蝉缝水平方向应交圈，竖向应顺直有规律。外墙模板分块宜以轴线或门窗口中线为对称中心线，内墙模板分块宜以墙中线为对称中心线。阴角模板与大模板之间不宜留有调节余量，确需留置宜采用明缝方式处理。

4. 钢木组合模板之间配置子母口，两模板贴合严密，不得留有缝隙。

钢木组合大模板说明				图号	1.4.1
设计		制图		审核	

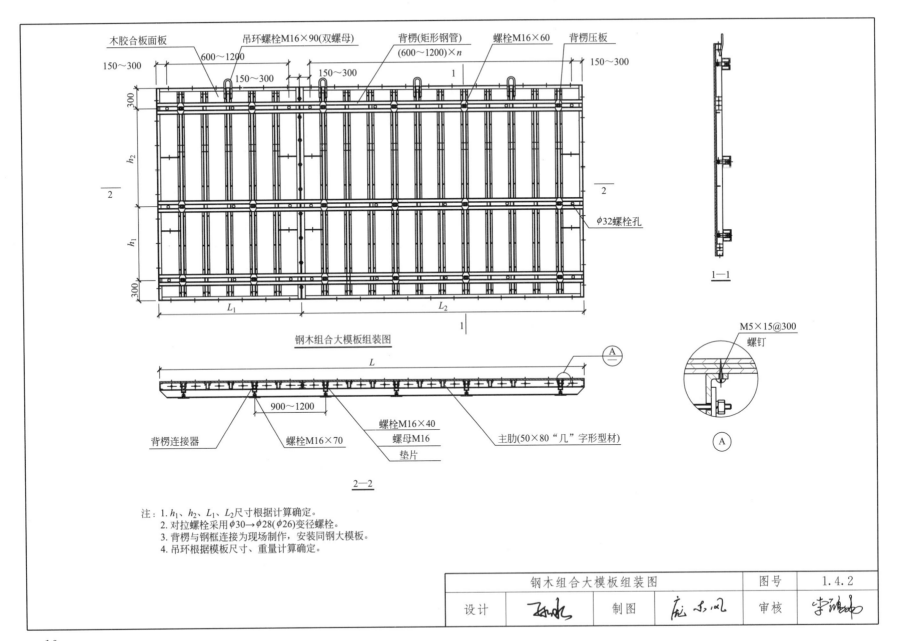

木胶合板面板　吊环螺栓M16×90(双螺母)　背楞(矩形钢管)　螺栓M16×60　背楞压板
600～1200　　(600～1200)×n

150～300　　　150～300　　150～300　　　　1　　　　150～300

300

h_2

2 ──　　　　　　　　　　　　　　　　　　　　　　　── 2

h_1

ϕ32螺栓孔

300

L_1　　　　　　　　L_2

1

1─1

钢木组合大模板组装图

L　　　　　　　　　　　　　　　　　　　　　　Ⓐ

M5×15@300
螺钉

900～1200

背楞连接器　　螺栓M16×70　螺栓M16×40　主肋(50×80"几"字形型材)
　　　　　　　　　　　　螺母M16
　　　　　　　　　　　　垫片

Ⓐ

2─2

注：1. h_1、h_2、L_1、L_2尺寸根据计算确定。
　　2. 对拉螺栓采用ϕ30→ϕ28(ϕ26)变径螺栓。
　　3. 背楞与钢框连接为现场制作，安装同钢大模板。
　　4. 吊环根据模板尺寸、重量计算确定。

钢木组合大模板组装图		图号	1.4.2
设计	制图	审核	

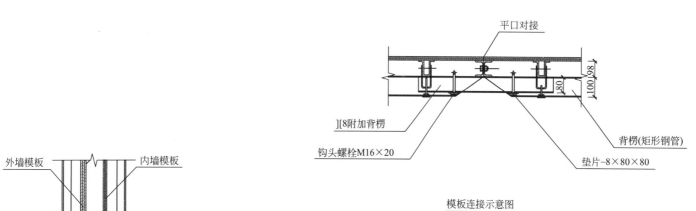

平口对接

][8附加背楞

钩头螺栓M16×20

背楞(矩形钢管)

垫片-8×80×80

模板连接示意图

外墙模板

内墙模板

螺栓(M16×40)

阴角模板

钩头螺栓M16×200

阳角模板

附加背楞

背楞

阴阳角模板节点

钢木组合大模板连接节点示意图		图号	1.4.3
设计	制图	审核	

1.5 木工字梁模板

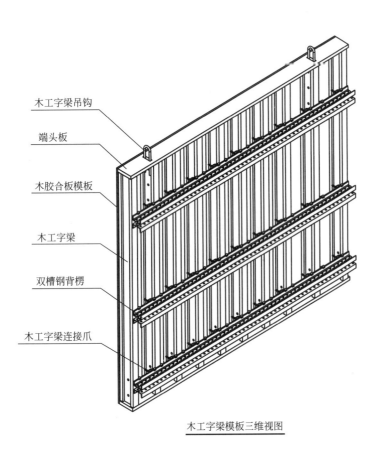

- 木工字梁吊钩
- 端头板
- 木胶合板模板
- 木工字梁
- 双槽钢背楞
- 木工字梁连接爪

木工字梁模板三维视图

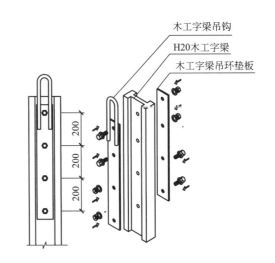

- 木工字梁吊钩
- H20木工字梁
- 木工字梁吊环垫板

200
200
200

木工字梁模板吊钩节点图

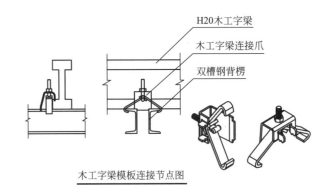

- H20木工字梁
- 木工字梁连接爪
- 双槽钢背楞

木工字梁模板连接节点图

木工字梁模板三维视图				图号	1.5.1
设计	古文辉	制图	古文辉	审核	高晓娟

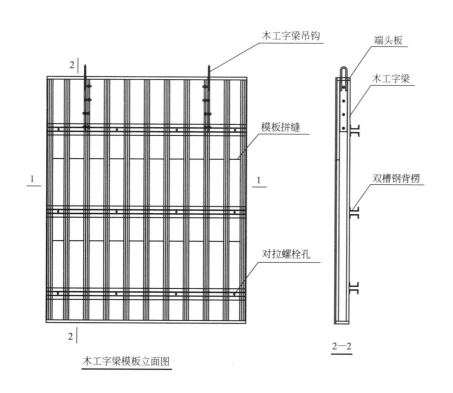

木工字梁吊钩

模板拼缝

端头板

木工字梁

双槽钢背楞

对拉螺栓孔

木工字梁模板立面图

2—2

连接爪

1—1

木工字梁型号参数

型号	截面面积 (cm²)	X-X	
		截面抵抗矩 (cm³)	抗弯刚度 (kN·cm²)
H20	95.78	418	450
	理论重量 (kg/m)	允许剪力 (kN)	允许弯矩 (kN·m)
	5.04	11	5

注：H20木工字梁间距根据计算确定，注意避开螺栓孔位置。

木工字梁模板立面图				图号	1.5.2
设计		制图		审核	

1.6 木大模板

一、适用范围

适用于现浇混凝土结构的木组合模板。

二、技术要求

1. 本图册墙体模板采用木组合大模板，木质胶合板和方木材质必须满足规范要求，模板及其支撑架应具有足够的承载力、刚度和稳定性。

2. 根据混凝土的施工工艺、构件截面尺寸和季节性施工措施等确定木组合模板构造和所承受的荷载，绘制配板设计图、支撑设计布置图、细部构造节点详图。

3. 按照模板承受荷载的最不利组合对木模板进行设计计算，包括胶合板的强度、抗剪和挠度、方木的强度和挠度、对拉螺栓的强度等。

三、注意事项

1. 墙体模板配模高度应按以下原则确定：内墙模板高度＝层高－顶板厚（或梁高）＋30；外墙模板中的外板高度＝内板高度＋50，安装时外板下挂墙体50，防止错台漏浆。

2. 具有抗渗要求的墙体采用三节式止水对拉螺栓，其他墙体采用普通对拉螺栓，直径和间距根据具体计算确定。

3. 清水混凝土模板对拉螺栓孔应做专项设计，原则为对称布置、排布美观，当不能或不需设置对拉螺栓时，应设置假眼。明缝应设在施工缝处，明缝、蝉缝水平方向应交圈，竖向应顺直有规律。外墙模板分块宜以轴线或门窗口中线为对称中心线，内墙模板分块宜以墙中线为对称中心线。阴角模板与大模板之间不宜留有调节余量，确需留置，宜采用明缝方式处理。

4. 木组合模板之间配置子母口，两模板贴合严密，不得留有缝隙。

		木大模板说明	图号	1.6.1
设计		制图	审核	

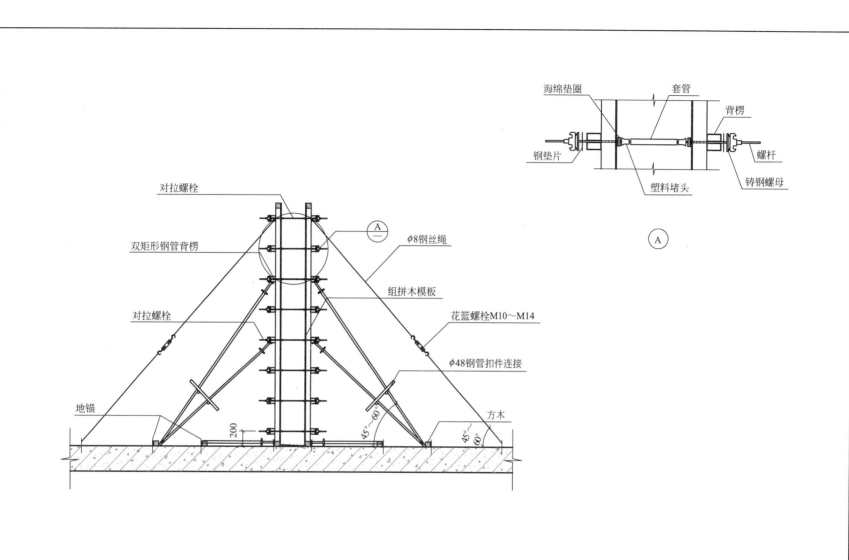

海绵垫圈　　　　套管
钢垫片　　　　　背楞
塑料堵头　　　　螺杆
铸钢螺母

Ⓐ

对拉螺栓
双矩形钢管背楞
φ8钢丝绳
对拉螺栓
组拼木模板
花篮螺栓M10～M14
φ48钢管扣件连接
地锚
方木
200
45°～60°
45°～60°
Ⓐ

内墙木大模板组装图		图号	1.6.2
设计	制图	审核	

21

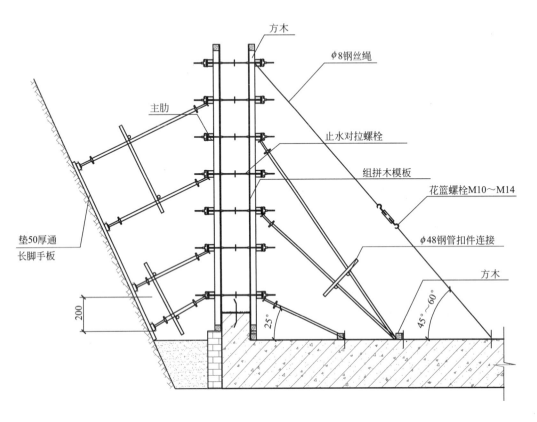

方木

φ8钢丝绳

主肋

止水对拉螺栓

组拼木模板

花篮螺栓M10～M14

垫50厚通长脚手板

φ48钢管扣件连接

方木

200

25°

45°～60°

注：1. 靠基坑护壁一侧的支撑底部需铺50厚通长脚手板，防水保护墙
外侧按要求回填夯实。
2. 止水对拉螺栓止水垫片尺寸为50×50×3，与螺栓满焊。

地下室外墙木模板组装图				图号	1.6.3
设计		制图		审核	

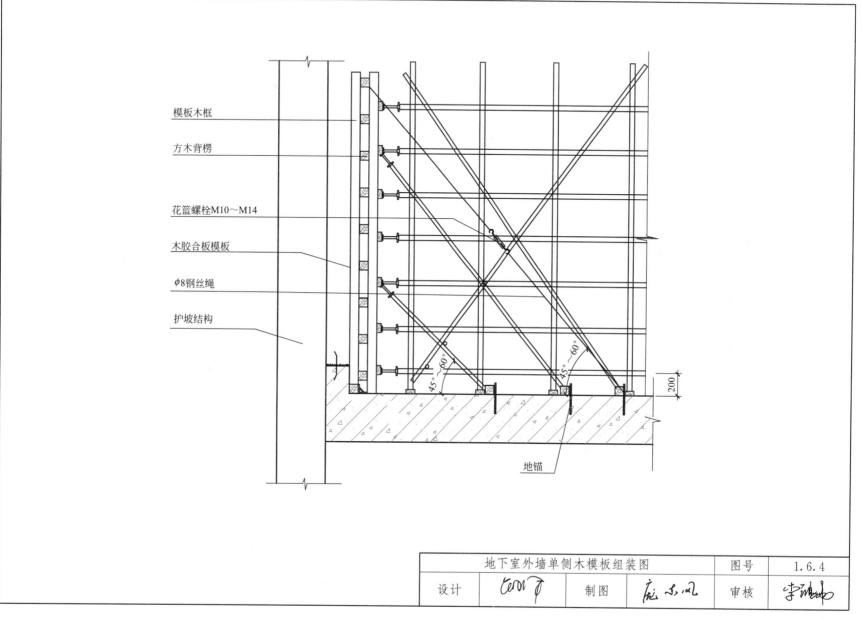

模板木框

方木背楞

花篮螺栓M10～M14

木胶合板模板

ϕ8钢丝绳

护坡结构

45°～60°

45°～60°

200

地锚

地下室外墙单侧木模板组装图				图号	1.6.4
设计		制图		审核	

23

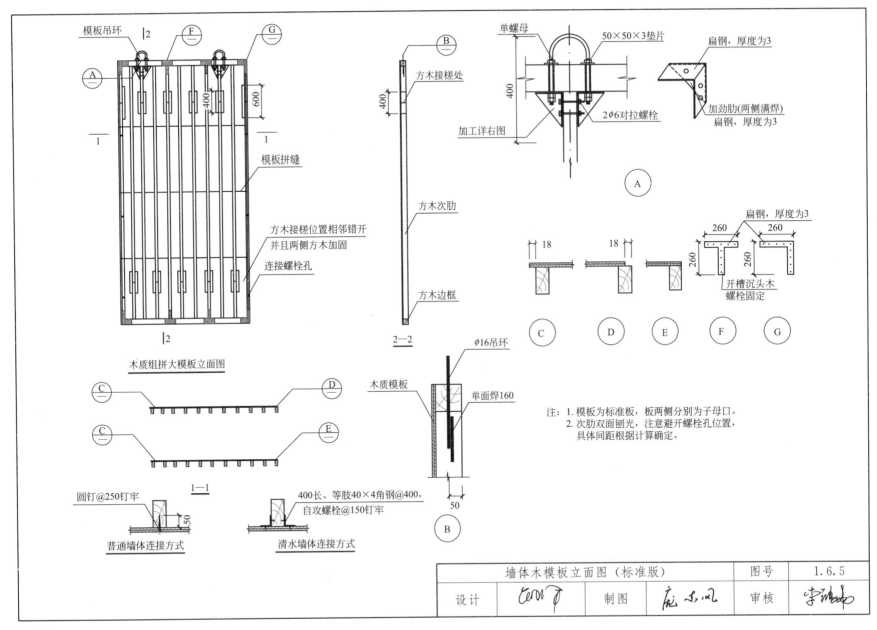

木质组拼大模板立面图

普通墙体连接方式

清水墙体连接方式

注：1. 模板为标准板，板两侧分别为子母口。
2. 次肋双面刨光，注意避开螺栓孔位置，
具体间距根据计算确定。

墙体木模板立面图（标准版）		图号	1.6.5
设计	制图	审核	

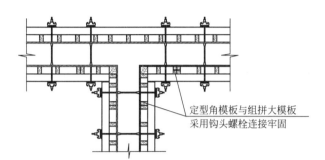

丁字形墙节点

定型角模板与组拼大模板
采用钩头螺栓连接牢固

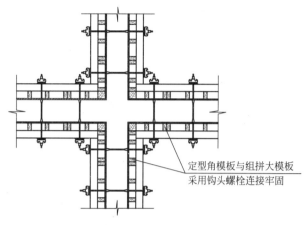

十字形墙节点

定型角模板与组拼大模板
采用钩头螺栓连接牢固

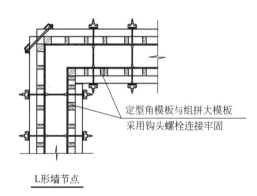

L形墙节点

定型角模板与组拼大模板
采用钩头螺栓连接牢固

注：墙体模板拆除顺序按拆阳角模板、
　　拆平模板、拆阴角模板进行。

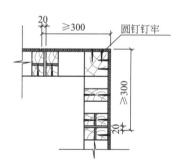

阴角模板节点大样

木模板节点大样			图号	1.6.6
设计		制图	审核	

25

1.7 单侧悬臂模板

一、适用范围

单侧悬臂模板主要适用于大坝、桥墩、锚定、混凝土挡土墙、隧道及地下厂房等需要大面积混凝土浇筑的施工。混凝土的侧压力完全由预埋件及支撑架承担，不设对拉螺栓。本体系还可用于有坡度的模板支设，角度调节≤30°。

二、技术要求

1. 单侧悬臂模板第一次施工时，需要在底板预埋地脚螺栓承受混凝土的侧压力。同时，将埋件固定在墙体上，作为第二次浇筑时的受力部件。第二次浇筑时，模板支撑架固定在第一次浇筑时的预埋件上。第三次浇筑时，安装吊平台，工人可在吊平台上取出埋件系统的受力螺栓和爬锥周转使用，然后用砂浆填补爬锥取出后留下的洞口。第三次浇筑为标准层浇筑过程，以后的浇筑过程与第三次相同，直至混凝土浇筑完成。

2. 浇筑工程中要均匀对称浇筑振捣混凝土，混凝土浇筑速度不宜过大。

3. 混凝土浇筑完成后，墙体强度达到10MPa以上，才可安装受力螺栓，吊装架体，合模板后进行下次混凝土浇筑。

	单侧悬臂模板说明		图号	1.7.1
设计		制图	审核	

26

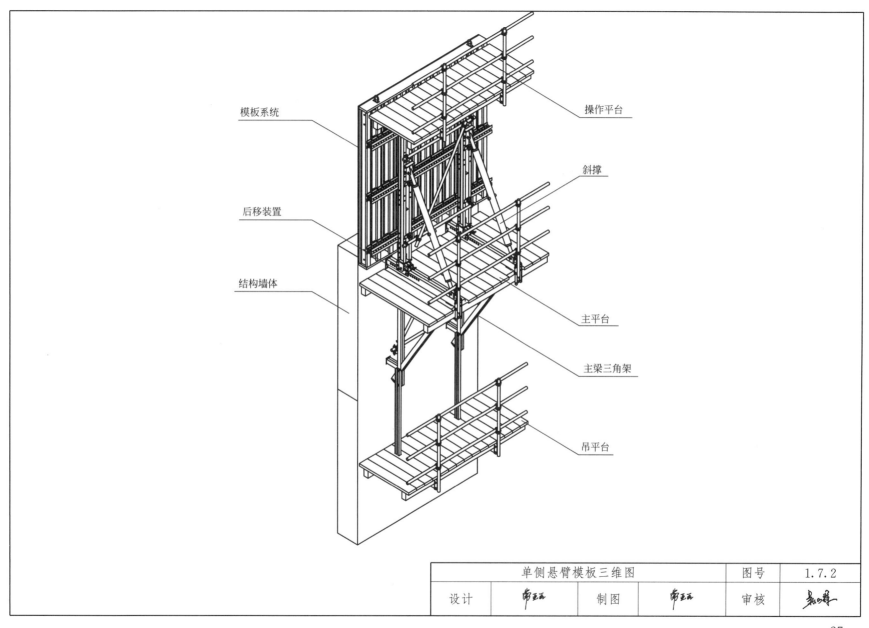

模板系统

操作平台

斜撑

后移装置

结构墙体

主平台

主梁三角架

吊平台

单侧悬臂模板三维图			图号	1.7.2
设计	常玉玉	制图	常玉玉	审核	袁口群

27

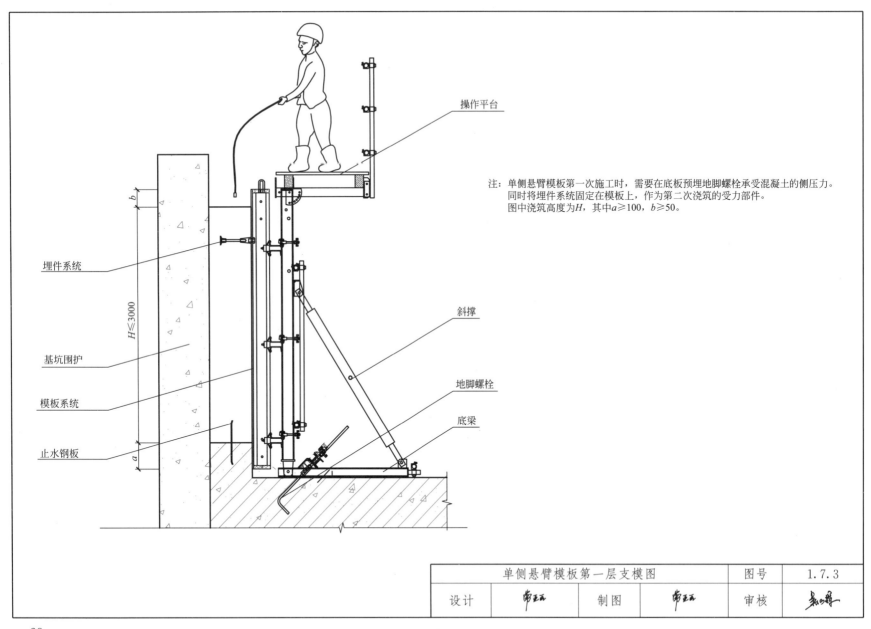

注：单侧悬臂模板第一次施工时，需要在底板预埋地脚螺栓承受混凝土的侧压力。
同时将埋件系统固定在模板上，作为第二次浇筑的受力部件。
图中浇筑高度为H，其中$a \geqslant 100$，$b \geqslant 50$。

操作平台

埋件系统

斜撑

基坑围护

地脚螺栓

模板系统

底梁

止水钢板

$H \leqslant 3000$

单侧悬臂模板第一层支模图				图号	1.7.3
设计	帝王玉	制图	帝王玉	审核	

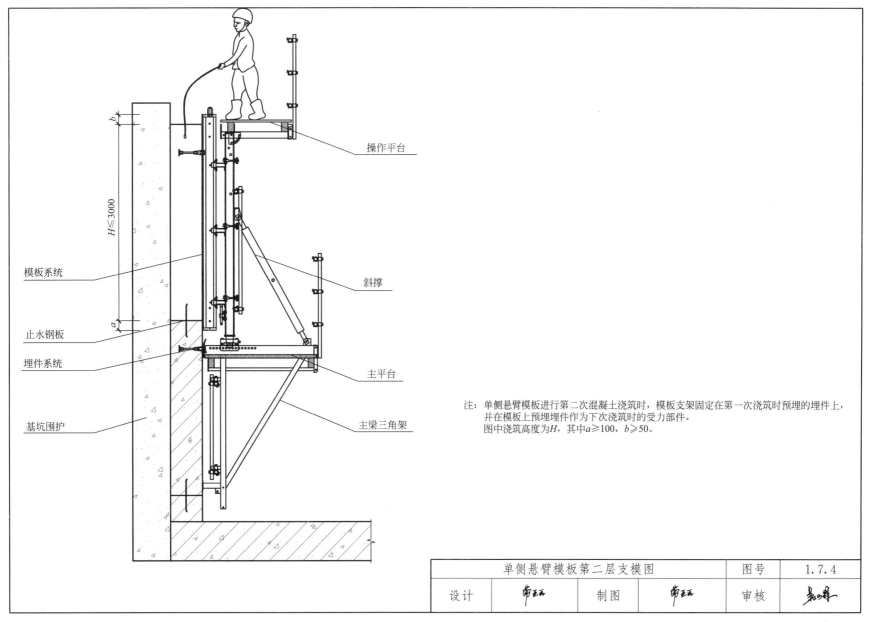

操作平台

模板系统

斜撑

止水钢板

埋件系统

主平台

基坑围护

主梁三角架

$H \leqslant 3000$

注：单侧悬臂模板进行第二次混凝土浇筑时，模板支架固定在第一次浇筑时预埋的埋件上，并在模板上预埋埋件作为下次浇筑时的受力部件。
图中浇筑高度为H，其中$a \geqslant 100$，$b \geqslant 50$。

单侧悬臂模板第二层支模图			图号	1.7.4
设计		制图		审核

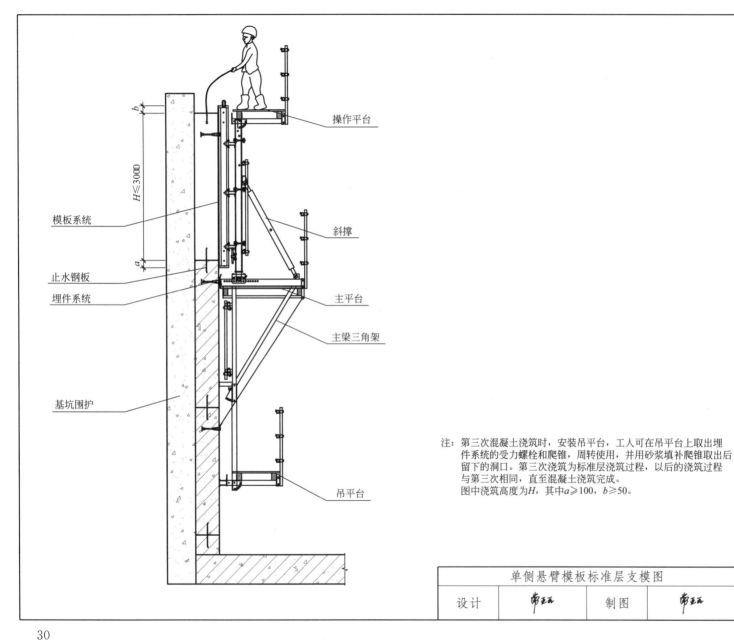

操作平台

$H \leqslant 3000$

模板系统

斜撑

止水钢板

埋件系统

主平台

主梁三角架

基坑围护

注：第三次混凝土浇筑时，安装吊平台，工人可在吊平台上取出埋
件系统的受力螺栓和爬锥，周转使用，并用砂浆填补爬锥取出后
留下的洞口。第三次浇筑为标准层浇筑过程，以后的浇筑过程
与第三次相同，直至混凝土浇筑完成。
图中浇筑高度为H，其中$a \geqslant 100$，$b \geqslant 50$。

吊平台

单侧悬臂模板标准层支模图				图号	1.7.5
设计	常玉玉	制图	常玉玉	审核	袁小群

1. 按图组装埋件系统，用定位螺栓或螺栓将其固定在面板上。

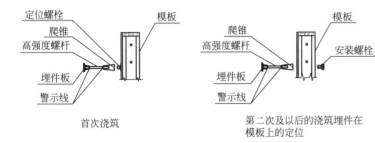

首次浇筑

第二次及以后的浇筑埋件在
模板上的定位

2. 浇筑完成后，卸下定位螺栓或安装螺栓，移开模板。

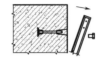

3. 将受力螺栓装入爬锥。

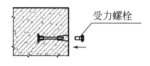

4. 吊装模板支撑架。

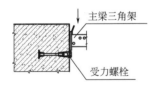

5. 插入安全销，确保模板支撑架与受力螺栓牢固连接。

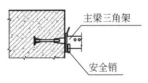

6. 爬架提升后，工人在吊平台上卸下受力螺栓和爬锥，周转使用。

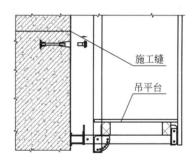

单侧悬臂模板埋件安装顺序图	图号	1.7.6
设计	制图	审核

31

1.8 弧形模板

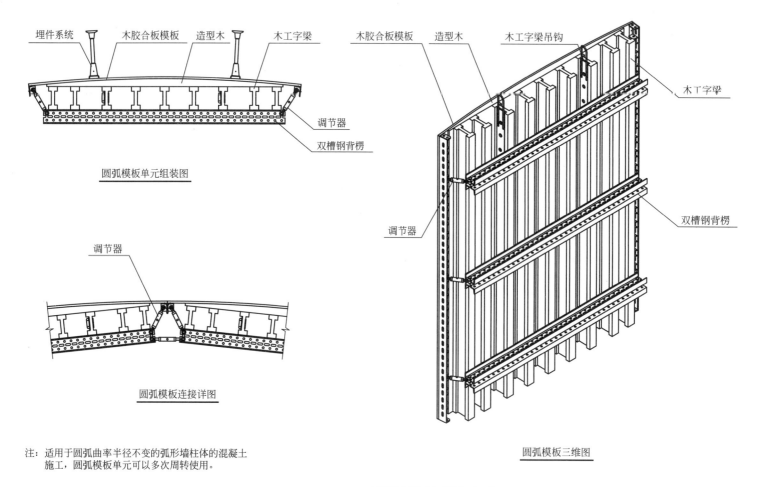

圆弧模板单元组装图

圆弧模板连接详图

圆弧模板三维图

注：适用于圆弧曲率半径不变的弧形墙柱体的混凝土
施工，圆弧模板单元可以多次周转使用。

圆弧模板组装图				图号	1.8.1
设计	古文彬	制图	古文彬	审核	高振河

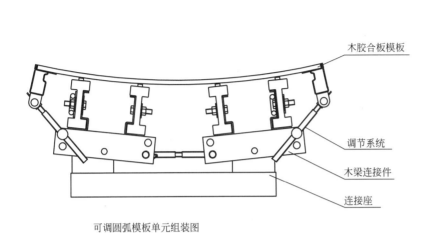

木胶合板模板

调节系统

木梁连接件

连接座

可调圆弧模板单元组装图

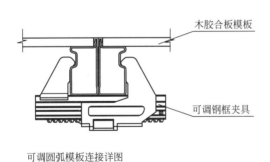

木胶合板模板

可调钢框夹具

可调圆弧模板连接详图

注：可调圆弧模板适用于圆弧曲率半径变化的弧形墙柱体
　　的混凝土施工，模板的曲率半径可据需要调整。

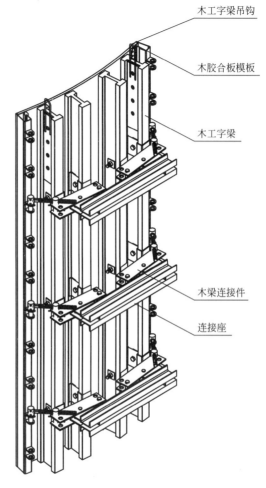

木工字梁吊钩

木胶合板模板

木工字梁

木梁连接件

连接座

可调圆弧模板三维图

可调圆弧模板组装图		图号	1.8.2
设计	古文栋	制图	古文栋	审核	高城妇甫

33

1.9 单侧三角支撑架

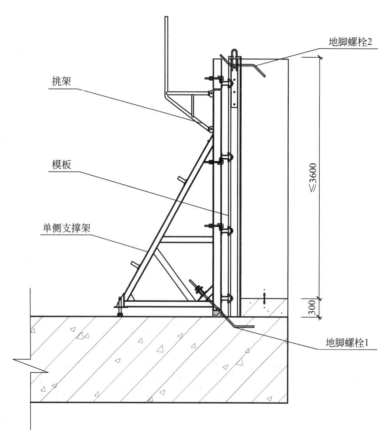

注：地脚螺栓2用于楼板厚度≤200的结构施工。

单侧墙体支撑架体图				图号	1.9.1
设计	王少冬	制图	王少冬	审核	李钊峰

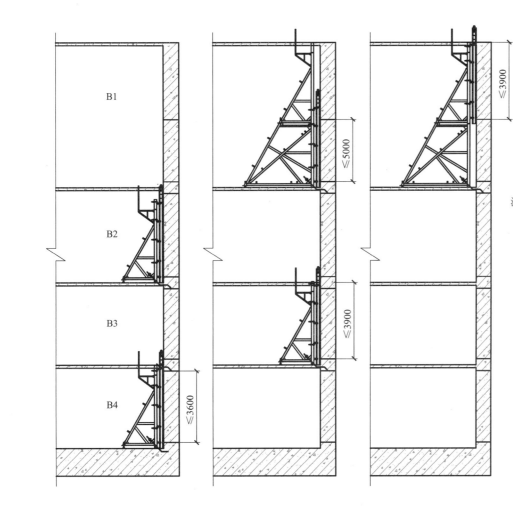

注：1. 单侧墙体支撑架是一种用于单侧墙体混凝土浇筑的
模板支架。
施工过程中不设对拉螺杆。适用于地下室外墙、污
水处理厂、地铁、道桥边坡护墙及有防水、防辐射
要求的结构混凝土浇筑。
2. 地脚螺栓间距、支架间距根据计算确定。
3. 地脚螺栓预埋前应对螺纹采取保护措施，用塑料布
包裹并绑牢。
4. 地脚螺栓预埋后应保证螺纹全部裸露在外面，并在
同一直线上。

单侧墙体支撑架体剖面图		图号	1.9.2
设计	王少冬	制图	王少冬	审核	李会顺

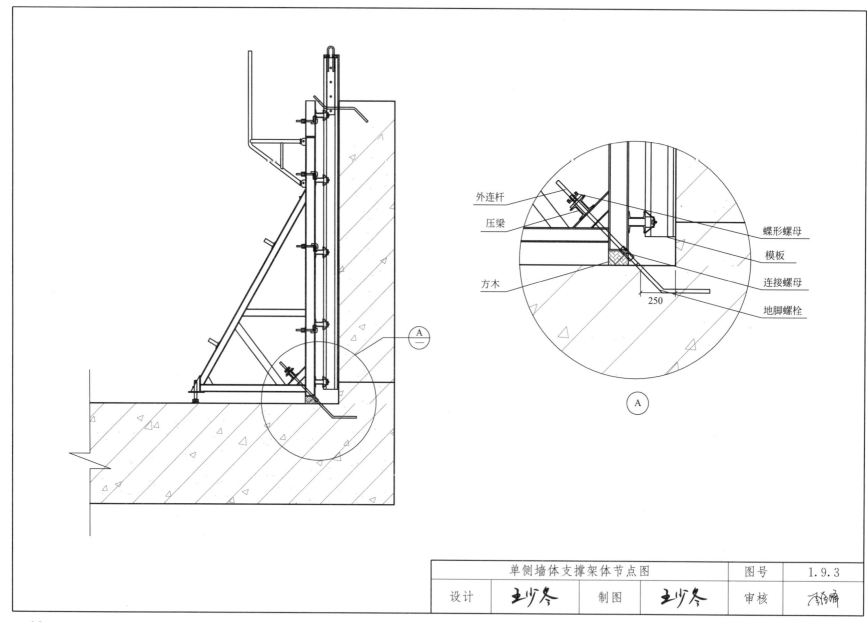

外连杆

压梁

方木

蝶形螺母

模板

连接螺母

地脚螺栓

250

A

单侧墙体支撑架体节点图	图号	1.9.3
设计	制图	审核

1.10 电梯井筒模板

一、适用范围

电梯井筒模板分为工具式电梯井筒模板和普通电梯井筒模板。适用于剪力墙结构电梯内混凝土施工。

二、技术要求

1. 工具式电梯井筒模板由可调井筒内模板及跟进平台组成。

可调井筒内模板由角模板、面板、吊环、横杆、连杆、对拉螺栓组成。

2. 普通式电梯井筒模板由阴角模板、阳角模板、支撑钢管、穿墙螺栓、卡子组成。

电梯井筒模板说明		图号	1.10.1
设计	刘世民	制图	鄢和平	审核	鄂柯

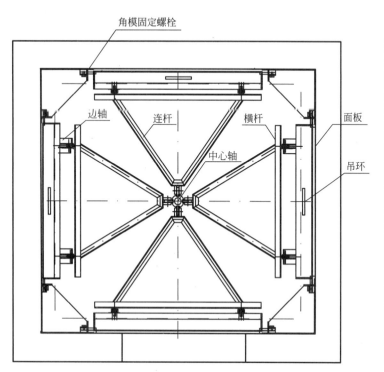

角模固定螺栓

边轴　连杆　横杆　中心轴　面板　吊环

≥50

电梯井筒模板安装图

电梯井筒模板拆模图

| 工具式电梯井筒模板平面图 | 图号 | 1.10.2 |
| 设计 | 制图 | 审核 |

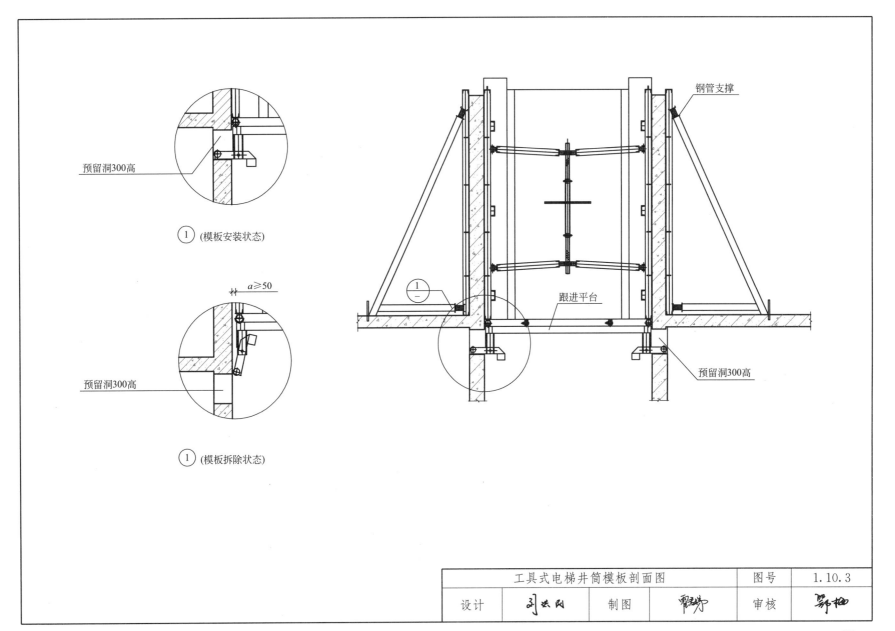

预留洞300高

① (模板安装状态)

$a≥50$

预留洞300高

① (模板拆除状态)

钢管支撑

跟进平台

预留洞300高

工具式电梯井筒模板剖面图		图号	1.10.3
设计	刘兴民	制图	审核

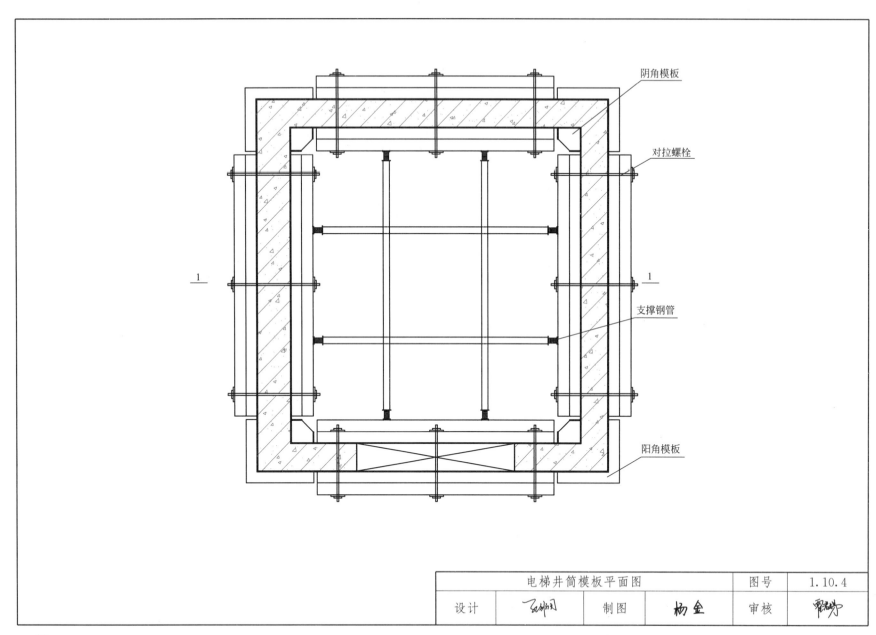

阴角模板

对拉螺栓

支撑钢管

阳角模板

1

1

电梯井筒模板平面图				图号	1.10.4
设计	弘俐闷	制图	杨金	审核	覃祝梦

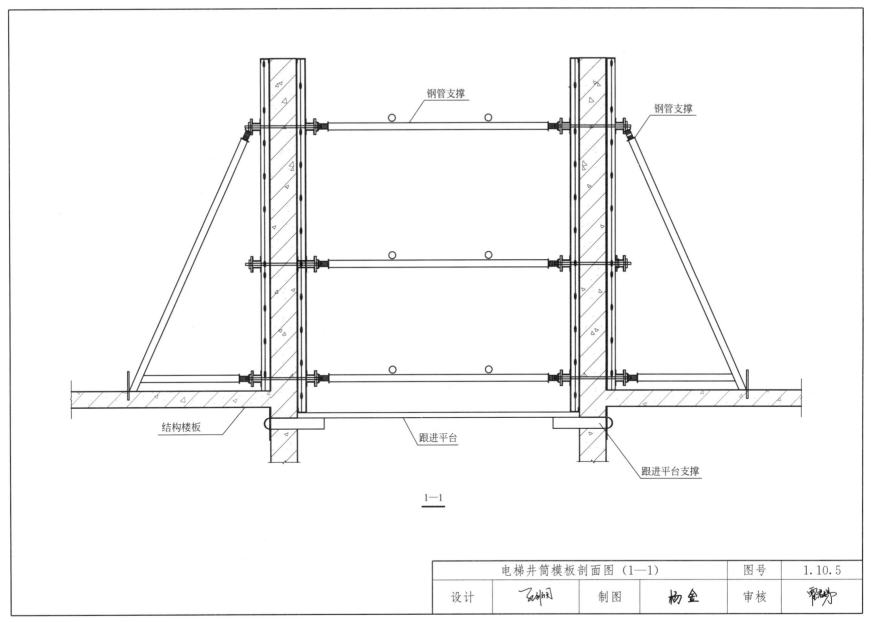

钢管支撑

钢管支撑

结构楼板

跟进平台

跟进平台支撑

1—1

| 电梯井筒模板剖面图（1—1） | | | | 图号 | 1.10.5 |
| 设计 | | 制图 | | 审核 | |

41

1.11 门窗洞口模板

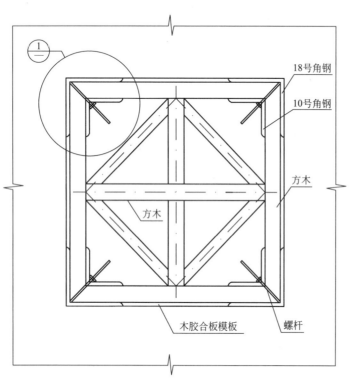

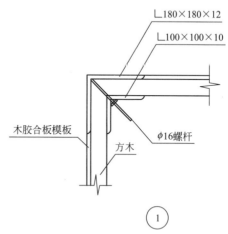

说明：1. 窗洞口模板适用于现浇混凝土结构。
2. 窗洞口模板由方木、等边角钢、木胶合板模板、螺杆组成，根据洞口尺寸现场加工制作。

窗洞口模板图				图号		1.11.1
设计		制图		审核		

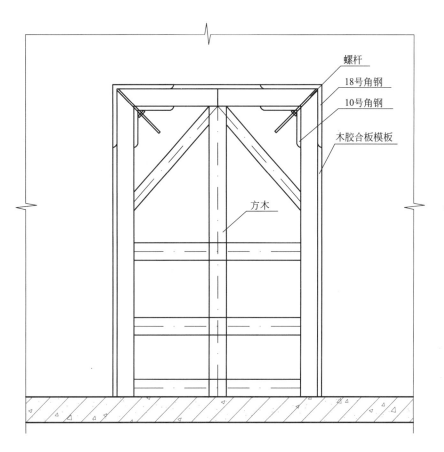

螺杆

18号角钢

10号角钢

木胶合板模板

方木

说明：1. 门洞口模板适用于现浇混凝土结构。
　　　2. 门洞口模板由方木、等边角钢、木
　　　　胶合板模板、螺杆组成，根据洞口
　　　　尺寸现场加工制作。

| 门洞口模板图 | | | | 图号 | 1.11.2 |
| 设计 | 乃树阀 | 制图 | 杨金 | 审核 | 覃礼芬 |

1.12 液压爬升模架

一、适用范围

1. 框架剪力墙结构的核心筒墙体。
2. 高层、超高层剪力墙结构内外墙模板。
3. 高大竖向构筑物，如筒仓、烟囱、桥墩等。

二、技术要求

1. 液压爬升模架编制专项方案并按规定进行专家论证。
2. 系统包括：附着装置，导轨，主支撑架系统，液压系统，模板系统，防倾、防坠落装置以及安全防护系统等。
3. 架体设计规定
3.1 上架体高度宜为 2 倍层高，宽度不宜超过 1.0m，能满足施工操作需要。
3.2 下架体高度宜为 1～1.5 倍层高，能满足爬升装置操作需要。
3.3 下架体宽度不宜超过 2.4m，应能满足上架体模板水平移动 400～600 的空间需要，并能满足导轨爬升、模板清理和涂刷隔离剂要求。
4. 工艺流程
4.1 在安装现场采用的施工工艺流程如下：
套管预埋、附着装置的安装→架地面组装、整体吊装→铺脚手板、挂安全网、安装电控液压爬升装置→根据现场施工要求对架体进行爬升。一般情况，架体从标准层开始安装。
4.2 爬升工艺
1）导轨的爬升：当浇筑的混凝土强度达到脱离模板要求且强度达到经计算满足的架体施工荷载以后，可在预埋套管处安装受力螺栓和附着装置，并操作液压升降装置，将导轨爬升到上一层的附着装置上。
2）架体的爬升：当导轨爬升到位后，再操作液压装置，将架体爬升到上一层的附着装置上。
3）架体的防护：架体爬升到位后，对相邻两架体的空隙进行防护。

三、注意事项

1. 爬升模架安装前须有预埋墙体混凝土的试验报告，混凝土强度达到设计要求。整体模架爬升时，承载受力处的混凝土强度应满足设计要求。
2. 附墙座安装拆除需要有可靠的措施与方案。
3. 混凝土布料机安装在承重结构平台上时，应单独对承重结构平台和承重支撑系统进行设计计算，并应采取稳定加强措施。

液压爬升模架说明		图号	1.12.1
设计	李志刚	制图	李聪	审核	马记武

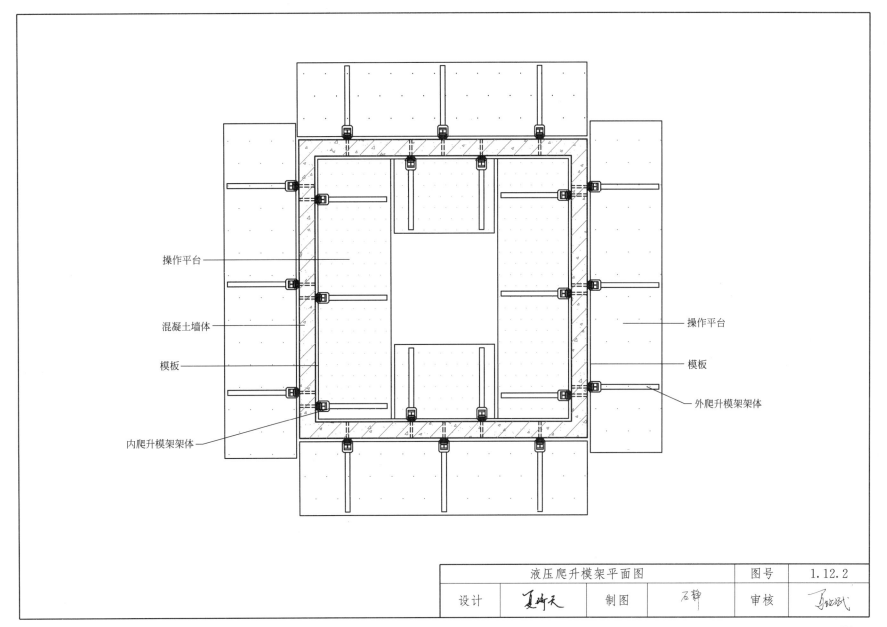

操作平台

混凝土墙体

模板

内爬升模架架体

操作平台

模板

外爬升模架架体

液压爬升模架平面图			图号		1.12.2
设计	夏秋天	制图	石静	审核	

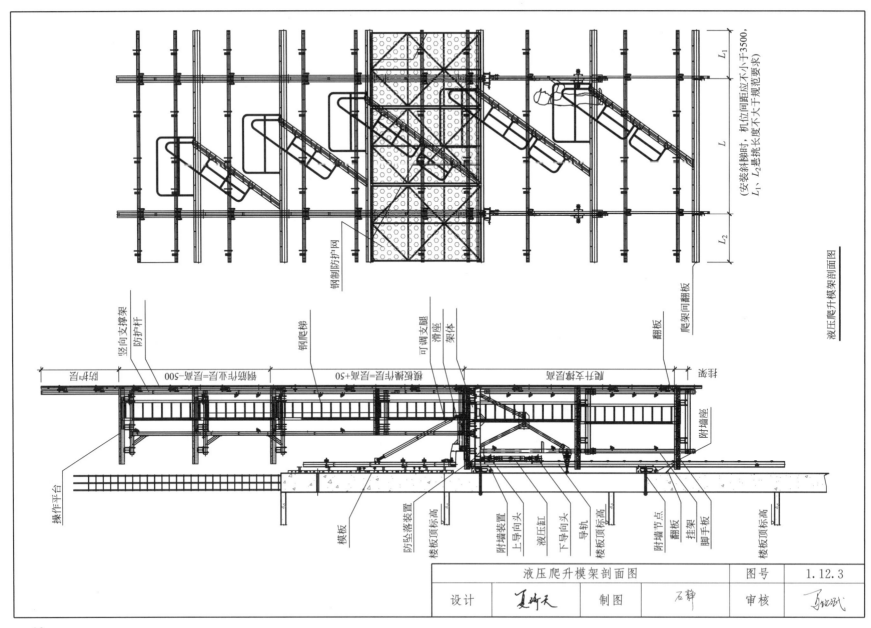

液压爬升模架剖面图

钢制防护网

(安装斜爬时, 机位间距应不小于3500, L_1、L_2悬挑长度不大于规范要求)

L_1

L

L_2

液压爬升模架剖面图

竖向支撑架
防护架

钢爬梯

可调支腿
滑座
架体

翻板

爬架间翻板

操作平台

模板

防坠落装置
楼板顶标高
附墙装置
上导向头
液压缸
下导向头
导轨
楼板顶标高

附墙节点
翻板
挂架
脚手板
楼板顶标高

附墙座

液压爬升模架剖面图				图号	1.12.3
设计	夏祚天	制图	石铮	审核	

46

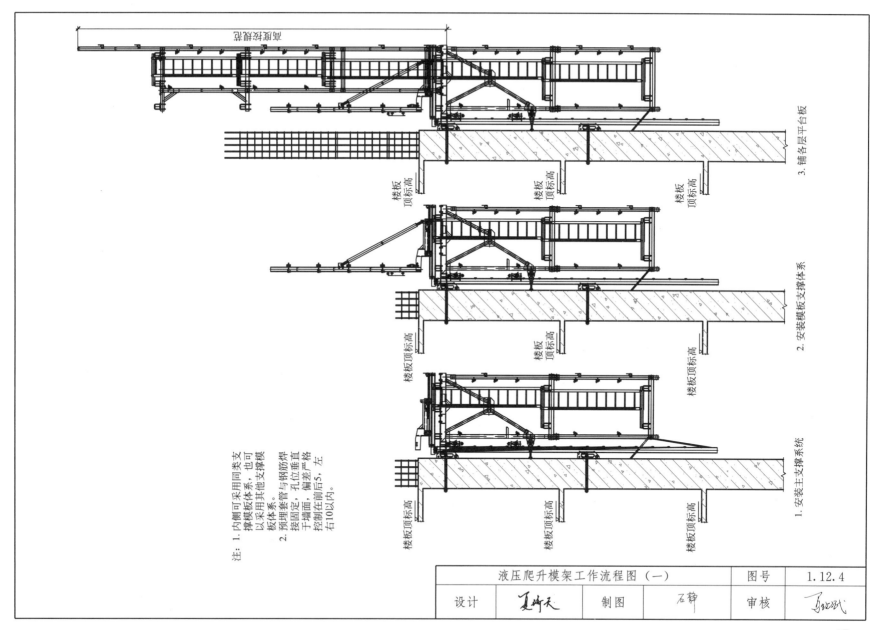

注：
1. 内侧可采用同类支撑模板体系，也可采用其他支撑模板体系。
2. 预埋套管与钢筋焊接固定，孔位面，偏差严于墙面，垂直后控制在前后10以内，左右5，

楼板顶标高

3. 铺各层平台板

楼板顶标高

2. 安装模板支撑体系

楼板顶标高

1. 安装主支撑系统

液压爬升模架工作流程图（一）				图号	1.12.4
设计	夏仲天	制图	石静	审核	马铭斌

47

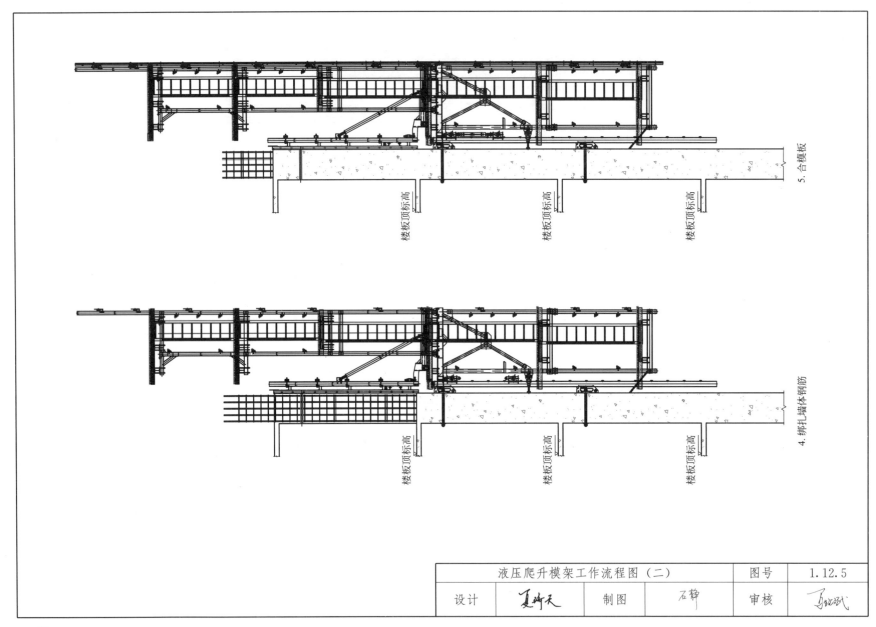

5. 合模板

楼板顶标高 楼板顶标高 楼板顶标高

4. 绑扎墙体钢筋

楼板顶标高 楼板顶标高 楼板顶标高

液压爬升模架工作流程图（二）				图号	1.12.5
设计	夏祈天	制图	石铮	审核	

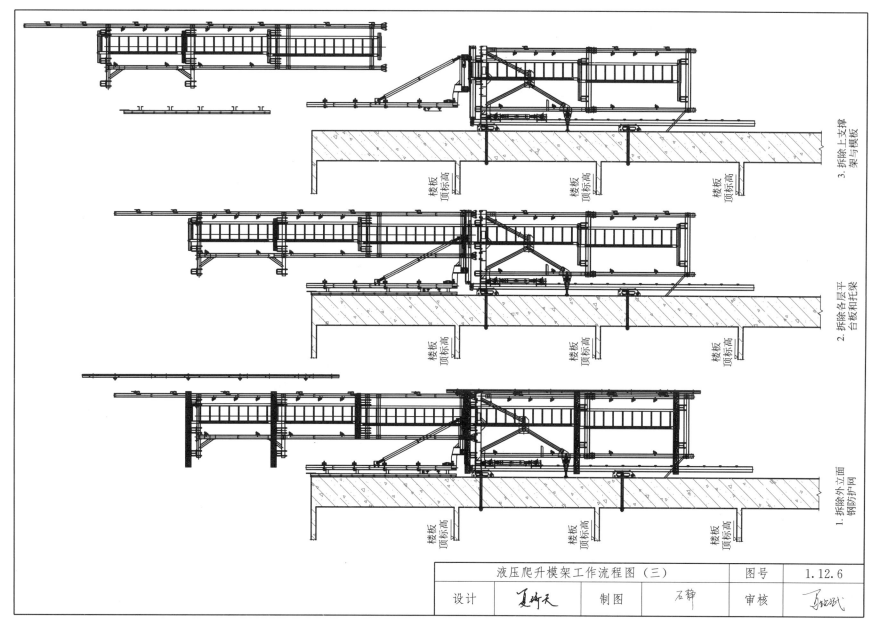

3. 拆除上支撑架与模板

楼板顶标高　　楼板顶标高　　楼板顶标高

2. 拆除各层平台板和托梁

楼板顶标高　　楼板顶标高　　楼板顶标高

1. 拆除外立面钢防护网

楼板顶标高　　楼板顶标高　　楼板顶标高

液压爬升模架工作流程图（三）			图号	1.12.6
设计	夏祚天	制图	石铮	审核

49

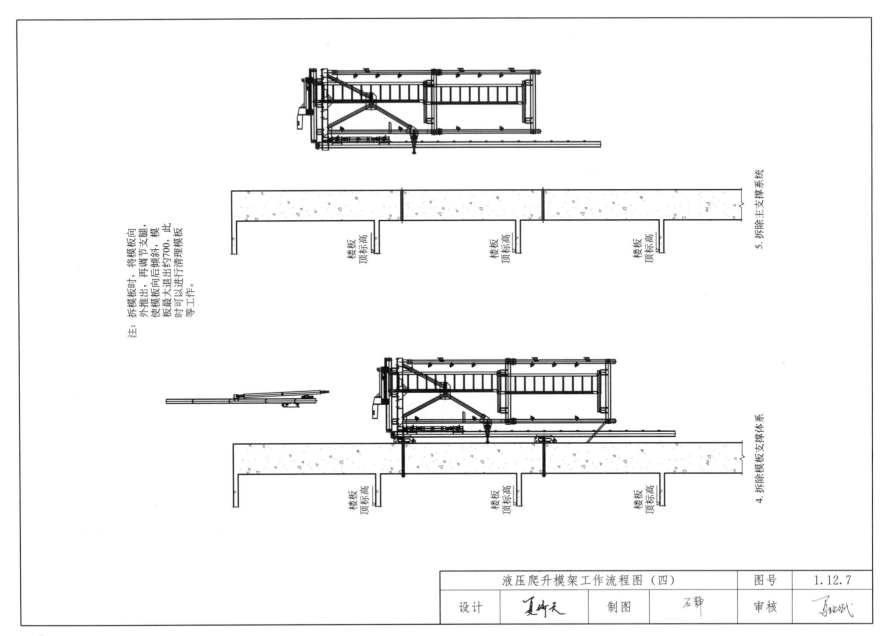

注：拆模板时，将模板向外推出，再调节支腿，使模板向后倾斜，模板最大退出约700，此时可以进行清理模板等工作。

4.拆除模板支撑体系

楼板顶标高
楼板顶标高
楼板顶标高

5.拆除主支撑系统

楼板顶标高
楼板顶标高
楼板顶标高

| 液压爬升模架工作流程图（四） | 图号 | 1.12.7 |
| 设计 | 夏衍天 | 制图 | 石铧 | 审核 | |

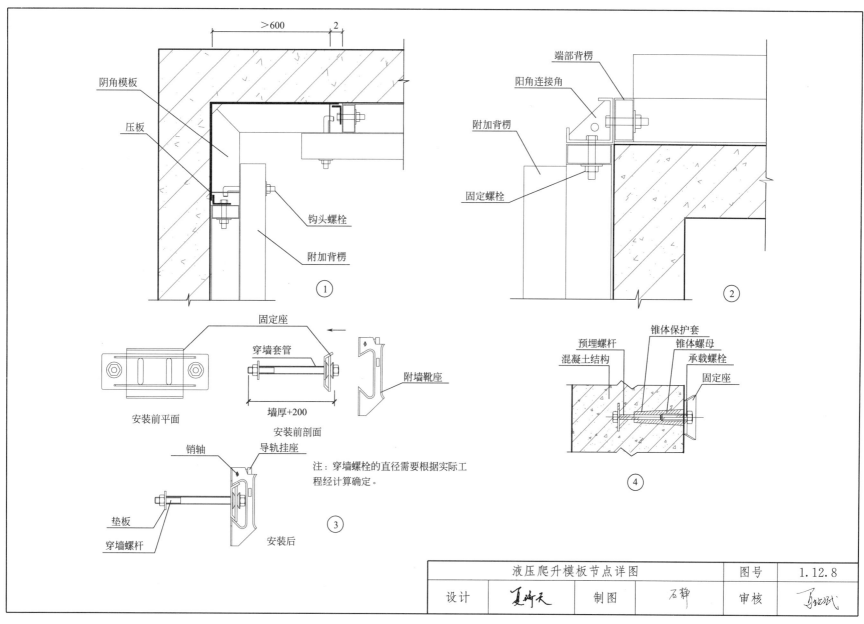

阴角模板

压板

钩头螺栓

附加背楞

①

端部背楞

阳角连接角

附加背楞

固定螺栓

②

固定座

穿墙套管

附墙靴座

安装前平面

墙厚+200

安装前剖面

销轴

导轨挂座

垫板

穿墙螺杆

安装后

③

注：穿墙螺栓的直径需要根据实际工程经计算确定。

预埋螺杆

锥体保护套

锥体螺母

混凝土结构

承载螺栓

固定座

④

液压爬升模板节点详图				图号	1.12.8
设计	夏术天	制图	石静	审核	

1.13 核心筒爬升模架

一、适用范围

适用于高层、超高层核心筒结构的混凝土施工。

二、技术要求

1. 架体高度不宜超过 17.0m，布置 6 层操作平台，架体平台宽度不宜超过 2.4m。

2. 架体离墙 0.1～0.3m。

3. 架体机位支撑跨度不宜超过 5.0m，当架体机位遇门洞时，架体机位支撑跨度不宜超过 6.0m，架体平台悬挑长度不宜超过 2.5m。

4. 核心筒内筒双侧液压爬升模架机位最大布置跨度不宜超过 13.0m。

5. 液压油缸额定压力为 25MPa，油缸行程为 400，伸出速度约为 300mm/min，提升步距为 300，提升速度为 10min/m，泵站功率为 2.2kW。

6. 爬升荷载要求：爬升时上操作平台、模板操作平台、吊平台施工荷载标准值为 0kN/m²；主平台及液压操作平台施工荷载标准值为 1.0kN/m²；允许两层平台同时承载。

7. 施工荷载要求：施工时上操作平台施工荷载标准值为 5.0kN/m²；模板操作平台、主平台及液压操作平台施工荷载标准值为 1.0kN/m²；吊平台施工荷载标准值为 1.0kN/m²；允许

两层平台同时承载。

8. 液压爬模埋件附着墙体厚度不宜小于 300。

三、注意事项

1. 根据模板设计编制针对性的测量控制方案，对模板施工的各个环节进行精准测量控制。

2. 单元模板拼装时注意保护面板，避免碰撞损伤，钢模板面板上的锈迹在使用前应打磨清理整洁，并涂刷防锈剂。

3. 在核心筒结构为非标准层高时，模板的设计原则：以标准层高配置，非标准层高超过标准层高时则应进行模板接高处理。

4. 为防止混凝土施工过程中出现错台和漏浆现象，模板一般下包 100，上部悬挑 50。

5. 混凝土浇筑前需要将埋件固定在模板上，用对拉螺杆和斜撑固定和调整模板。

6. 模板和架体可以自动爬升，但钢筋和其他物料的提升仍然需要借助塔式起重机。

7. 混凝土浇筑完成后，墙体强度达到 15MPa 以上，方可安装埋件挂座爬升。

8. 爬升模架架体设计考虑与塔式起重机之间的安全距离，避免因塔式起重机正常摆动造成爬模架体损伤，引发事故。

9. 爬升模架架体液压动力、电力系统应设置防雨、防潮、防砸措施。

核心筒爬升模架说明				图号	1.13.1
设计		制图		审核	

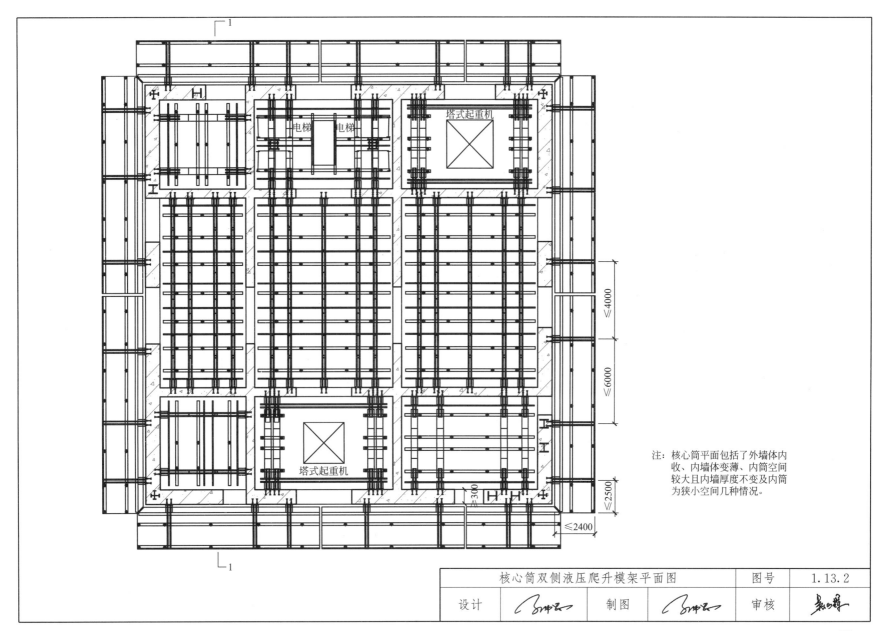

电梯　电梯

塔式起重机

塔式起重机

≤4000

≤6000

≤2500

≤300

≤2400

注：核心筒平面包括了外墙体内
　　收、内墙体变薄、内筒空间
　　较大且内墙厚度不变及内筒
　　为狭小空间几种情况。

核心筒双侧液压爬升模架平面图	图号	1.13.2
设计	制图	审核

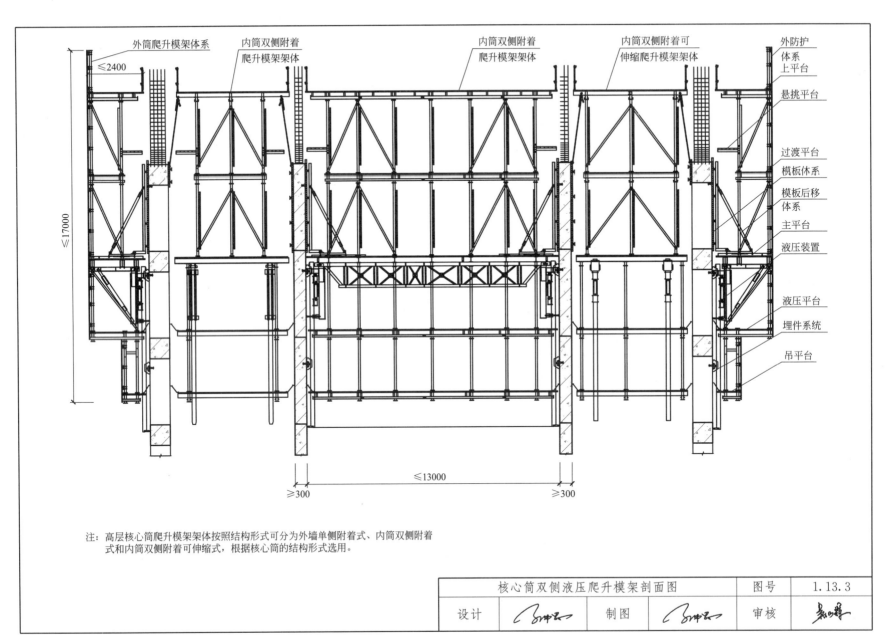

核心筒双侧液压爬升模架剖面图

注：高层核心筒爬升模架架体按照结构形式可分为外墙单侧附着式、内筒双侧附着式和内筒双侧附着可伸缩式，根据核心筒的结构形式选用。

核心筒双侧液压爬升模架剖面图			图号	1.13.3
设计		制图	审核	

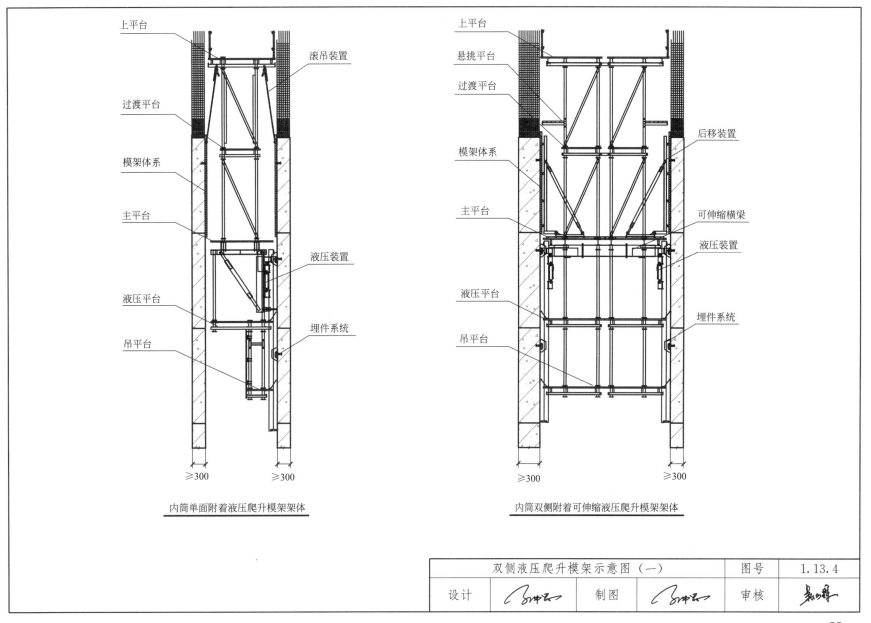

上平台

滚吊装置

过渡平台

模架体系

主平台

液压装置

液压平台

吊平台

埋件系统

≥300   ≥300

内筒单面附着液压爬升模架架体

上平台

悬挑平台

过渡平台

模架体系

主平台

液压平台

吊平台

后移装置

可伸缩横梁

液压装置

埋件系统

≥300   ≥300

内筒双侧附着可伸缩液压爬升模架架体

双侧液压爬升模架示意图（一）		图号	1.13.4
设计	制图	审核	

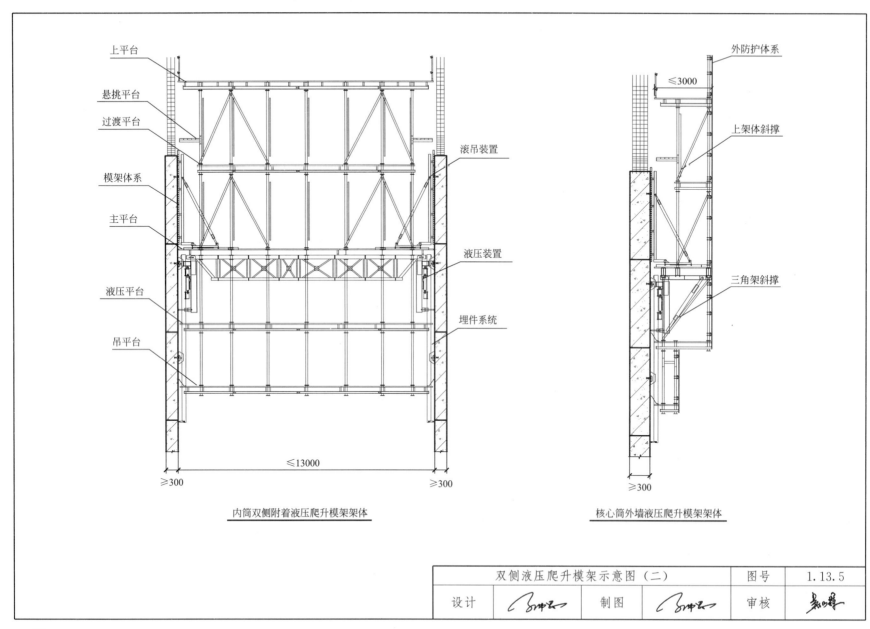

上平台

悬挑平台

过渡平台

模架体系

主平台

液压平台

吊平台

滚吊装置

液压装置

埋件系统

≤13000

≥300

≥300

内筒双侧附着液压爬升模架架体

外防护体系

≤3000

上架体斜撑

三角架斜撑

≥300

核心筒外墙液压爬升模架架体

双侧液压爬升模架示意图（二）	图号	1.13.5
设计	制图	审核

56

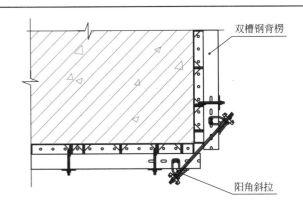

双槽钢背楞

阳角斜拉

阳角斜拉节点图

背楞连接件

芯带

阴角模板

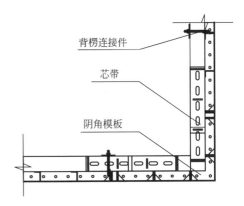

阴角拼缝节点图

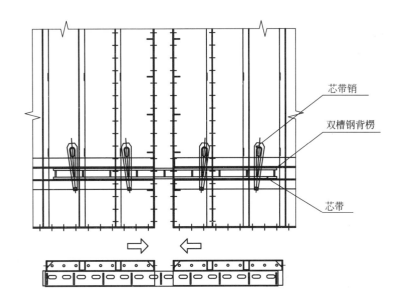

芯带销

双槽钢背楞

芯带

芯带连接节点图

液压爬升模板节点详图				图号	1.13.6
设 计		制 图		审 核	

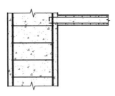

墙板传统顺序施工钢筋图样

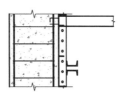

液压爬升模板施工墙体先做，顶板钢筋按照规范规定锚固长度及方式紧贴模板侧向弯起，预埋钢筋型号三级及以上的采用二级或一级钢筋替换

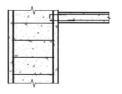

施工顶板时将弯起钢筋拉直与顶板钢筋按照规范规定长度搭接

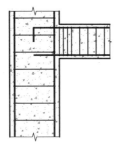

墙梁传统顺序施工钢筋图样

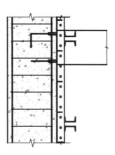

液压爬升模板施工墙体先做，梁钢筋按照规范规定锚固长度及方式预埋，在贴近模板处安装直螺纹套筒

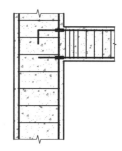

施工梁时将梁钢筋与预埋好的锚固段钢筋用直螺纹套筒连接好

板梁后浇钢筋处理方式			图号	1.13.7
设计		制图		审核

1.14 液压滑动模板

一、适用范围

适用于各类烟囱、圆形筒仓、电视塔、观光塔、桥墩及高层、超高层等高大建筑物和地下竖井筑壁等工程。

二、技术要求

1. 采用滑动模板工艺建造的工程，结构设计应符合滑模工艺的技术特点。

2. 外轮廓应力求简洁，竖向应使一次滑升的上下构件与沿模板滑动方向的投影重合，有碍模板滑动的局部凸出部分应做设计处理。

3. 钢筋混凝土墙体的厚度不应小于160mm，圆形变截面筒体结构厚度不小于160mm，采用轻骨料混凝土墙体的厚度不应小于180mm，梁的宽度不应小于200mm，钢筋混凝土矩形柱短边不应小于400mm。

4. 采用滑动模板施工的结构，其普通混凝土强度等级应不低于C20，轻骨料混凝土强度等级不低于C15。当采用滑模施工工艺时，其混凝土强度等级不宜大于C60。

5. 当结构表面有预埋件时，预埋件宜采用膨胀螺栓或植筋等后锚固方式且应与构件表面持平。

三、注意事项

1. 提升架千斤顶和油路的设置与数量必须进行设计和计算，并应符合国家标准规范和行业规定的要求。

2. 操作液压设备的人员，必须经过专业的培训，未经允许，非操作人员不得随意操作液压设备。

3. 滑模模架组装完成后，应逐项进行检查验收。

液压滑动模板说明				图号	1.14.1
设计	袁国凯	制图	王晓研	审核	马延武

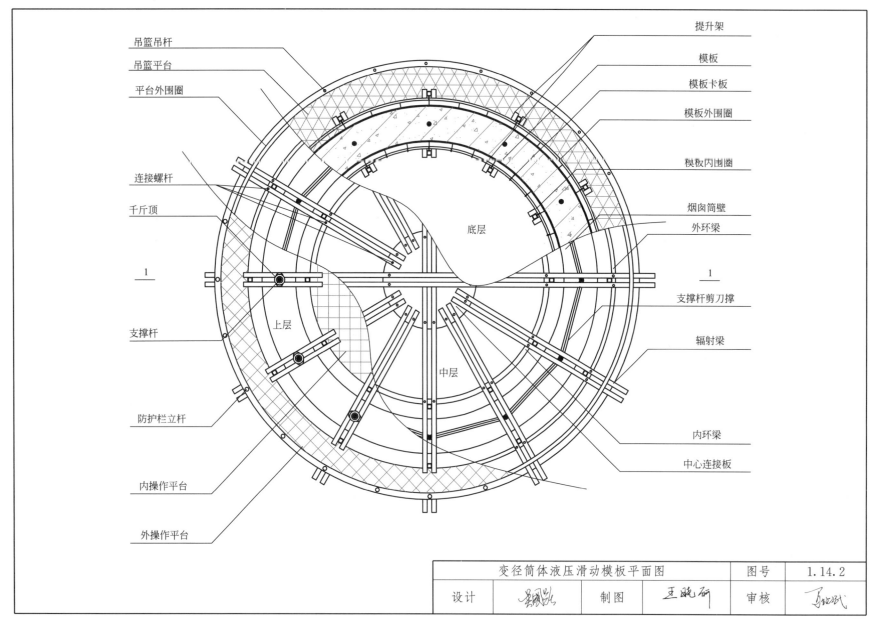

吊篮吊杆
吊篮平台
平台外围圈
连接螺杆
千斤顶
支撑杆
防护栏立杆
内操作平台
外操作平台

提升架
模板
模板卡板
模板外围圈
模板内围圈
烟囱筒壁
外环梁
支撑杆剪刀撑
辐射梁
内环梁
中心连接板

底层
上层
中层

1
1

变径筒体液压滑动模板平面图				图号	1.14.2
设计		制图		审核	

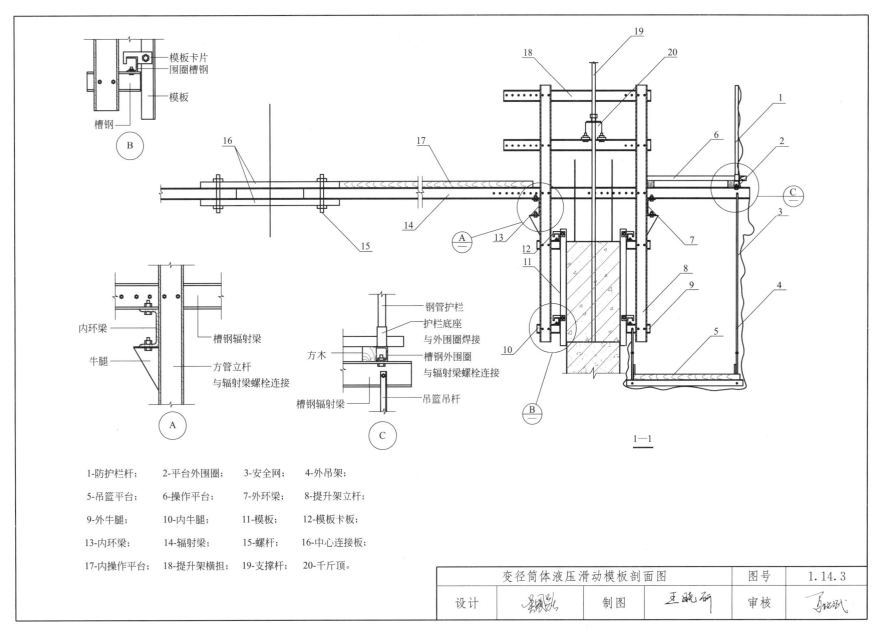

模板卡片
围圈槽钢
模板
槽钢

B

内环梁
牛腿
槽钢辐射梁
方管立杆
与辐射梁螺栓连接

A

钢管护栏
护栏底座
与外围圈焊接
方木
槽钢外围圈
与辐射梁螺栓连接
槽钢辐射梁
吊篮吊杆

C

1—1

1-防护栏杆；　　2-平台外围圈；　　3-安全网；　　4-外吊架；

5-吊篮平台；　　6-操作平台；　　7-外环梁；　　8-提升架立杆；

9-外牛腿；　　10-内牛腿；　　11-模板；　　12-模板卡板；

13-内环梁；　　14-辐射梁；　　15-螺杆；　　16-中心连接板；

17-内操作平台；　18-提升架横担；　19-支撑杆；　　20-千斤顶。

变径筒体液压滑动模板剖面图		图号	1.14.3
设计	制图	审核	

61

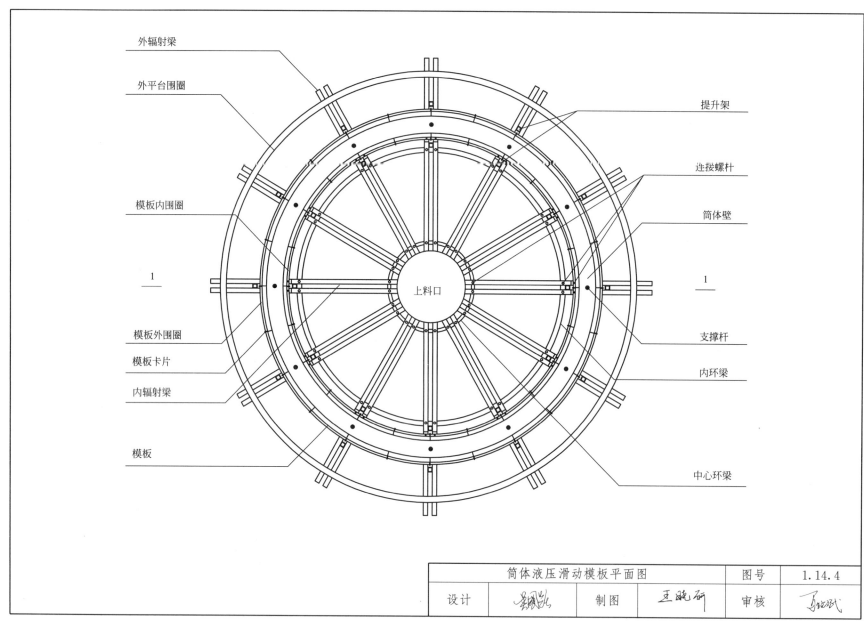

外辐射梁

外平台围圈

提升架

连接螺杆

模板内围圈

筒体壁

$\dfrac{1}{}$

上料口

$\dfrac{1}{}$

支撑杆

模板外围圈

模板卡片

内环梁

内辐射梁

模板

中心环梁

筒体液压滑动模板平面图				图号	1.14.4
设计		制图		审核	

62

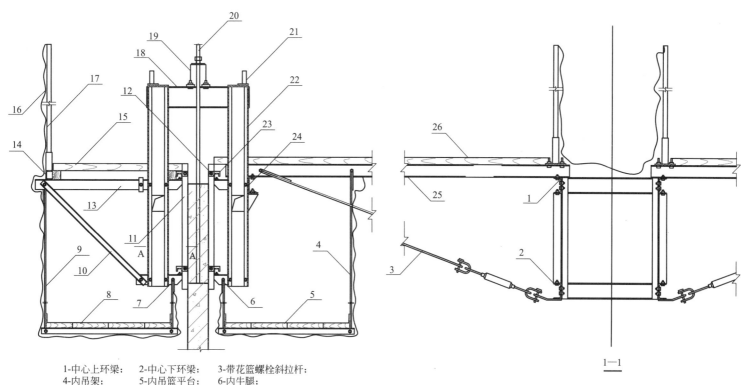

1-中心上环梁；　　2-中心下环梁；　　3-带花篮螺栓斜拉杆；
4-内吊架；　　　　5-内吊篮平台；　　6-内牛腿；
7-外牛腿；　　　　8-外吊篮平台；　　9-外吊杆；
10-斜撑杆；　　　11-模板；　　　　12-模板围圈；
13-外辐射梁；　　14-外平台围圈；　15-外操作平台；
16-安全网；　　　17-防护栏杆；　　18-提升架横担；
19-千斤顶；　　　20-支撑杆；　　　21-钢管；
22-提升架立杆；　23-模板卡片；　　24-内环梁；
25-内辐射梁；　　26-内操作平台。

1—1

注：1. 此类滑动模板适用于筒体内空间适中且需要搭设大面积
　　　施工平台的工程。
　　2. 选用此类滑动模板时，中间操作平台需要计算实际工程
　　　施工荷载。

圆柱筒体液压滑动模板剖面图		图号	1.14.5
设计	制图	审核	

63

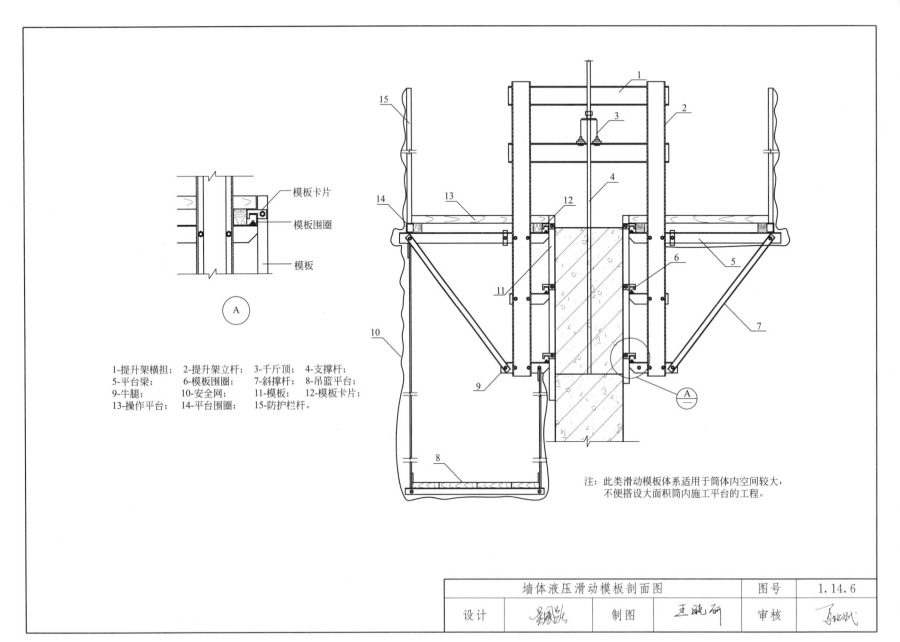

模板卡片
模板围圈
模板

(A)

1-提升架横担； 2-提升架立杆； 3-千斤顶； 4-支撑杆；
5-平台梁；   6-模板围圈；   7-斜撑杆； 8-吊篮平台；
9-牛腿；   10-安全网；   11-模板；   12-模板卡片；
13-操作平台；   14-平台围圈；   15-防护栏杆。

注：此类滑动模板体系适用于筒体内空间较大，
不便搭设大面积筒内施工平台的工程。

墙体液压滑动模板剖面图				图号	1.14.6
设计	袁国龙	制图	王晓研	审核	万红斌

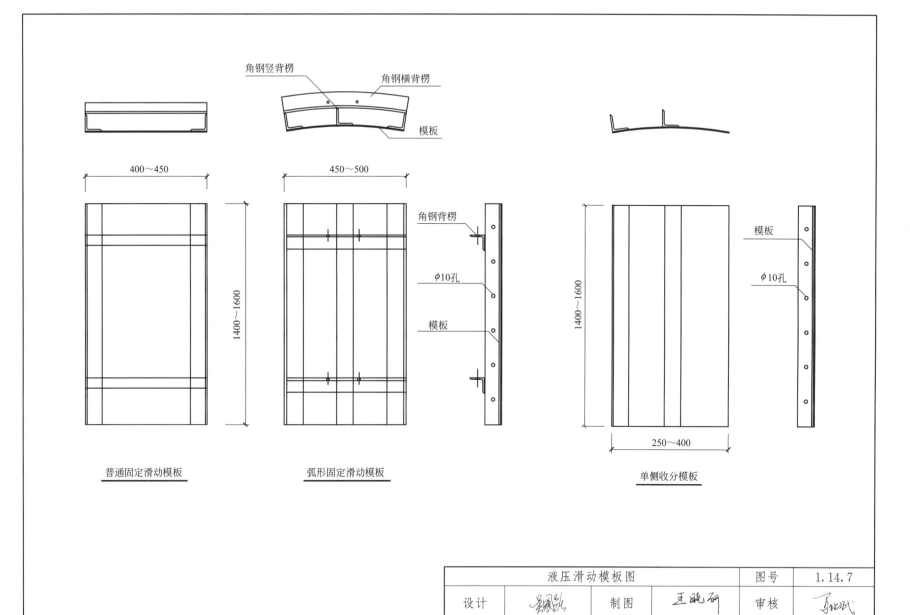

角钢竖背楞　　　　角钢横背楞

模板

角钢背楞

φ10孔

模板

模板

φ10孔

400～450　　　450～500

1400～1600　　　1400～1600

250～400

普通固定滑动模板　　　弧形固定滑动模板　　　单侧收分模板

液压滑动模板图		图号	1.14.7
设计	制图	审核	

65

1.15 液压滑框倒模

一、适用范围

适用于烟囱、筒仓、桥墩、塔、电视塔、观光塔、高层及超高层等高大构、建筑物和地下竖井筑壁工程。

二、技术要求

1. 模板一般采用标准定型组合钢模板，也可采用大模板，配两层模板，倒模施工。

2. 围圈材料一般采用角钢、槽钢或工字钢制作。采用槽钢时一般为[8～[10，其连接形式一般采用螺栓连接或焊接。

3. 提升架一般采用双槽钢或方钢管加腹板焊接而成。常见提升架形式有"门"形架、"开"形架和异形提升架。提升架立柱与横梁的连接可采用焊接或螺栓连接，便于拆卸和不同墙体厚度使用。提升架的布置间距根据设计计算确定。

4. 支撑杆一般采用圆钢或钢管制作。要求加工精度高，其连接形式采用榫接或坡口焊接。

5. 液压滑模千斤顶常用型号为滚珠卡具型和楔块卡具型，额定起重量为30～100kN；千斤顶可设计为单个千斤顶或双个千斤顶。

6. 模板吊架：一般采用钢管、角钢等制成，施工前根据模板重量计算，在现场安装。

7. 操作平台一般采用外排三角支撑架，一般采用角钢制作与方木和铺板组成平台体系。外排宽度为800～1000mm。内操作平台一般制作成下弦桁架式，便于平行移动和快速拆除。

8. 防护栏：安全防护栏一般采用钢管制作，栏杆高度一般不小于1800mm，并用密目安全网封闭。

9. 吊篮架一般采用圆钢或角钢制作，一般采用螺栓连接，便于拆除和重复使用。

10. 主要由液压控制台、主油管、高压软管、分油器、千斤顶等组成。油路设计一般采用环状三级并联回路。

三、注意事项

1. 架体注意事项与液压滑动模架相同。

2. 浇筑完成的混凝土强度达到1.2MPa后拆除模板。

3. 在操作平台提升时，操作平台、吊架不得与结构筒壁上的模板有任何连接。

4. 操作平台提升到位后立即对中，将顶撑丝杠顶到模板上，使操作平台稳固后，再进行下一道工序。

5. 操作平台稳固后，作业人员在吊篮下层平台上将第一道工序的模板拆掉，清理后，吊装到吊篮上层平台，安装到第二道工序模板上。

6. 模板应与已浇筑完的结构有10cm的嵌固长度。

	液压滑框倒模说明			图号	1.15.1
设计		制图		审核	

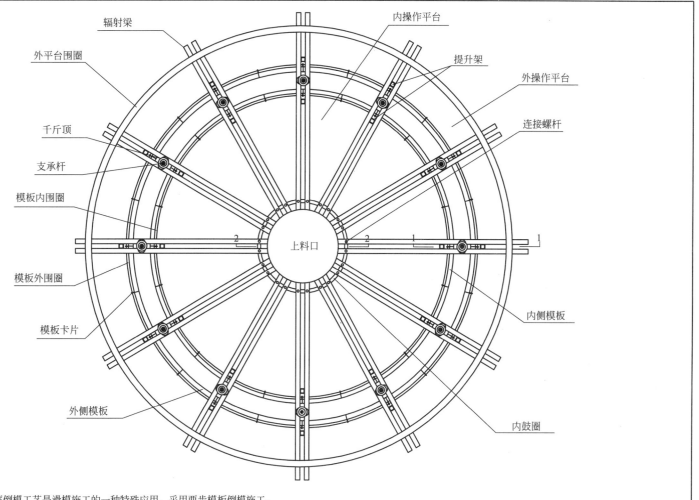

辐射梁
外平台围圈
千斤顶
支承杆
模板内围圈
模板外围圈
模板卡片
外侧模板
内操作平台
提升架
外操作平台
连接螺杆
内侧模板
内鼓圈

上料口

2 2 1 1

说明：滑框倒模工艺是滑模施工的一种特殊应用，采用两步模板倒模施工，
操作平台提升系统采用了全套滑模装置。

液压滑框倒模平面图			图号	1.15.2
设计		制图	审核	

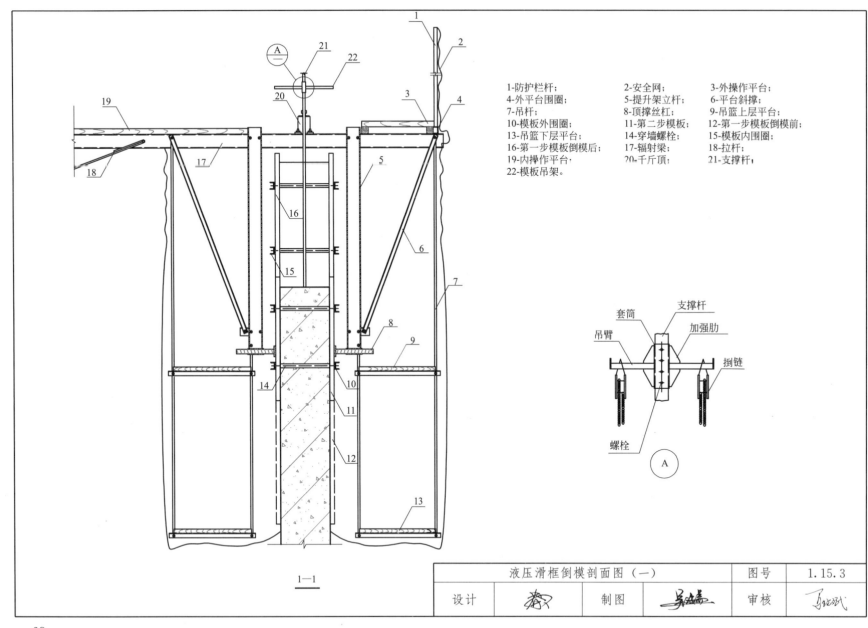

1-防护栏杆;　　　　2-安全网;　　　　　3-外操作平台;
4-外平台围圈;　　　5-提升架立杆;　　　6-平台斜撑;
7-吊杆;　　　　　　8-顶撑丝杠;　　　　9-吊篮上层平台;
10-模板外围圈;　　 11-第二步模板;　　 12-第一步模板倒模前;
13-吊篮下层平台;　 14-穿墙螺栓;　　　 15-模板内围圈;
16-第一步模板倒模后; 17-辐射梁;　　　　 18-拉杆;
19-内操作平台;　　 20-千斤顶;　　　　 21-支撑杆;
22-模板吊架。

套筒　支撑杆　加强肋

吊臂　捯链

螺栓

A

1—1

液压滑框倒模剖面图（一）	图号	1.15.3
设计	制图	审核

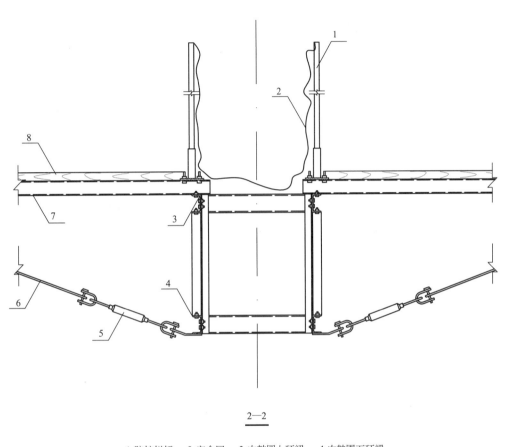

2—2

1-防护栏杆； 2-安全网； 3-内鼓圈上环梁； 4-内鼓圈下环梁；
5-花篮螺栓； 6-拉杆； 7-辐射梁； 8-内操作平台。

液压滑框倒模剖面图（二）		图号	1.15.4
设计	制图	审核	

1.16 其他

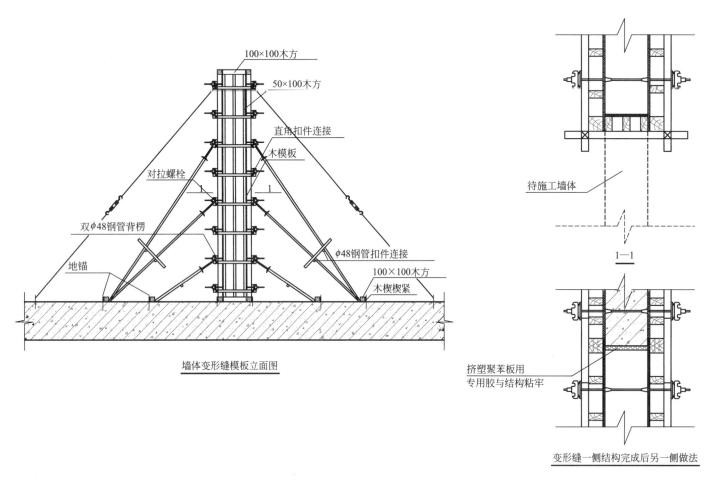

墙体变形缝模板立面图

1——1

待施工墙体

挤塑聚苯板用
专用胶与结构粘牢

变形缝一侧结构完成后另一侧做法

（图中标注）
100×100木方
50×100木方
直角扣件连接
木模板
对拉螺栓
双φ48钢管背楞
φ48钢管扣件连接
地锚
100×100木方
木楔楔紧

墙体变形缝模板立面图（一）		图号	1.16.1
设计	制图	审核	

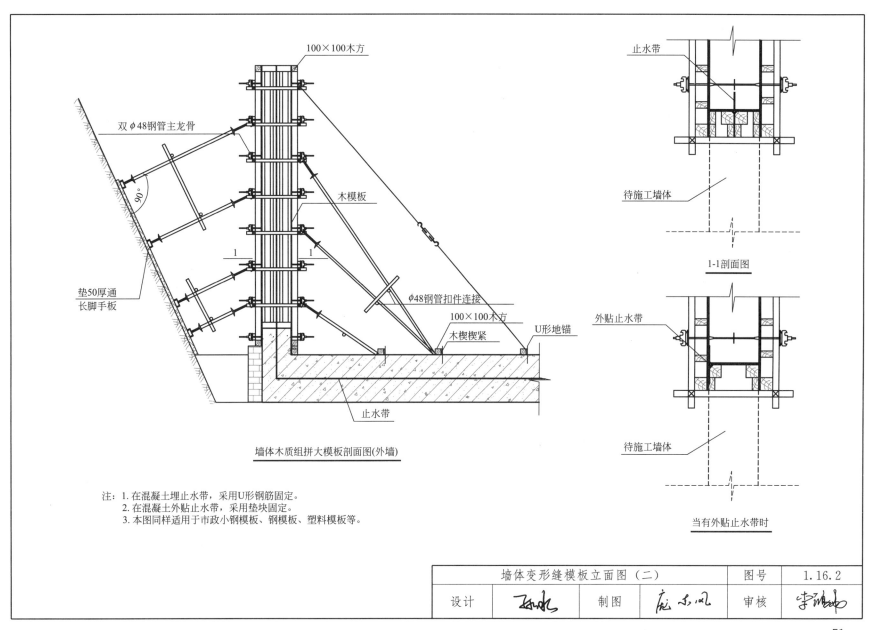

100×100木方

双φ48钢管主龙骨

木模板

90°

1

1

φ48钢管扣件连接

100×100木方

木楔楔紧

U形地锚

垫50厚通
长脚手板

止水带

墙体木质组拼大模板剖面图(外墙)

止水带

待施工墙体

1-1剖面图

外贴止水带

待施工墙体

当有外贴止水带时

注：1. 在混凝土埋止水带，采用U形钢筋固定。
　　2. 在混凝土外贴止水带，采用垫块固定。
　　3. 本图同样适用于市政小钢模板、钢模板、塑料模板等。

墙体变形缝模板立面图（二）			图号	1.16.2
设计		制图	审核	

71

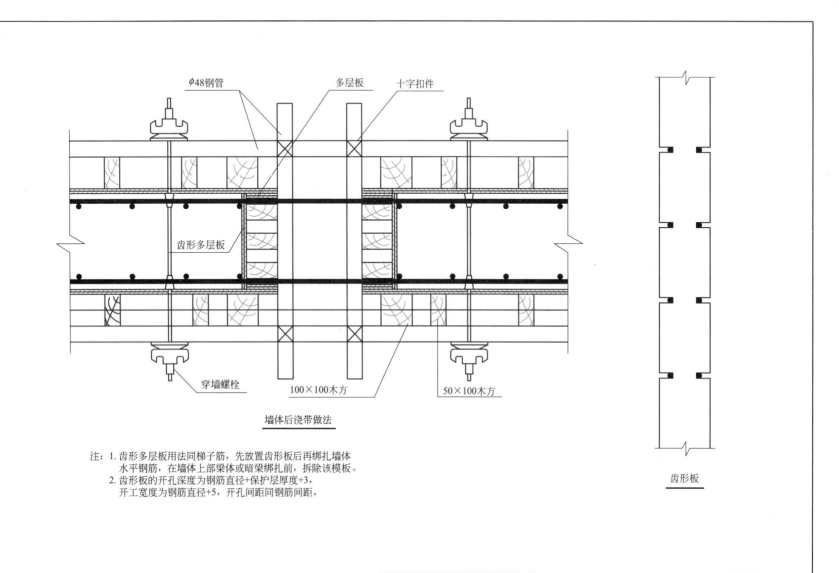

φ48钢管　　多层板　　十字扣件

齿形多层板

穿墙螺栓　　100×100木方　　50×100木方

墙体后浇带做法

齿形板

注：1. 齿形多层板用法同梯子筋，先放置齿形板后再绑扎墙体
　　　水平钢筋，在墙体上部梁体或暗梁绑扎前，拆除该模板。
　　2. 齿形板的开孔深度为钢筋直径+保护层厚度+3，
　　　开工宽度为钢筋直径+5，开孔间距同钢筋间距。

墙体后浇带模板	图号	1.16.3
设计　　制图　　审核		

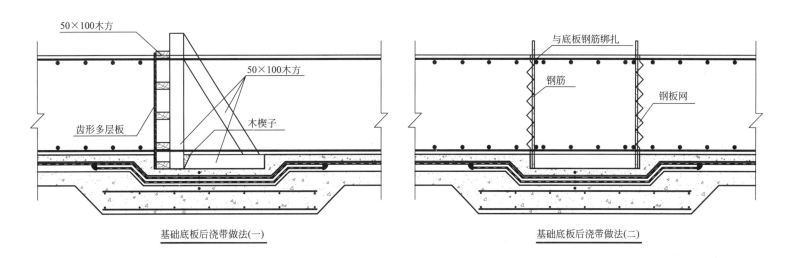

50×100木方

50×100木方

齿形多层板

木楔子

基础底板后浇带做法(一)

与底板钢筋绑扎

钢筋

钢板网

基础底板后浇带做法(二)

注：1. 当后浇带模板容易拆除时，可采用木支设，并增加对顶措施。
　　2. 顶板后浇带做法同混凝土基础底板后浇带，并可在顶板模板上钉多层板带，固定
　　　 齿形多层板。

基础底板后浇带模板		图号	1.16.4
设计	制图	审核	

73

第二章

柱 模 板

2.1 柱模板说明

一、适用范围

适用于圆柱、矩形柱、多边形柱、连墙柱等柱模板的施工。

二、柱模板材料特性

1. 胶合板模板：表面平整光滑，容易脱离模板；耐磨性强；防水性好；模板强度和刚度较好；使用寿命长（周转次数可达五次以上）；材质轻，适宜加工大面积模板；板缝少，能满足清水混凝土施工的要求。

2. 钢模板：显著地减少了通常与木材、胶合板或钢板等传统模板对混凝土压力中的孔隙水压力及气泡的排除；部件强度高，组合刚度大，板块制作精度高，拼缝严密，不易变形，模板整体性好，抗震性强。

三、技术要求

1. 本图册柱模板面板可采用胶合板、钢模板、玻璃钢模板，应根据工程实际需要选用，模板材质必须满足规范要求，模板及其支撑架应具有足够的承载力、刚度和稳定性。

2. 根据混凝土施工工艺、构件截面尺寸等确定其构造和所承受的荷载，绘制配板设计图、支撑设计布置图、细部构造。

3. 按照模板承受荷载的最不利组合对模板体系进行验算，包括模板的抗弯强度、抗剪强度和挠度，包括肋的抗弯强度、抗剪强度和挠度，也包括柱截面长、宽方向柱箍的强度和挠度或柱截面长、宽方向的对拉螺栓抗拉强度。

四、技术措施

1. 清水混凝土柱竖缝方向宜一致。当矩形柱较大时，其竖缝宜设置在柱中心。柱模板横缝宜从楼面标高开始向上有均匀布置，余数宜放在柱顶。

2. 柱模板配模高度：模板高度＝层高－顶板厚（或梁高）＋30。

3. 柱箍间距根据计算确定，下部适当加密。

	柱模板说明		图号	2.1.1
设计		制图	审核	

2.2 矩形柱模板

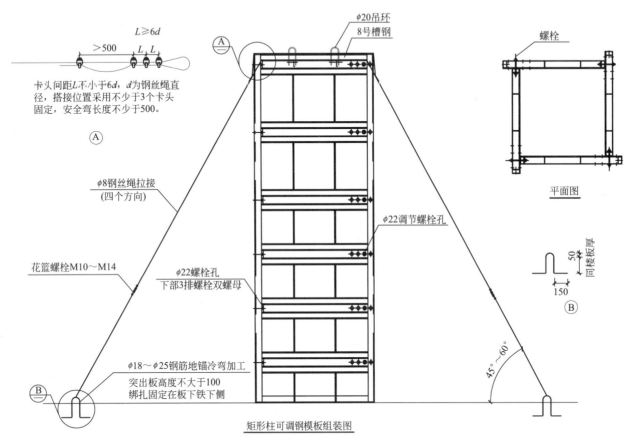

$L \geqslant 6d$

>500

卡头间距L不小于$6d$，d为钢丝绳直径，搭接位置采用不少于3个卡头固定，安全弯长度不少于500。

$\phi 20$吊环
8号槽钢

螺栓

平面图

$\phi 8$钢丝绳拉接
（四个方向）

$\phi 22$调节螺栓孔

花篮螺栓M10～M14

$\phi 22$螺栓孔
下部3排螺栓双螺母

$\phi 18$～$\phi 25$钢筋地锚冷弯加工
突出板高度不大于100
绑扎固定在板下铁下侧

45°～60°

50
同楼板厚

150

B

矩形柱可调钢模板组装图

注：1. 面板为6厚钢板，边框为8号槽钢，横向为80×40×3方钢管。
　　2. 适用于高度4m以下，尺寸1000×1000及以下的矩形柱。

矩形柱可调钢模板组装图				图号	2.2.1
设计		制图		审核	

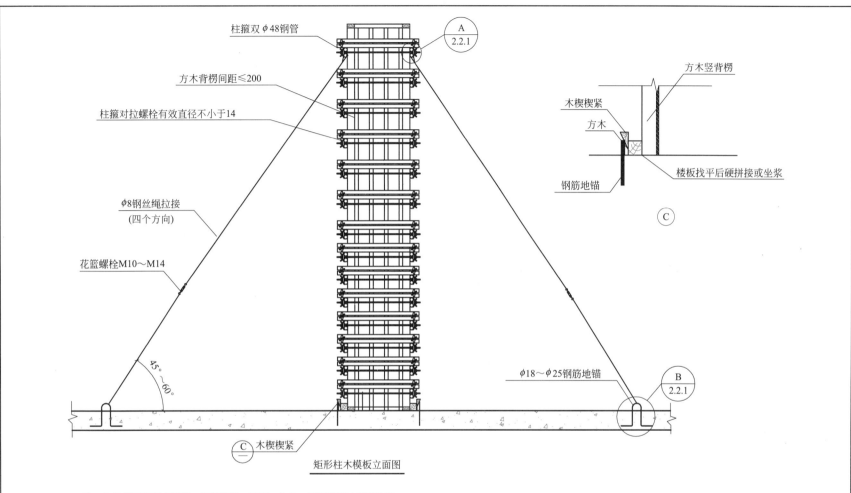

柱箍双 ϕ 48钢管

方木背楞间距≤200

柱箍对拉螺栓有效直径不小于14

ϕ 8钢丝绳拉接
(四个方向)

花篮螺栓M10～M14

$45°$ ～ $60°$

木楔楔紧

ϕ 18～ ϕ 25钢筋地锚

矩形柱木模板立面图

方木竖背楞

木楔楔紧

方木

钢筋地锚

楼板找平后硬拼接或坐浆

注：1. 柱箍可采用双钢管、矩形钢管、槽钢、方木，间距以设计计算为准。
    2. 柱箍对拉螺栓规格根据计算确定。

矩形柱木模板组装图			图号	2.2.2
设计		制图	审核	

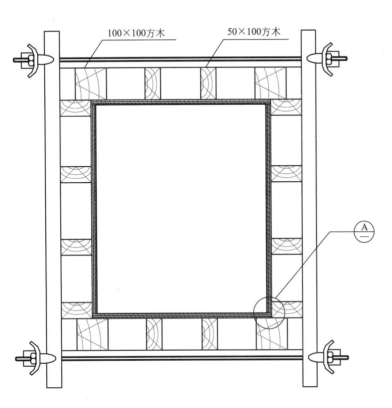

100×100方木   50×100方木

Ⓐ

矩形柱木模板平面图

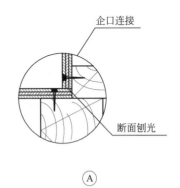

企口连接

断面刨光

Ⓐ

注：柱箍交错布置，可采用双钢管，矩形钢管、槽钢、方木等。

矩形柱木模板平面图			图号	2.2.3
设计		制图	审核	

2.3 圆柱模板

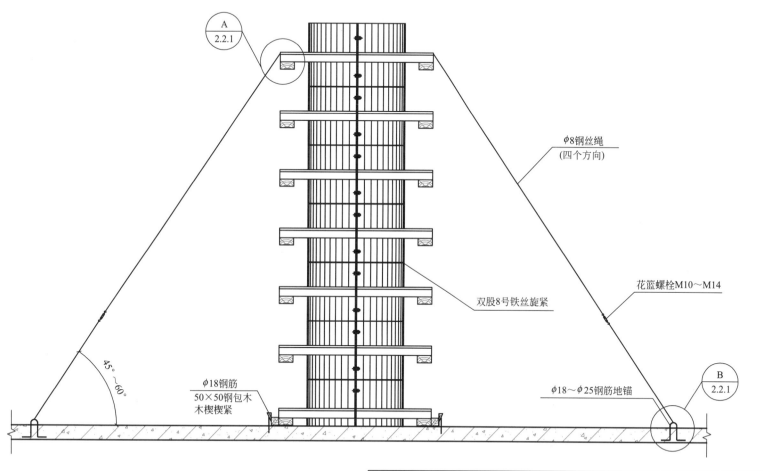

圆柱木模板组装示意图	图号	2.3.1
设计	制图	审核

79

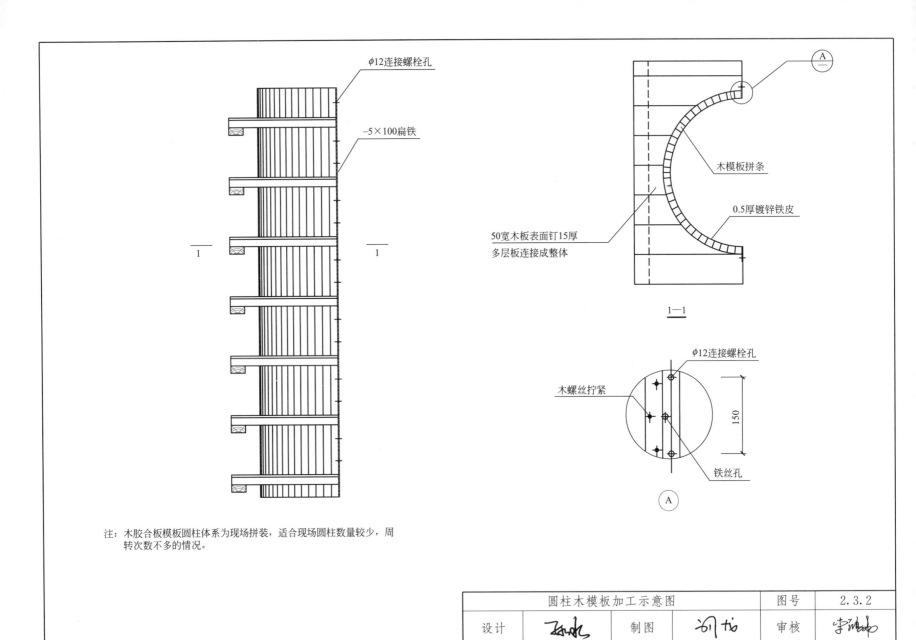

φ12连接螺栓孔

−5×100扁铁

1 1

A

木模板拼条

0.5厚镀锌铁皮

50宽木板表面钉15厚
多层板连接成整体

1—1

φ12连接螺栓孔

木螺丝拧紧

150

铁丝孔

A

注：木胶合板模板圆柱体系为现场拼装，适合现场圆柱数量较少，周
　　转次数不多的情况。

圆柱木模板加工示意图					图号	2.3.2
设计		制图		审核		

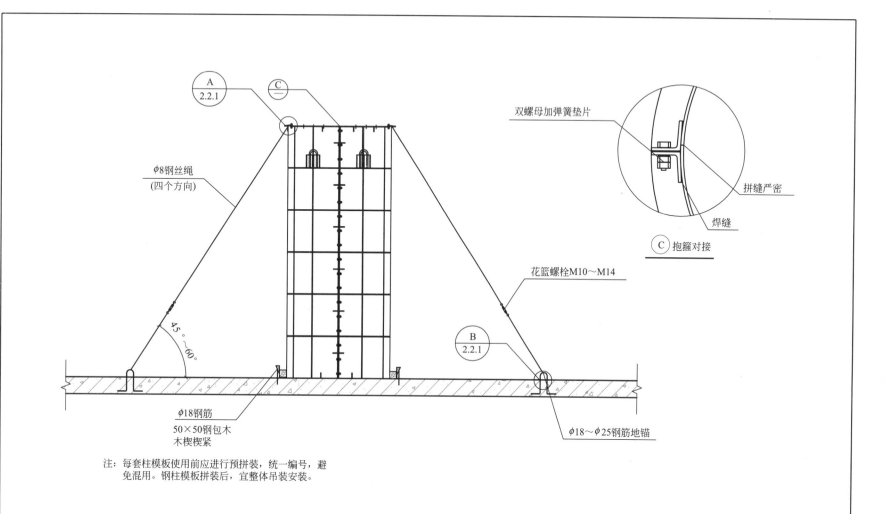

双螺母加弹簧垫片

拼缝严密

焊缝

Ⓒ 抱箍对接

A
2.2.1

Ⓒ
一

φ8钢丝绳
(四个方向)

花篮螺栓M10～M14

45°～60°

B
2.2.1

φ18钢筋

50×50钢包木
木楔楔紧

φ18～φ25钢筋地锚

注：每套柱模板使用前应进行预拼装，统一编号，避
免混用。钢柱模板拼装后，宜整体吊装安装。

圆柱钢模板组装示意图			图号	2.3.3
设计		制图	审核	

81

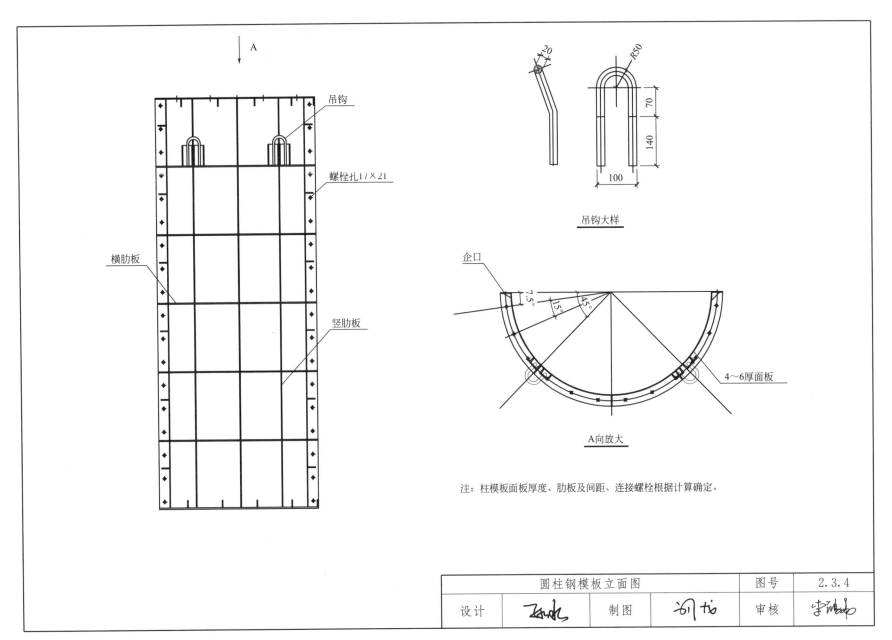

吊钩

螺栓扎17×21

横肋板

竖肋板

吊钩大样

企口

7.5°

15°

45°

4～6厚面板

A向放大

注：柱模板面板厚度、肋板及间距、连接螺栓根据计算确定。

圆柱钢模板立面图		图号	2.3.4
设计	制图	审核	

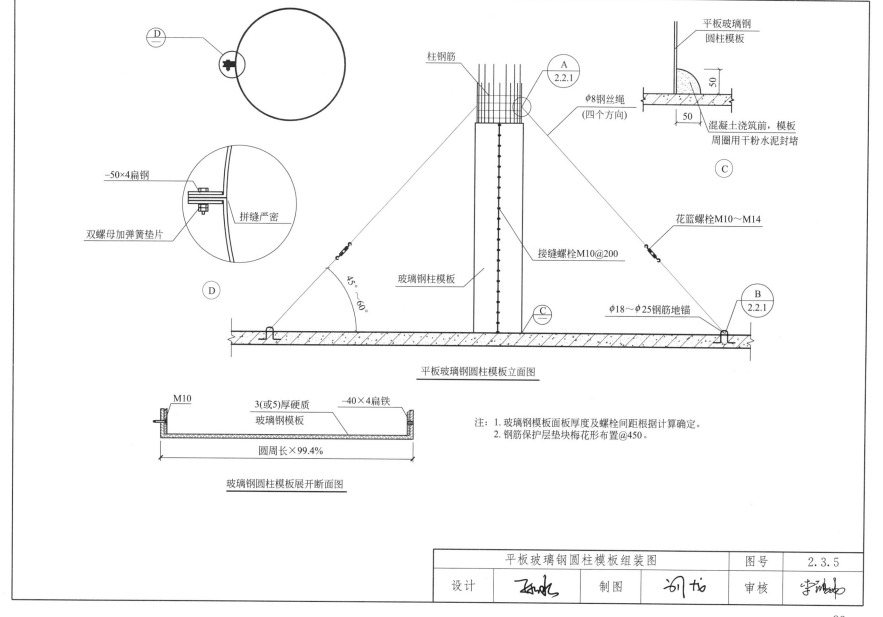

平板玻璃钢圆柱模板立面图

−50×4扁钢
双螺母加弹簧垫片
拼缝严密

柱钢筋
平板玻璃钢
圆柱模板
φ8钢丝绳
(四个方向)
混凝土浇筑前,模板
周圈用干粉水泥封堵
花篮螺栓M10～M14
接缝螺栓M10@200
玻璃钢柱模板
φ18～φ25钢筋地锚
45°～60°

M10
3(或5)厚硬质
玻璃钢模板
−40×4扁铁
圆周长×99.4%

玻璃钢圆柱模板展开断面图

注: 1. 玻璃钢模板面板厚度及螺栓间距根据计算确定。
 2. 钢筋保护层垫块梅花形布置@450。

平板玻璃钢圆柱模板组装图			图号		2.3.5
设计		制图		审核	

83

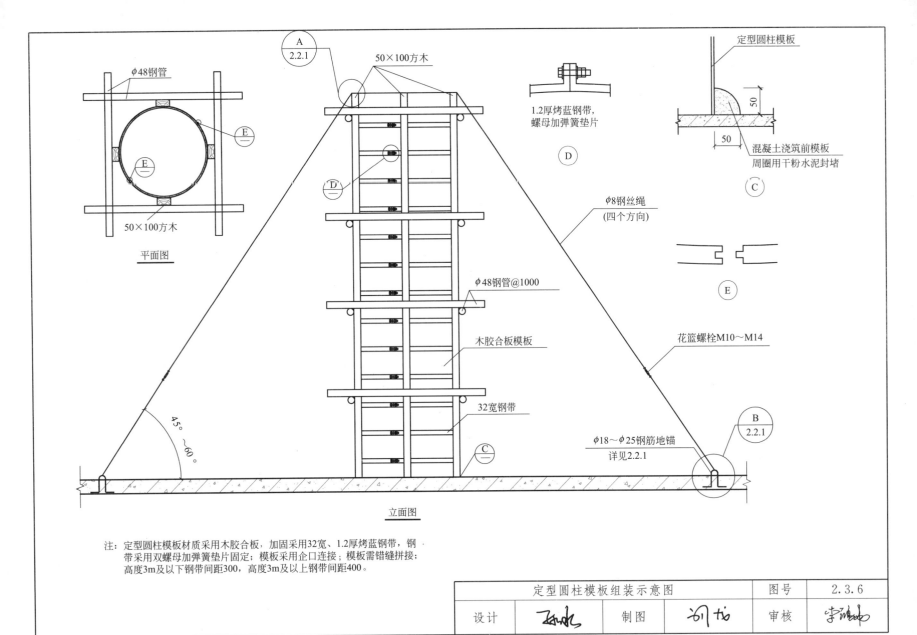

φ48钢管

50×100方木

E

E

50×100方木

平面图

A
2.2.1

50×100方木

D

φ48钢管@1000

木胶合板模板

32宽钢带

45°~60°

φ18~φ25钢筋地锚
详见2.2.1

B
2.2.1

C

立面图

定型圆柱模板

1.2厚烤蓝钢带，
螺母加弹簧垫片

D

定型圆柱模板

50

50

混凝土浇筑前模板
周圈用干粉水泥封堵

C

φ8钢丝绳
(四个方向)

花篮螺栓M10~M14

E

注：定型圆柱模板材质采用木胶合板，加固采用32宽、1.2厚烤蓝钢带，钢
带采用双螺母加弹簧垫片固定；模板采用企口连接；模板需错缝拼接；
高度3m及以下钢带间距300，高度3m及以上钢带间距400。

定型圆柱模板组装示意图		图号	2.3.6
设计	制图	审核	

2.4 连墙柱模板

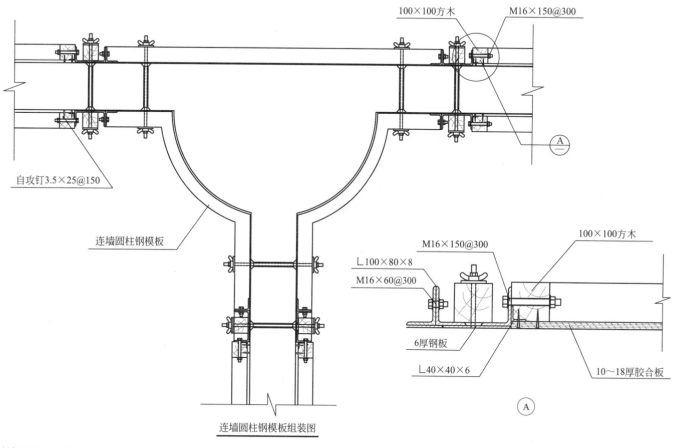

注：墙柱混凝土强度等级相同时，可按照此种方式加固；墙柱混凝土强度等级
不同时，先浇筑混凝土需要预留一排螺栓作为后浇筑混凝土加固措施。

连墙圆柱钢模板组装图		图号	2.4.1
设计	制图	审核	

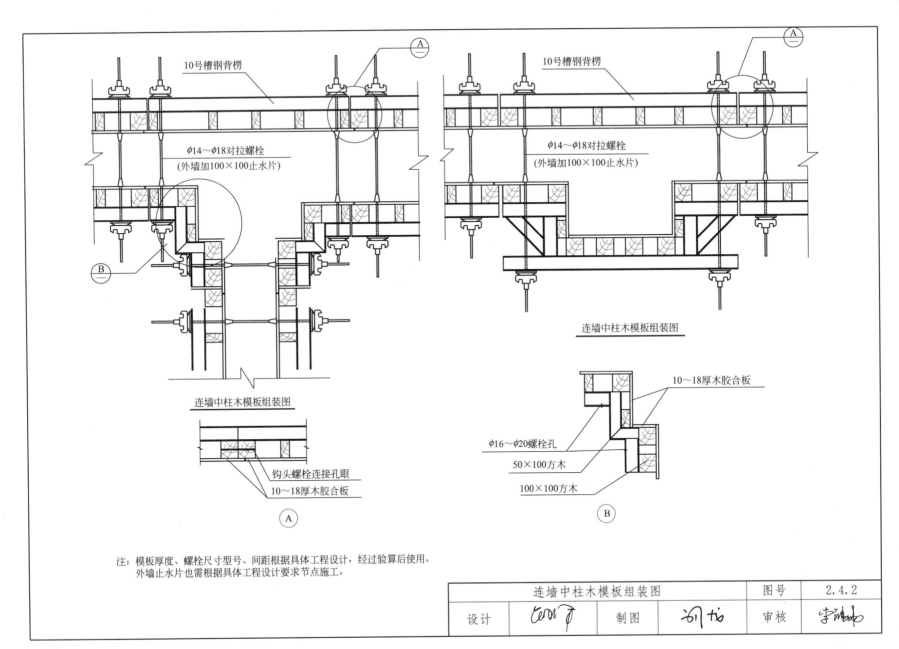

10号槽钢背楞

$\phi14\sim\phi18$对拉螺栓
(外墙加100×100止水片)

Ⓐ

Ⓑ

连墙中柱木模板组装图

钩头螺栓连接孔眼
10～18厚木胶合板

Ⓐ

10号槽钢背楞

$\phi14\sim\phi18$对拉螺栓
(外墙加100×100止水片)

Ⓐ

连墙中柱木模板组装图

10～18厚木胶合板

$\phi16\sim\phi20$螺栓孔

50×100方木

100×100方木

Ⓑ

注：模板厚度、螺栓尺寸型号、间距根据具体工程设计，经过验算后使用。
　　外墙止水片也需根据具体工程设计要求节点施工。

连墙中柱木模板组装图		图号	2.4.2
设计	制图	审核	

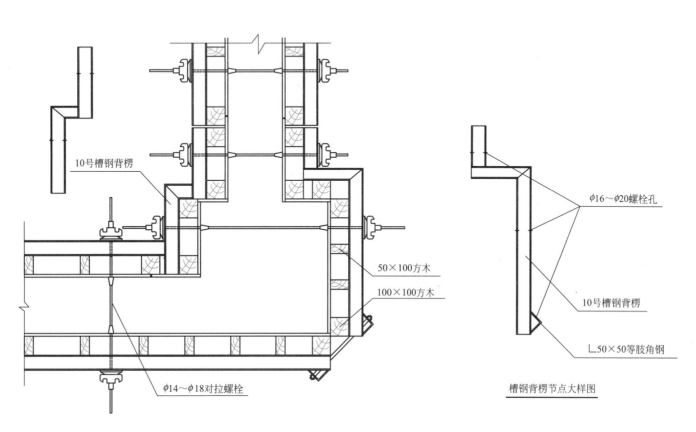

10号槽钢背楞

φ16～φ20螺栓孔

10号槽钢背楞

50×100方木

100×100方木

∟50×50等肢角钢

φ14～φ18对拉螺栓

连墙角柱木模板组装图

槽钢背楞节点大样图

注：螺栓规格型号、间距根据设计，验算确定。

连墙角柱木模板组装图		图号	2.4.3
设计	制图	审核	

2.5 构造柱模板

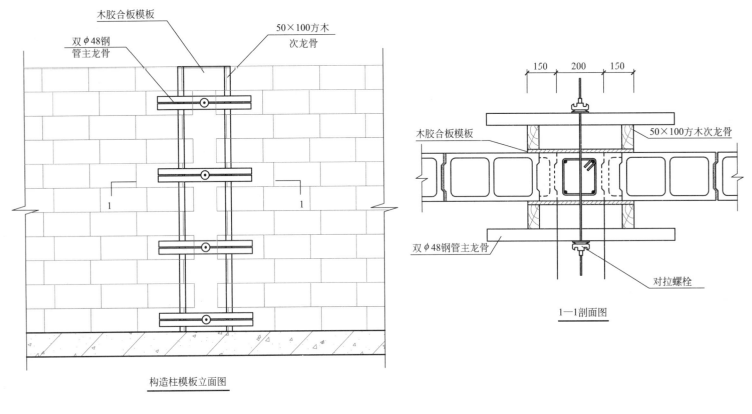

构造柱模板立面图

注：1. 空心砌块可采用本图做法，也可采用芯柱做法。
    2. 实心砌块可按本图做法实施。

构造柱模板（一）		图号	2.5.1
设计	制图	审核	

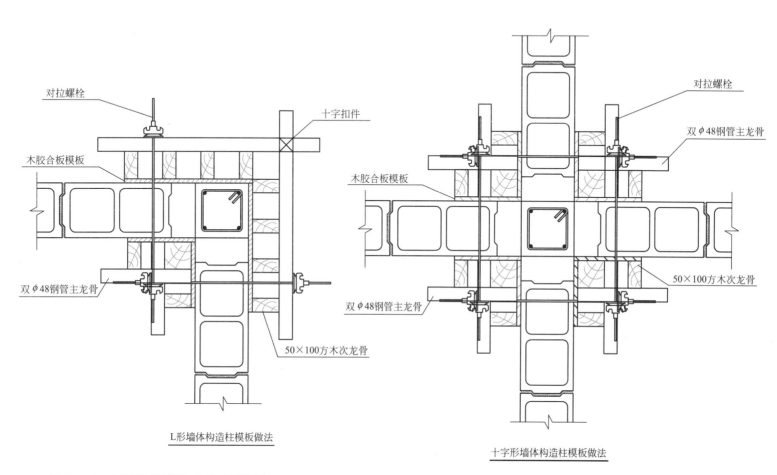

对拉螺栓

十字扣件

对拉螺栓

木胶合板模板

双φ48钢管主龙骨

木胶合板模板

双φ48钢管主龙骨

50×100方木次龙骨

双φ48钢管主龙骨

50×100方木次龙骨

50×100方木次龙骨

L形墙体构造柱模板做法

十字形墙体构造柱模板做法

注：1. 空心砌块可采用本图做法，也可采用芯柱做法。
　　2. 实心砌块可按本图做法实施。

构造柱模板（二）				图号	2.5.2
设计		制图		审核	

89

第三章

梁板模板

3.1 梁板模板说明

一、适用范围

适用于剪力墙、框架结构梁板模板的施工。

二、技术参数

1. 模板面板一般采用木胶合板、组合钢模板、塑料模板、模壳等，主次龙骨可选用方木、方钢管、几字梁、U 形梁、木工字梁等。各种材料的规格和数量均根据计算选用。

2. 胶合模板应符合《混凝土模板用胶合板》GB/T 17656—2018 的规定。

3. 组合钢模板应符合《组合钢模板技术规范》GB/T 50214—2013 的规定。

4. 塑料复合模板规格、尺寸、力学性能及检验等应符合《建筑塑料复合模板工程技术规程》JGJ/T 352—2014 的规定。

5. 模壳是用于钢筋混凝土现浇密肋楼板的一种工具式模板，目前我国的模壳主要采用玻璃纤维增强塑料和聚丙烯塑料制成，模板支撑可选用快拆顶托、方木、方钢管、角钢、钢管，以及钢支柱（或门架）等支撑系统。

三、注意事项

1. 安装模板应保证工程结构和构件各部分形状、尺寸和相互位置的正确，防止漏浆，构造应符合模板设计要求。

2. 模板及支撑架应根据安装、使用和拆除工况进行设计，并应满足承载力、刚度和整体稳定性要求。

3. 塑料复合模板不得用于蒸汽养护的混凝土构件。施工使用的温度不应低于−10℃，不应高于75℃。

4. 对跨度大于 4m 的梁、板，当设计无具体要求时，模板施工起拱高度宜为梁、板跨度的 1‰～3‰。

5. 模板支撑边立杆距已完结构的距离，一般不大于 300 或根据计算确定。

6. 模板及支撑架的拆除应符合《混凝土结构工程施工规范》GB 50666—2011 的规定，冬期施工模板及支撑架的拆除，应符合专门规定。

梁板模板说明				图号	3.1.1
设计		制图		审核	

3.2 剪力墙结构楼板模板

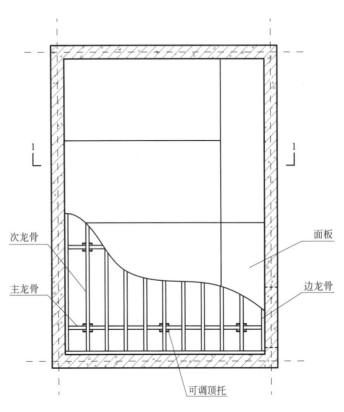

次龙骨

主龙骨

面板

边龙骨

可调顶托

注：本图适用于剪力墙结构楼板模板支设。

剪力墙结构楼板模板平面图				图号	3.2.1
设计		制图		审核	

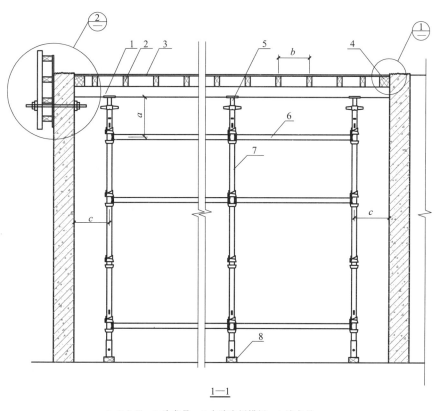
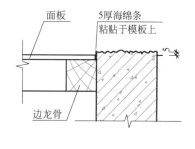

面板

5厚海绵条
粘贴于模板上

边龙骨

①

φ48双钢管背楞   50×100方木次肋

②

1—1

1-主龙骨；2-次龙骨；3-木胶合板模板；4-边龙骨；
5-可调顶托；6-横杆；7-立杆；8-垫木。

注：a为自由端长度。
　　b为次龙骨间距。
　　c为模板支撑架边立杆距已完结构的距离，一般不大于300。

剪力墙结构楼板模板剖面图（1—1）				图号	3.2.2
设计		制图		审核	

3.3 框架结构楼板模板

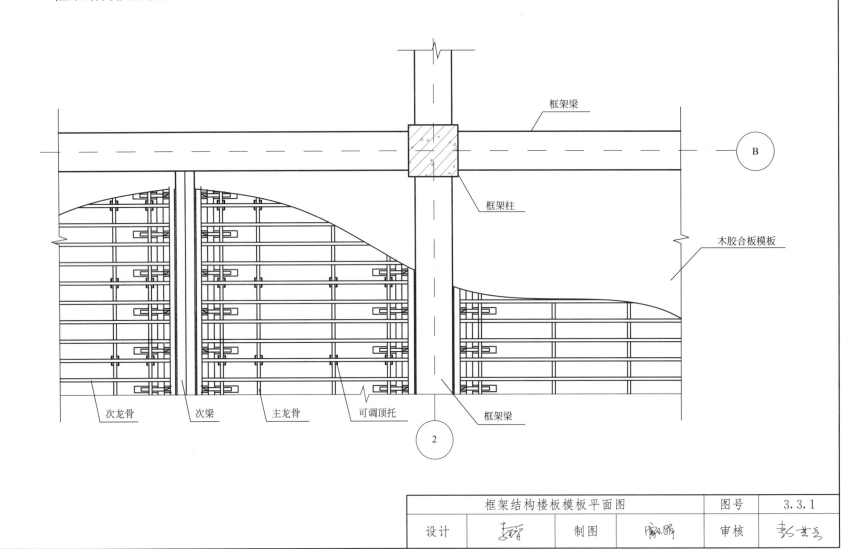

次龙骨　　次梁　　主龙骨　　可调顶托　　框架梁

框架梁

框架柱

框架梁

木胶合板模板

B

2

框架结构楼板模板平面图	图号	3.3.1
设计	制图	审核

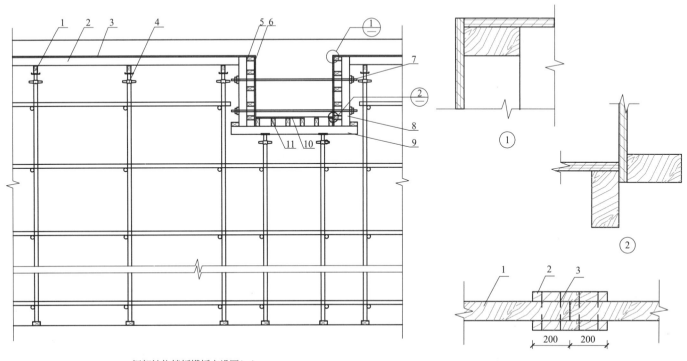

框架结构楼板模板支设图(一)

1-主龙骨；2-次龙骨；3-木胶合板模板；4-可调顶托；
5-梁侧次肋；6-梁侧模板；7-对拉螺栓；8-梁侧背楞；
9-梁主龙骨；10-梁底模板；11-梁次龙骨。

注：1. 梁下立杆间距、数量根据计算确定。
　　2. 对拉螺栓的直径、数量及间距根据计算确定。

方木主龙骨搭接示意图

1-100×100方木主龙骨；

2-50×100方木固定在主龙骨两侧，
固定长度为400；

3-铁钉，将50×100方木与100×100
方木主龙骨固定在一起。

框架结构梁板模板支设图（一）	图号	3.3.2
设计	制图	审核

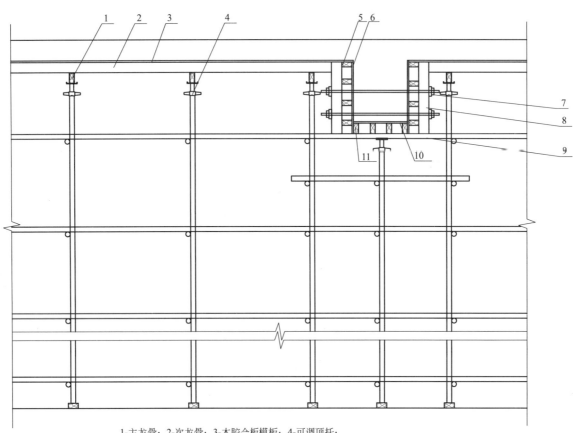

1-主龙骨；2-次龙骨；3-木胶合板模板；4-可调顶托；

5-梁侧次肋；6-梁侧模板；7-对拉螺栓；8-梁侧背楞；

9-梁主龙骨；10-梁底模板；11-梁次龙骨。

注：1. 梁下立杆间距、数量根据计算确定。
　　2. 对拉螺栓的直径、数量及间距根据计算确定。

框架结构梁板模板支设图（二）	图号	3.3.3
设计　～～　制图　～～　审核　～～		

96

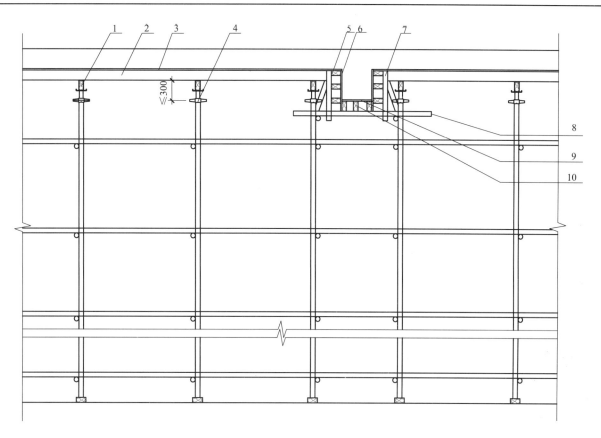

1-主龙骨；2-次龙骨；3-木胶合板模板；4-可调顶托；

5-梁侧次肋；6-梁侧模板；7-梁侧背楞(钢管)；8-梁主龙骨(钢管)；

9-梁底模板；10-梁次龙骨。

注：1. 梁下立杆间距、数量根据计算确定。
　　2. 对拉螺栓的直径、数量及间距根据计算确定。

框架结构梁板模板支设图（三）		图号	3.3.4
设计	制图	审核	

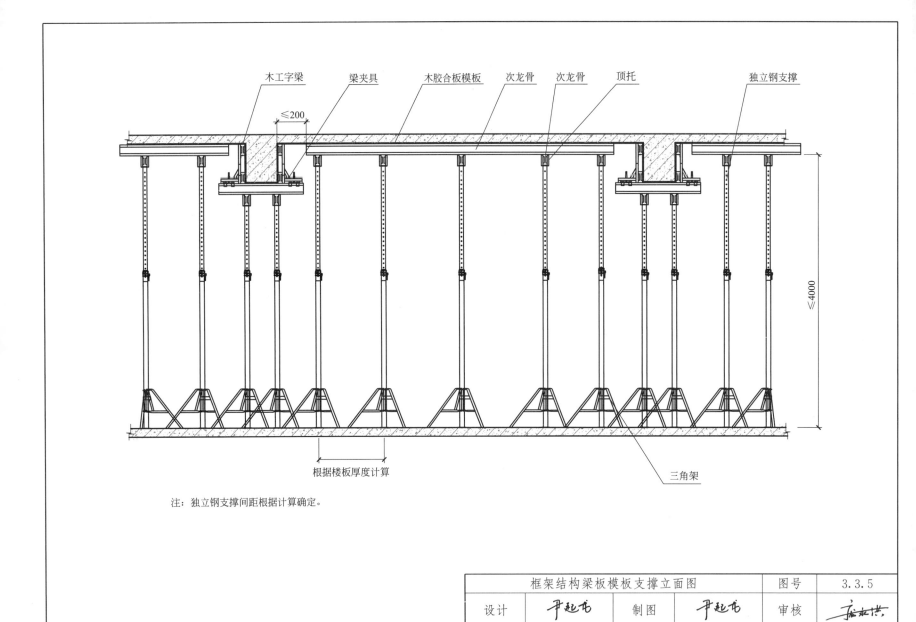

木工字梁　梁夹具　木胶合板模板　次龙骨　次龙骨　顶托　独立钢支撑

≤200

≤4000

根据楼板厚度计算

三角架

注：独立钢支撑间距根据计算确定。

框架结构梁板模板支撑立面图				图号	3.3.5
设计	尹起书	制图	尹起书	审核	

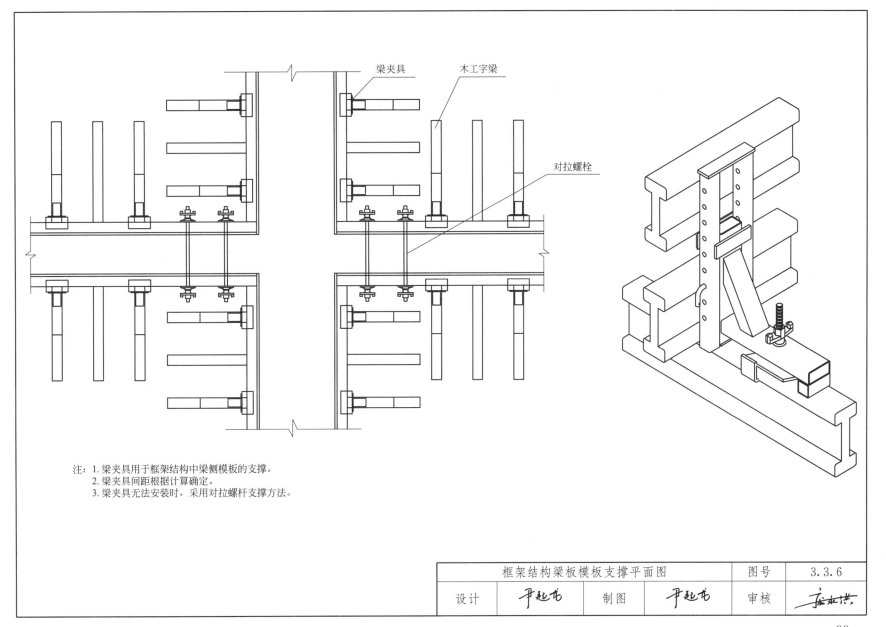

注：1.梁夹具用于框架结构中梁侧模板的支撑。
　　2.梁夹具间距根据计算确定。
　　3.梁夹具无法安装时，采用对拉螺杆支撑方法。

框架结构梁板模板支撑平面图		图号	3.3.6
设计	平起飞	制图 平起飞	审核

99

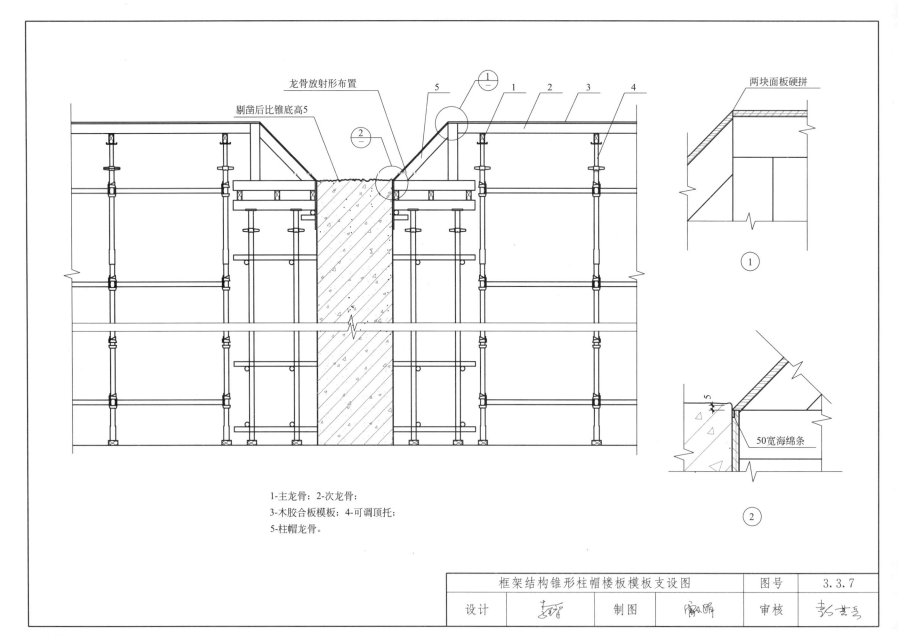

龙骨放射形布置

剔凿后比锥底高5

两块面板硬拼

5
1
2
3
4

①/—

②/—

①

②

50宽海绵条

5

1-主龙骨；2-次龙骨；
3-木胶合板模板；4-可调顶托；
5-柱帽龙骨。

框架结构锥形柱帽楼板模板支设图			图号	3.3.7
设计		制图	审核	

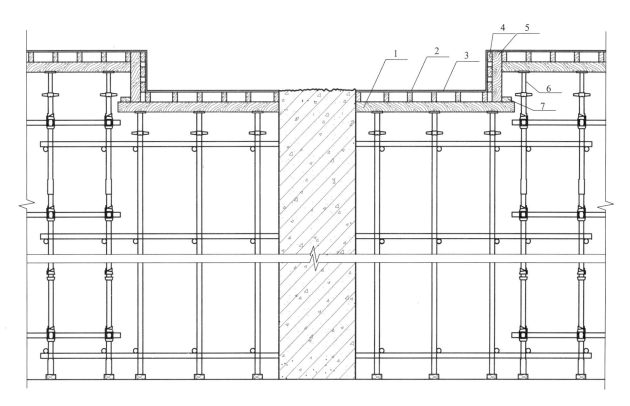

1-主龙骨；2-次龙骨；3-木胶合板模板；4-侧模次肋；

5-侧模背楞；6-可调顶托；7-方木。

框架结构方形柱帽楼板模板支设图				图号	3.3.8
设计	赵智营	制图	房飘玥	审核	彭其贵

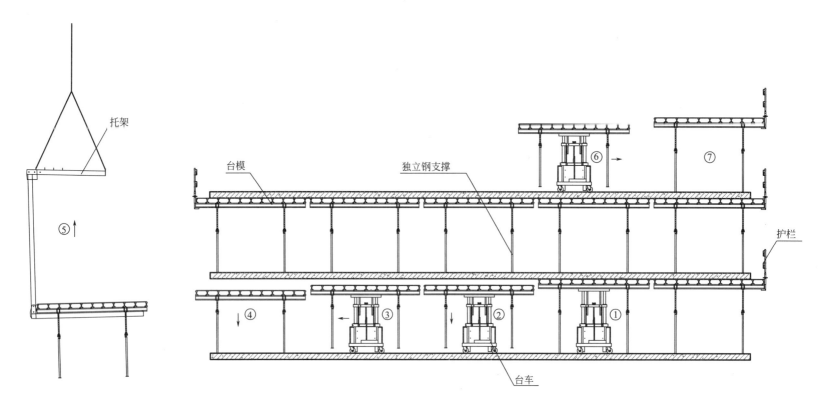

托架

台模

独立钢支撑

护栏

⑤

⑥

⑦

④

③

②

①

台车

注：1. 本图为台模在无梁框架结构楼板施工中的使用流程图。
　　2. 应根据现场施工进度安排确定支撑层数。
　　3. 图中所示台模支撑流程为：①台车就位；②收钢支撑，降台车；③移动台模；④台模下落，台车移开；⑤起吊；⑥移动台模；⑦台模就位，调钢支撑高度。
　　4. 台车尺寸为1.4m×1.3m，分为标准节和加高节，标准节顶升力为15kN，行程为1.75～3.25m，标准节加一加高节顶升力为11kN，行程为2.5～3.9m。
　　5. 台模专用工具包括台车、托架等，与塔式起重机配合使用。

无梁楼板台模支撑流程图				图号	3.3.9
设计	尹起飞	制图	尹起飞	审核	

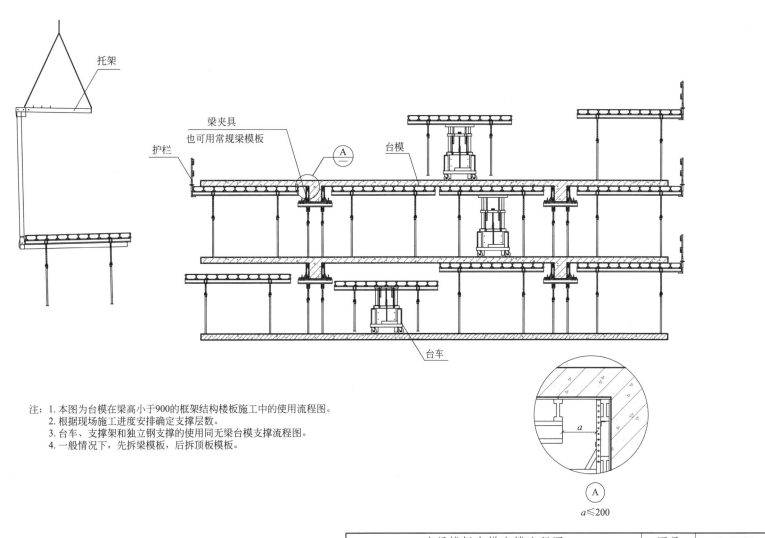

托架

梁夹具
也可用常规梁模板

护栏

A
—

台模

台车

注：1. 本图为台模在梁高小于900的框架结构楼板施工中的使用流程图。
　　2. 根据现场施工进度安排确定支撑层数。
　　3. 台车、支撑架和独立钢支撑的使用同无梁台模支撑流程图。
　　4. 一般情况下，先拆梁模板，后拆顶板模板。

A

$a \leqslant 200$

有梁楼板台模支撑流程图				图号	3.3.10
设计	尹起飞	制图	尹起飞	审核	张旭恭

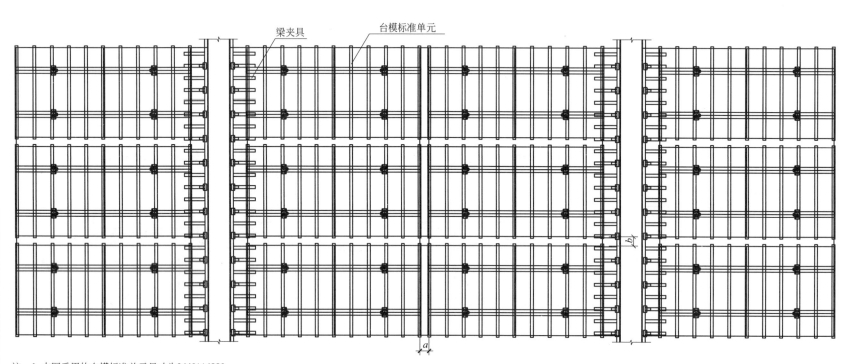

梁夹具　　　　　　　台模标准单元

注：1. 本图采用的台模标准单元尺寸为2440×4880。
　　2. 在结构尺寸无法使用台模标准单元的地方，可支设散支模板。
　　3. 图中标注：$a \leqslant 200$，$b \leqslant 250$。

台模平面布置图				图号	3.3.11
设计	尹起飞	制图	尹起飞	审核	张起拱

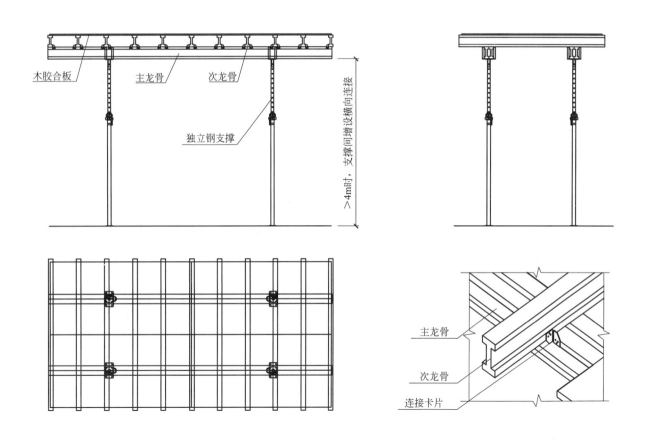

木胶合板　主龙骨　次龙骨

独立钢支撑

>4m时，支撑间增设横向连接

主龙骨

次龙骨

连接卡片

注：根据计算确定主龙骨、次龙骨和独立钢支撑的数量及间距。

台模标准单元图				图号	3.3.12
设计	尹起飞	制图	尹起飞	审核	

3.4 盘扣式台模

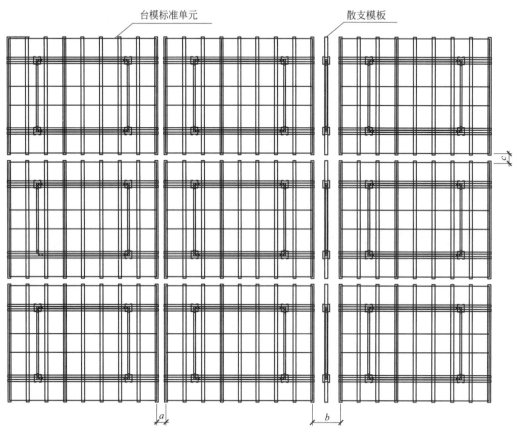

台模标准单元　　　散支模板

注：1. 在结构尺寸无法使用十字盘台模标准单元的地方，可支设散支模板。
　　2. 图中$a \leqslant 200$，$b \leqslant 500$，$c \leqslant 250$。

盘扣式台模支撑平面布置图		图号	3.4.1
设计	尹起飞	制图	尹起飞	审核	

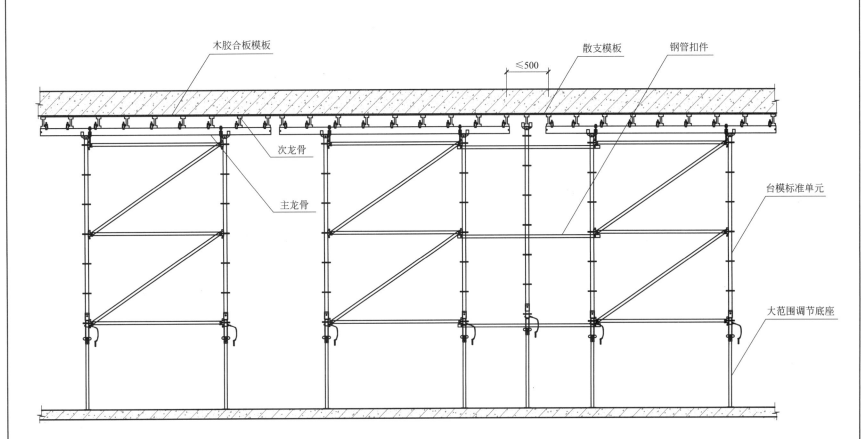

木胶合板模板　　　　　　　　　散支模板　　　钢管扣件

≤500

次龙骨

主龙骨

台模标准单元

大范围调节底座

注：脚手架规格根据计算确定。

盘扣式台模支撑立面布置图		图号	3.4.2
设计	尹起飞	制图 尹起飞	审核

安装高支架台车

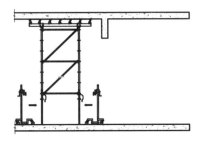

利用高支架台车降低脚手架台模高度,
并水平转移到楼板边缘处

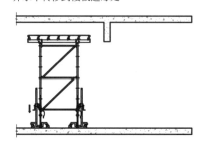

将脚手架台模吊装至上部待浇筑楼层

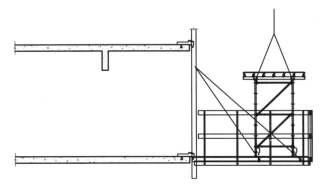

将脚手架台模转移至外部卸料平台

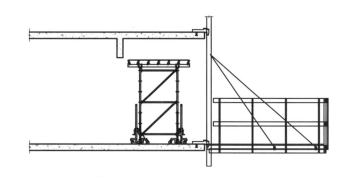

盘扣式台模支撑流程图			图号	3.4.3
设计	尹起飞	制图	尹起飞	审核	盘扣供

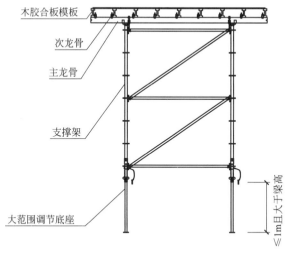

木胶合板模板

次龙骨

主龙骨

支撑架

大范围调节底座

≤1m且大于梁高

盘扣式台模标准单元立面图一

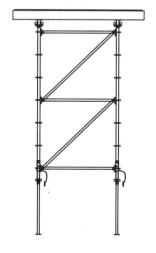

盘扣式台模标准单元立面图二

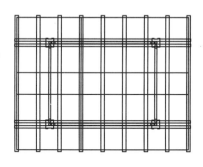

盘扣式台模标准单元平面图

注：根据计算确定主龙骨、次龙骨和脚手架的规格、数量及间距。

盘扣式台模标准单元图				图号	3.4.4
设计	尹起飞	制图	尹起飞	审核	张振拱

3.5 密肋楼盖模壳

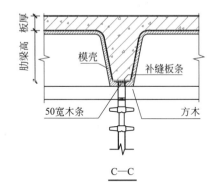

A—A

B—B

C—C

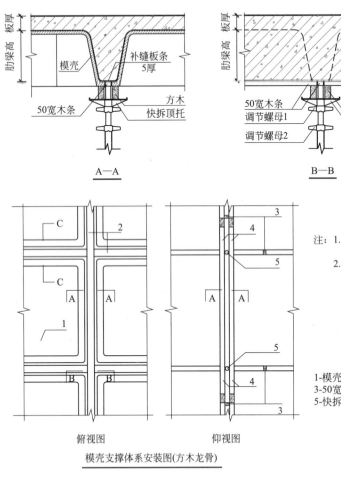

俯视图　　仰视图

模壳支撑体系安装图(方木龙骨)

注：1. 本模壳支撑体系所用材料为：快拆顶托、50×100方木、50宽木条、
　　　补缝板条。
　　2. 本支撑体系为快拆体系，拆除顺序为：降下快拆顶托→拆除模壳下
　　　50×100方木→拆除模壳。快拆顶托丝杠及其上50宽木条后拆。

1-模壳；2-补缝板条；
3-50宽木条；4-50×100方木；
5-快拆顶托。

密肋楼盖模壳安装图（方木龙骨）		图号	3.5.1
设计	制图	审核	

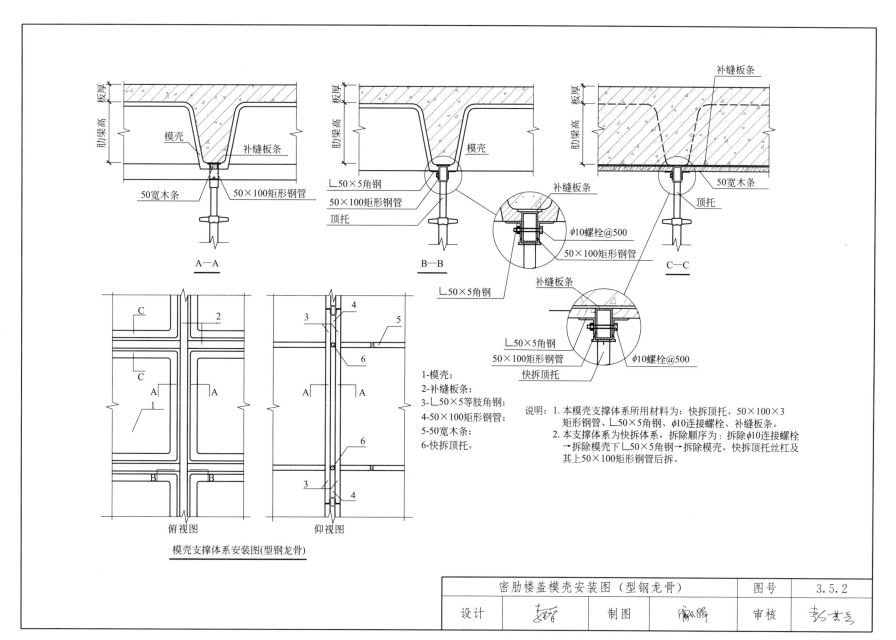

板厚
肋梁高
模壳
补缝板条
50宽木条
50×100矩形钢管
A—A

板厚
肋梁高
模壳
∟50×5角钢
50×100矩形钢管
顶托
B—B

补缝板条
∅10螺栓@500
50×100矩形钢管
∟50×5角钢

补缝板条
∟50×5角钢
50×100矩形钢管
快拆顶托
∅10螺栓@500

补缝板条
板厚
肋梁高
50宽木条
顶托
C—C

C
2
C
A
A
1
B
B
俯视图

3
4
5
A
A
6
3
4
仰视图

模壳支撑体系安装图(型钢龙骨)

1-模壳;
2-补缝板条;
3-∟50×5等肢角钢;
4-50×100矩形钢管;
5-50宽木条;
6-快拆顶托。

说明：1. 本模壳支撑体系所用材料为：快拆顶托、50×100×3
矩形钢管、∟50×5角钢、∅10连接螺栓、补缝板条。
2. 本支撑体系为快拆体系，拆除顺序为：拆除∅10连接螺栓
→拆除模壳下∟50×5角钢→拆除模壳。快拆顶托丝杠及
其上50×100矩形钢管后拆。

密肋楼盖模壳安装图（型钢龙骨）		图号	3.5.2
设计		制图	审核

111

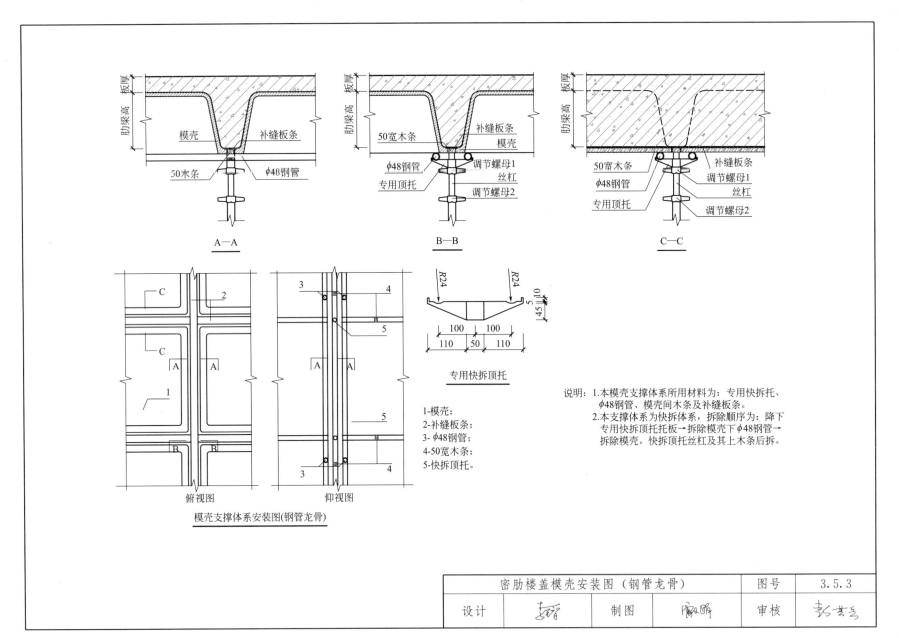

A—A

B—B

C—C

专用快拆顶托

俯视图

仰视图

模壳支撑体系安装图(钢管龙骨)

1-模壳；
2-补缝板条；
3-φ48钢管；
4-50宽木条；
5-快拆顶托。

说明：1.本模壳支撑体系所用材料为：专用快拆托、
　　　　φ48钢管、模壳间木条及补缝板条。
　　　2.本支撑体系为快拆体系，拆除顺序为：降下
　　　　专用快拆顶托托板→拆除模壳下φ48钢管→
　　　　拆除模壳。快拆顶托丝杠及其上木条后拆。

密肋楼盖模壳安装图（钢管龙骨）	图号	3.5.3

设计		制图		审核	

3.6 早拆模板体系

一、适用范围

适用于工业与民用建筑中楼板厚度不小于100，且混凝土强度等级不低于C20的现浇混凝土楼板施工。不适用于预应力楼板的施工。

二、技术要求

1. 模板早拆应根据工程的施工图纸、施工技术文件进行设计，并编制模板早拆施工方案。

2. 模板早拆支撑可采用碗扣式、独立钢支撑、门式脚手架等多种形式，但应配置早拆装置。

3. 早拆装置承受竖向荷载的设计值不应小于25kN。

4. 支撑托板平面尺寸不小于100×100，厚度应不小于8。

5. 模板早拆支撑采用的调节丝杠直径应不小于36；丝杠插入钢管的长度不应小于丝杠长度的1/3，且不小于150。

6. 模板早拆设计应明确标注第一次拆除模架时保留的支撑。模板早拆设计应保证上下层立杆位置对应准确。

7. 第一次拆除模架后保留的竖向支撑间距不应大于2m。

三、注意事项

1. 施工前必须熟悉施工方案，进行技术交底。严格按照模板早拆设计要求进行支模，严禁随意支搭。

2. 现浇钢筋混凝土楼板第一次拆除强度由同条件试块施压强度确定，拆除时试块强度不应低于设计强度的50%。

3. 模板的第一次拆除，应确保施工荷载不大于保留支撑的设计承载力。

4. 模板的第二次拆除，应符合《混凝土结构工程施工质量验收规范》GB 50204—2015的规定。

5. 进行楼板模架设计时，正在施工的楼层下保留支撑的层数应通过计算确定。常温施工时，正在施工的楼层下宜保留不少于两层支撑；冬期施工时，正在施工的楼层下宜保留不少于三层支撑。

	早拆模板支撑体系说明			图号	3.6.1
设计	李珍珍	制图	周小晴	审核	彭世杰

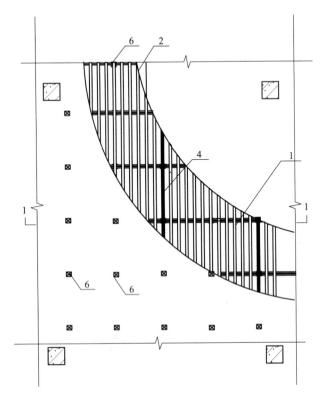

平面示意图

注：1. 本早拆支撑方式适用于无梁楼板。
    2. 支撑架为独立钢支撑。
    3. 所有后拆支撑架上下楼层必须在同一位置。

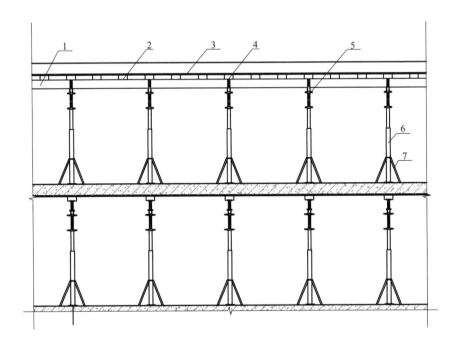

1—1

1-主龙骨；2-早拆次龙骨；3-面板；4-后拆次龙骨；
5-早拆装置；6-独立钢支撑；7-三角架。

无梁楼板早拆模板（独立钢支撑）		图号	3.6.2
设计	制图	审核	

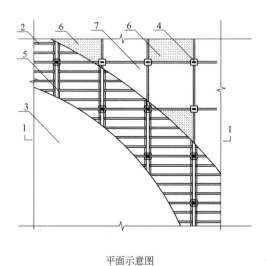

平面示意图

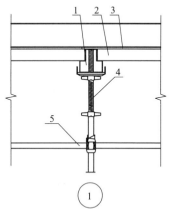

1-T形钢梁1.5m长；2-方钢管梁；
3-面板；4-早拆装置；
5-碗扣支撑架根据需要可间隔早拆一部分；
6-碗扣架横杆后拆区域；
7-碗扣架横杆早拆区域。

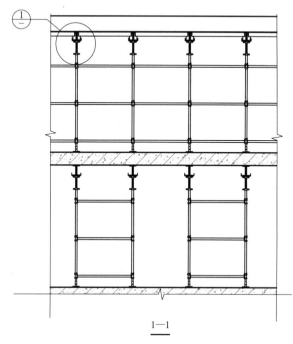

1—1

注：1. 本早拆支撑方式适用于无梁楼板结构。
    2. 本支撑体系分模板、龙骨早拆和支撑架横杆早拆。
    3. 所有后拆支撑架上下楼层必须在同一位置。

无梁楼板早拆模板（碗扣式支撑）				图号	3.6.3
设计		制图		审核	

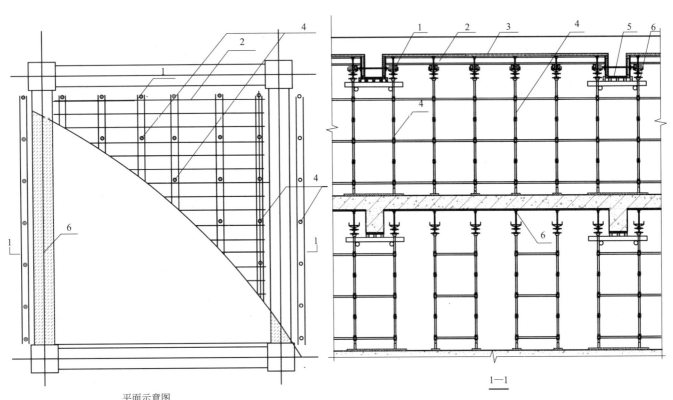

平面示意图

1-早拆主龙骨；2-早拆次龙骨；3-面板；
4-支撑体系；5-后拆梁底模板；6-早拆装置。

1—1

说明：1. 本早拆支撑方式适用于有梁结构楼板。
2. 本图支撑为快拆头和普通碗扣式钢管脚手架组合，也可采用独立钢支撑。
3. 所有后拆支撑架上下楼层必须在同一位置。

有梁楼板早拆模板		图号	3.6.4
设计	制图	审核	

3.7 坡屋面楼板模板

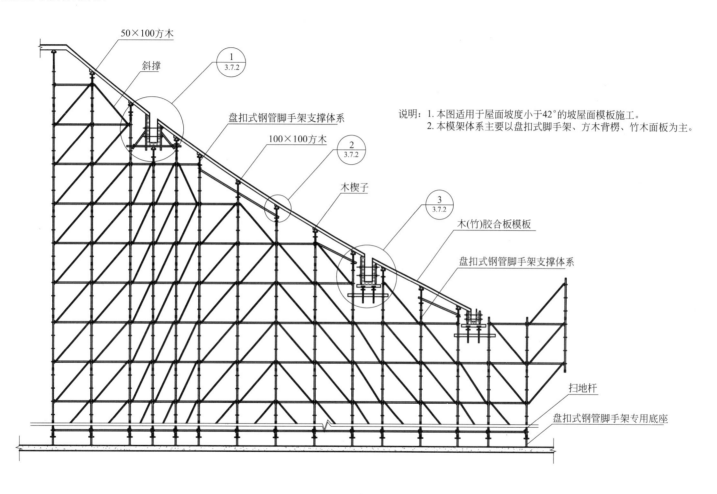

50×100方木

斜撑

1
3.7.2

盘扣式钢管脚手架支撑体系

100×100方木

2
3.7.2

木楔子

3
3.7.2

木(竹)胶合板模板

盘扣式钢管脚手架支撑体系

扫地杆

盘扣式钢管脚手架专用底座

说明：1. 本图适用于屋面坡度小于42°的坡屋面模板施工。
　　　2. 本模架体系主要以盘扣式脚手架、方木背楞、竹木面板为主。

	坡屋面模板支设图			图号	3.7.1
设计		制图		审核	

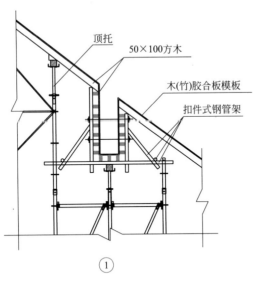

① 顶托 50×100方木 木(竹)胶合板模板 扣件式钢管架

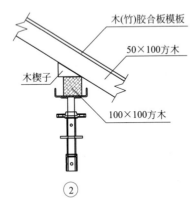

② 木(竹)胶合板模板 50×100方木 木楔子 100×100方木

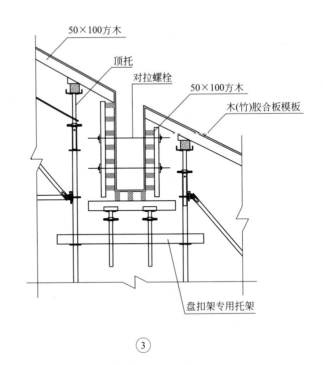

③ 50×100方木 顶托 对拉螺栓 50×100方木 木(竹)胶合板模板 盘扣架专用托架

坡屋面模板节点详图			图号	3.7.2
设 计	郭金娜	制图	赵炳阁	审核	张忑艳

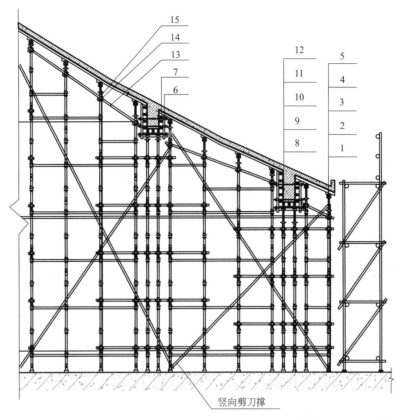

竖向剪刀撑

1-主龙骨；2-三角形紧固木楔；3-次龙骨；4-胶合板模板；5-钢筋混凝土屋面板；6-梁侧模板背楞；7-梁侧模板主肋；8-可调顶托；
9-次龙骨；10-主龙骨；11-梁底模板面板；12-对拉螺栓；13-单钢管；14-旋转扣件；15-碗扣脚手架立杆。

注：1. 梁板以下立杆间距、横杆步距、剪刀撑的设置应根据相应层高及屋面或楼面板厚度判定，并通过计算确定。

2. 梁底支撑不具备碗扣式脚手架横杆连接时，宜采用扣件式钢管连接，与板底支撑连接每侧不宜少于两道立杆。

3. 曲面板底不具备碗扣式脚手架横杆连接时，宜采用扣件式钢管，通过旋转扣件连接。自由端高度不应超过500。

4. 主龙骨、次龙骨、胶合板模板、梁侧模板支撑、梁底模板支撑均应通过计算确定。

5. 曲面板底主龙骨与次龙骨之间应通过木楔紧固。

单曲坡屋面模架支撑体系		图号	3.7.3
设计	制图	审核	

3.8 水平结构细部模板

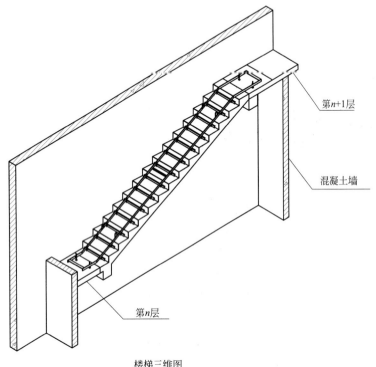

楼梯三维图

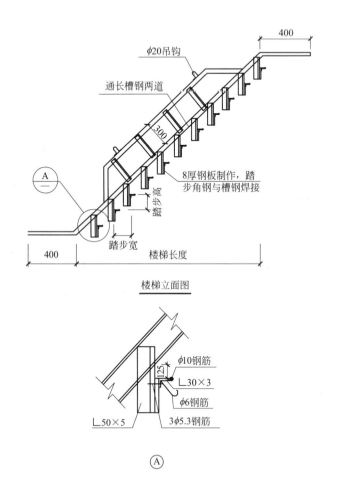

楼梯立面图

说明：1.整体式楼梯踏步钢模板适用于现浇混凝土楼梯结构。
2.整体式楼梯踏步钢模板由槽钢、踏步挡板、吊环、地脚螺栓组成，下部支撑视楼梯厚度自行设计。
3.楼梯钢模板采用双面满焊，吊钩焊接长度100，吊钩高100、宽50；踏步高及间距严格按照设计图纸要求。

整体式楼梯踏步钢模板图	图号	3.8.1
设计	制图	审核

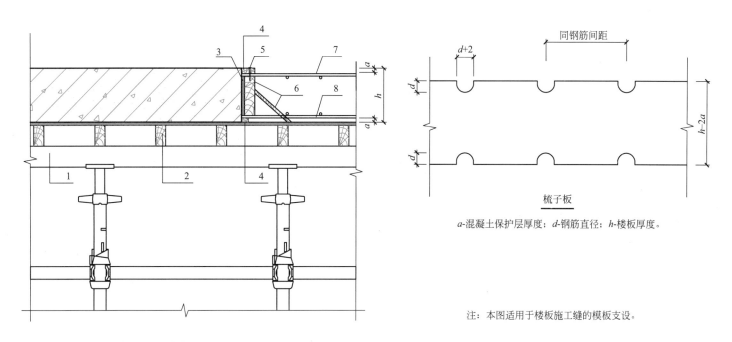

同钢筋间距

梳子板

a-混凝土保护层厚度；d-钢筋直径；h-楼板厚度。

注：本图适用于楼板施工缝的模板支设。

楼板施工缝模板支设剖面图

1-主龙骨；2-次龙骨；3-梳子板；4-通长木条(同保护层厚)；
5-铁钉；6-方木支撑；7-上部钢筋；8-下部钢筋。

楼板施工缝模板支设图			图号	3.8.2
设计		制图	审核	

121

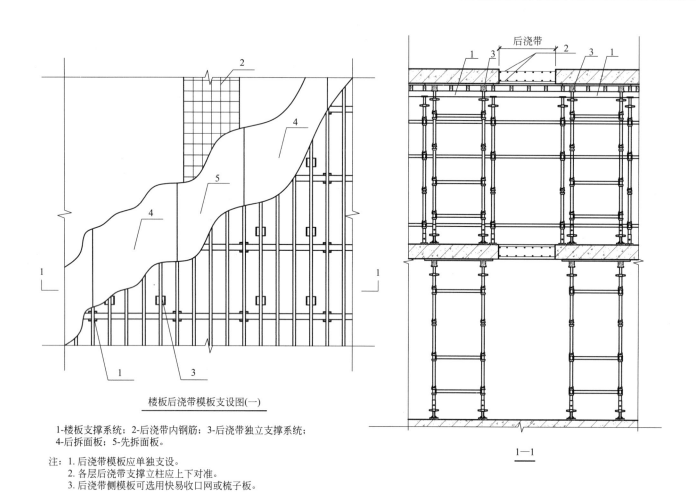

楼板后浇带模板支设图(一)

1-楼板支撑系统；2-后浇带内钢筋；3-后浇带独立支撑系统；
4-后拆面板；5-先拆面板。

注：1.后浇带模板应单独支设。
    2.各层后浇带支撑立柱应上下对准。
    3.后浇带侧模板可选用快易收口网或梳子板。

1—1

| 楼板后浇带模板支设图（一） | 图号 | 3.8.3 |
| 设计 | 制图 | 审核 |

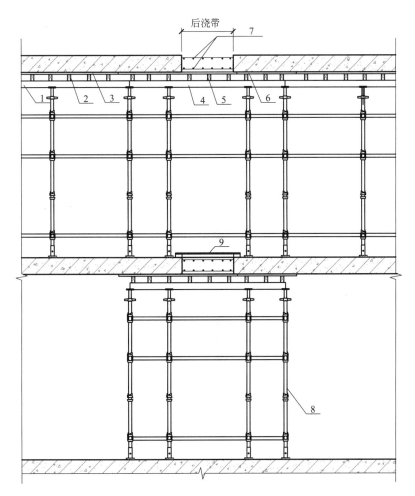

后浇带

1-先拆主龙骨；2-先拆次龙骨；3-先拆面板；
4-后拆主龙骨；5-后拆次龙骨；6-后拆面板；
7-后浇带内钢筋；8-后浇带独立支撑系统；
9-后浇带保护措施。

注：1. 后浇带模板应单独支设。
　　2. 后拆主龙骨采用100×100方木。
　　3. 后浇带保护措施由方木和面板组合固定在已浇筑混凝土的后浇带两侧。
　　4. 各层后浇带支撑立柱应上下对准。
　　5. 后浇带侧模板可选用快易收口网或梳子板。

楼板后浇带模板支设图（二）		图号	3.8.4
设计	制图	审核	

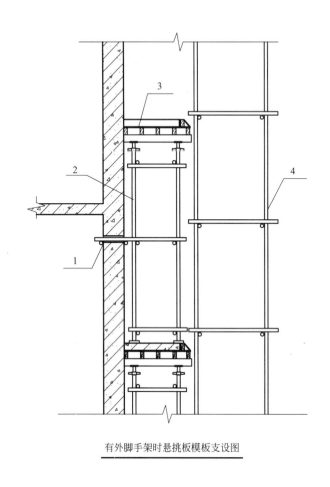

有外脚手架时悬挑板模板支设图

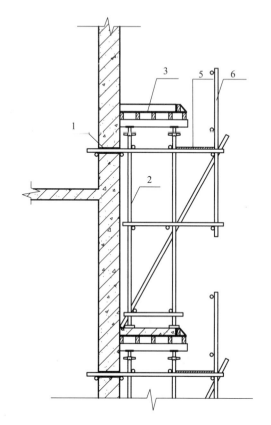

无外脚手架时悬挑板模板支设图

1-预留洞；2-模板支架；3-模板；
4-外脚手架；5-操作平台；6-护身栏。

后浇小型悬挑板模架图				图号	3.8.5
设计		制图		审核	

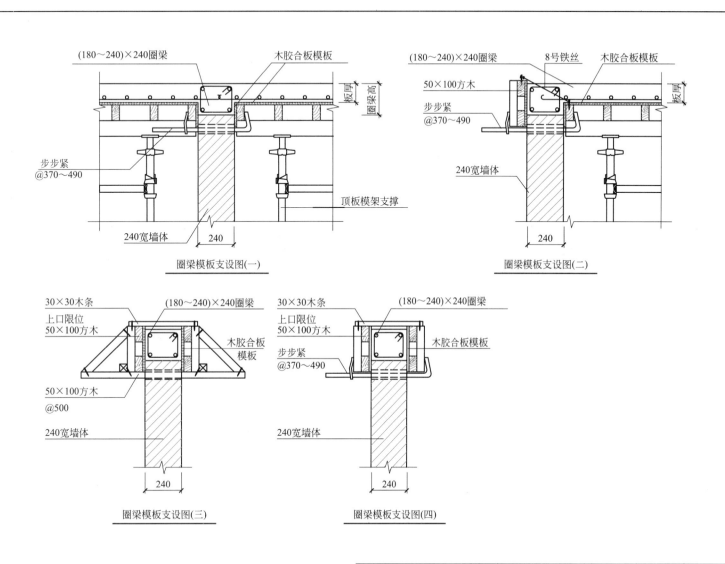

(180~240)×240圈梁　　木胶合板模板

板厚

圈梁高

步步紧
@370~490

顶板模架支撑

240宽墙体

240

圈梁模板支设图(一)

(180~240)×240圈梁　　8号铁丝　　木胶合板模板

50×100方木

板厚

步步紧
@370~490

240宽墙体

240

圈梁模板支设图(二)

30×30木条

上口限位
50×100方木

(180~240)×240圈梁

木胶合板
模板

50×100方木
@500

240宽墙体

240

圈梁模板支设图(三)

30×30木条

上口限位
50×100方木

(180~240)×240圈梁

步步紧
@370~490

木胶合板模板

240宽墙体

240

圈梁模板支设图(四)

砖混结构圈梁模板支设图			图号	3.8.6
设计		制图	审核	

3.9 梁柱节点模板

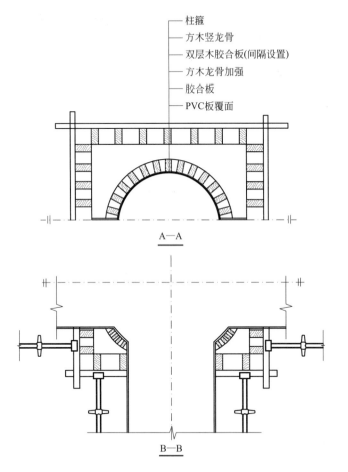

柱箍
方木竖龙骨
双层木胶合板(间隔设置)
方木龙骨加强
胶合板
PVC板覆面

A—A

B—B

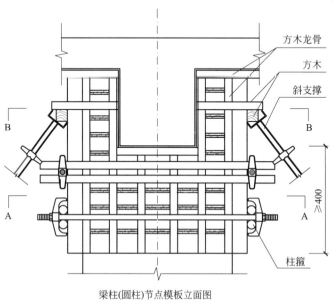

方木龙骨
方木
斜支撑
柱箍

≥400

梁柱(圆柱)节点模板立面图

注：1. 梁柱节点模板采用方木、木胶合板模板、PVC板等制作成带梁豁的柱模板，
也可采用圆柱模板。
2. 梁豁以下柱模板长度不小于400，并设两道柱箍，该柱箍可采用钢管柱箍、
槽钢柱箍或方木柱箍。
3. 梁豁高度范围内的柱模板主龙骨结合梁模板支设方法，可选用钢管或方木。
斜支撑采用钢管、顶托与梁模板支撑连接牢固。
4. 梁豁模板制作时，紧靠梁豁周边的模板背后加设经刨光的方木，在梁豁周
边(方木与胶合板组成的平面上)钉50宽胶合板板带，梁底模板、侧模板与
该板带平接，且与梁豁周边的方木固定牢固。

梁柱节点模板图（圆柱）				图号	3.9.1
设计		制图		审核	

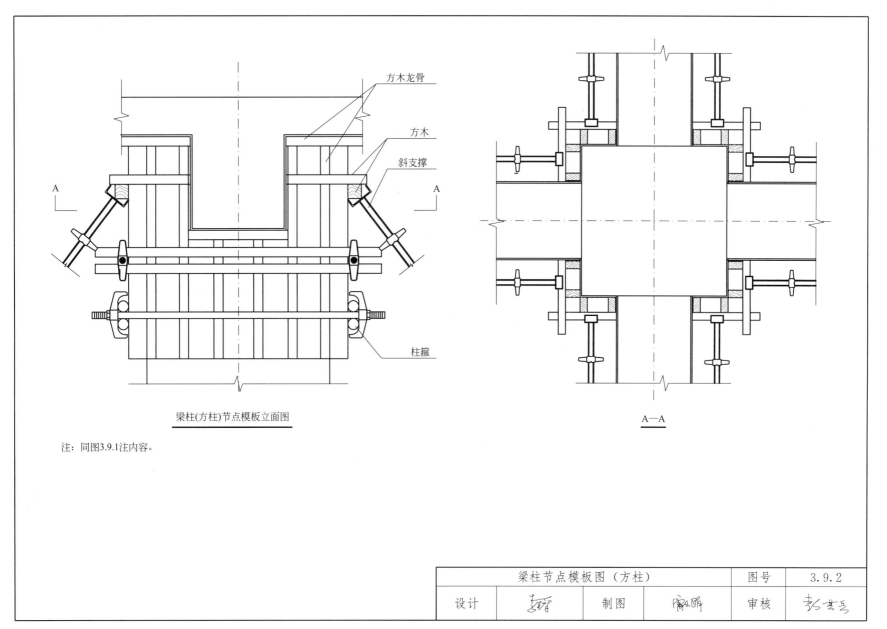

方木龙骨

方木

斜支撑

柱箍

梁柱(方柱)节点模板立面图

A—A

注：同图3.9.1注内容。

梁柱节点模板图（方柱）				图号	3.9.2
设 计		制 图		审 核	

第四章

清水混凝土模板

4.1 清水混凝土墙体模板

一、适用范围

适用于表面有清水混凝土外观效果要求的混凝土工程，按照清水混凝土要求设计、加工的模板。

二、技术要求

1. 根据工程实际需要，清水混凝土模板可采用木胶合板模板、钢框胶合板大模板、铝合金模板、全钢大模板、木框胶合板模板等。模板体系的选择必须满足清水混凝土质量要求，模板及其支撑架应具有足够的承载力、刚度和稳定性。

2. 模板设计前应对清水混凝土工程进行全面的深化设计，重点解决明缝、蝉缝、对拉螺栓孔眼排列及施工缝、后浇带的处理。构件所有施工接缝应设置在明缝处。模板分块宜定型化、模数化和通用化。单块模板的面板分割设计应与蝉缝、明缝、螺栓孔洞口等清水混凝土饰面效果一致。根据清水混凝土的施工工艺、构件截面尺寸绘制配板设计图、细部构造节点详图并逐一编号。

三、注意事项

1. 清水混凝土模板的对拉螺栓孔应做专项设计，直径和孔位根据具体深化设计效果排列。具有抗渗要求的墙体采用三节式止水对拉螺栓，其他墙体采用专用对拉螺栓组件。当不能或不需要设置对拉螺栓时，应设置假眼，确保满足装饰效果要求。

2. 明缝应设在施工缝处，明缝、蝉缝水平方向应交圈，竖向应顺直有规律。明缝条采用木质或塑料 T 形条固定在模板上。明缝条等装饰线条与模板接触的所有阴角部位均用玻璃胶密封，以防失水。单元块模板间竖向拼接采用企口缝，面板硬拼，并在模板安装完成后在拼缝处的背面抹玻璃胶密封，防止失水。

3. 所有阴角拼角采用 45°角密拼，阳角部位采用企口硬拼。模板安装时先安装阴角模板，再安装墙体模板。

	清水混凝土模板说明			图号	4.1.1
设计	董苋廷	制图	董苋廷	审核	

129

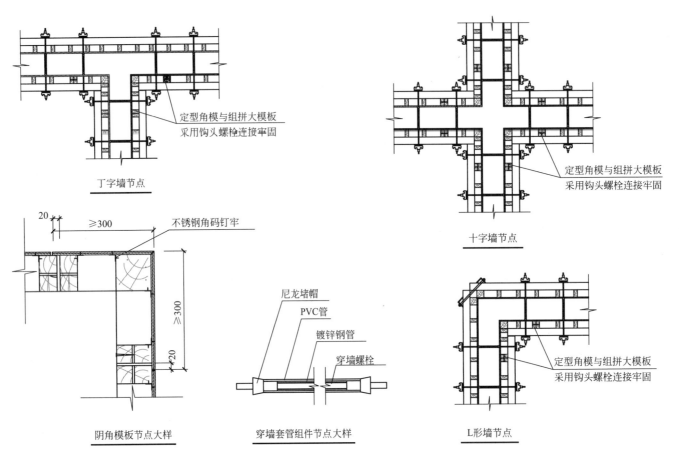

丁字墙节点

定型角模与组拼大模板
采用钩头螺栓连接牢固

十字墙节点

定型角模与组拼大模板
采用钩头螺栓连接牢固

不锈钢角码钉牢

20
≥300
≥300
20

阴角模板节点大样

尼龙堵帽
PVC管
镀锌钢管
穿墙螺栓

穿墙套管组件节点大样

定型角模与组拼大模板
采用钩头螺栓连接牢固

L形墙节点

注：1. 清水混凝土墙体应带模养护2d以上，模板拆除时应注意对拉螺栓孔
洞的保护。
2. 模板拆除后结构实体应及时用塑料布覆盖保护，防止污染、损坏，
塑料布与墙体应有效隔离，防止混凝土产生色差。

清水混凝土墙体木模板图（一）				图号	4.1.2
设计	董彦廷	制图	董彦廷	审核	

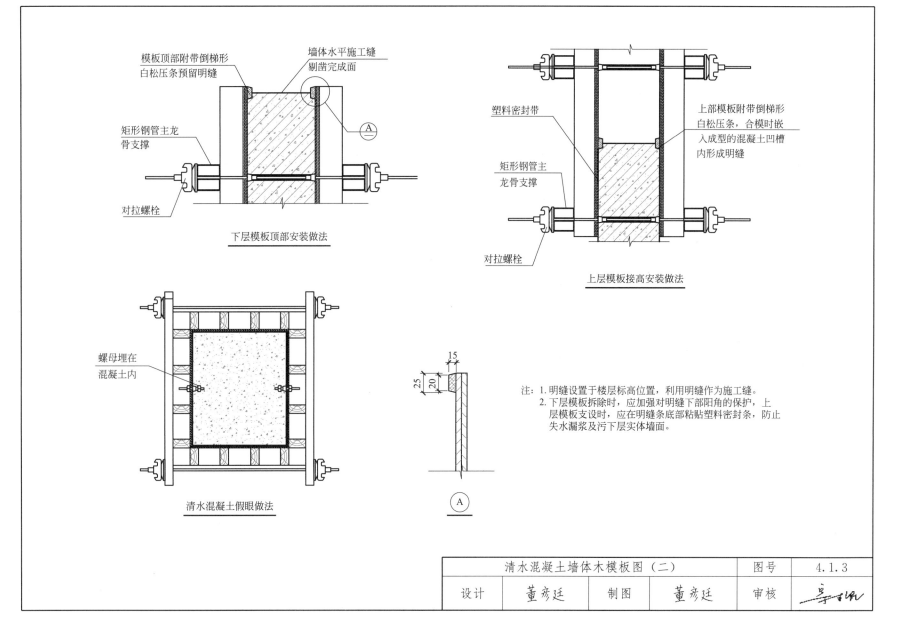

模板顶部附带倒梯形
白松压条预留明缝

墙体水平施工缝
剔凿完成面

矩形钢管主龙
骨支撑

对拉螺栓

下层模板顶部安装做法

塑料密封带

矩形钢管主
龙骨支撑

对拉螺栓

上部模板附带倒梯形
白松压条，合模时嵌
入成型的混凝土凹槽
内形成明缝

上层模板接高安装做法

螺母埋在
混凝土内

清水混凝土假眼做法

15

25
20

A

注：1. 明缝设置于楼层标高位置，利用明缝作为施工缝。
2. 下层模板拆除时，应加强对明缝下部阳角的保护，上
层模板支设时，应在明缝条底部粘贴塑料密封条，防止
失水漏浆及污下层实体墙面。

| 清水混凝土墙体木模板图（二） | | | | 图号 | 4.1.3 | |
| 设计 | 董彦廷 | 制图 | 董彦廷 | 审核 | | |

131

4.2 清水混凝土梁、板模板

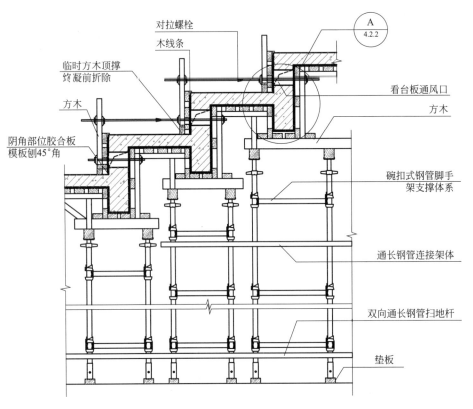

注：1. 本图适用于大型体育场馆现浇看台板模板施工。
　　2. 本支撑体系所用材料主要有：碗扣式钢管脚手架、扣件式钢管脚手架、方木、对拉螺栓、胶合板模板等。
　　3. 支撑体系也可采用销键型脚手架等。

现浇清水混凝土看台板模板支设图				图号	4.2.1
设计	李红芳	制图	鹿晓晓	审核	彭志勇

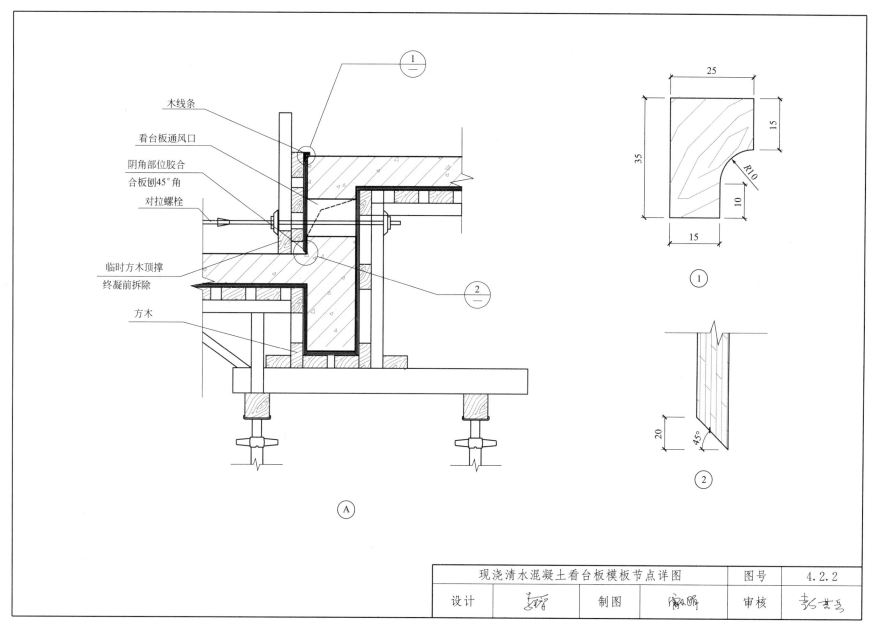

木线条

看台板通风口

阴角部位胶合
合板刨45°角

对拉螺栓

临时方木顶撑
终凝前拆除

方木

25

35

15

15

R10

10

①

20

45°

②

Ⓐ

现浇清水混凝土看台板模板节点详图		图号	4.2.2
设计	制图	审核	

133

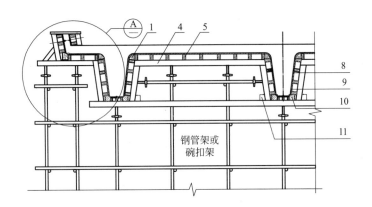

清水混凝土模板支设图

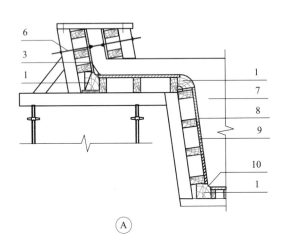

Ⓐ

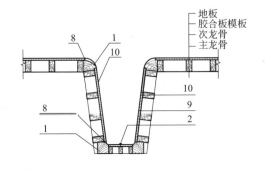

梁模板支设图

1-定制木线条；2-定制木线条气钉固定；3-滴水线条；
4-主龙骨；5-次龙骨；6-对拉螺栓；7-异形梁；
8-表面贴一层地板；9-胶合板；10-企口接缝；11-锁口方木。

注：1. 本图用于有清水要求的顶板模板支设。
    2. 清水楼板模板面板选用优质15～18厚木胶合板，次龙骨采用50×100方木，
       主龙骨采用100×100方木或50×100×3矩形钢管。
    3. 面板间采用硬拼缝，模板表面贴一层地板(胶粘)。
    4. 支撑架可选用碗扣式钢管脚手架、扣件式钢管脚手架或其他销键型脚手架等。

密肋梁板清水混凝土模板图				图号		4.2.3
设计	李书青	制图	窗凇	审核	彭其斗	

第五章

铝合金模板

5.1　铝合金模板

一、适用范围

适用于现浇混凝土结构。

二、技术要求

1. 铝合金模板系统应有足够的承载力、刚度和稳定性，应根据工程结构形式、荷载和施工设备等条件进行计算，并应有相应的构造措施。

2. 铝合金模板系统设计依据结构、建筑及机电图纸，绘制配板设计图和支撑系统图、细部节点图。

3. 模板设计时应对平面模板、墙体背楞、对拉螺栓、楼板阴角模板、墙体斜撑、顶板支撑进行受力计算。

三、注意事项

1. 铝合金模板进场后模板与混凝土接触面应进行氧化处理，或者出厂时进行静电喷涂处理。

2. 模板使用前应进行外观质量检查，模板表面应平整，无油污、破损和变形，焊缝应无明显缺陷，拼接缝无明显高低错台。

3. 一般情况下混凝土强度不低于 1.2MPa，可以拆除墙柱模板；梁板模板及钢支撑拆除时间应在同条件混凝土试块的抗压强度达到表 5.1-1 的要求后，方可拆除模板。

达到设计混凝土强度等级表　　　表 5.1-1

构件类型	构件跨度(m)	达到设计混凝土强度等级的百分率(%)
板	≤2	≥50
	>2,≤8	≥75
	>8	≥100
梁	≤8	≥75
	>8	≥50
悬臂构件	—	≥100

4. 冬期施工期间铝合金模板周围设置保温措施，并采取综合蓄热法对混凝土进行养护。

			铝合金模板说明			图号	5.1.1
设计	张玮	制图	田秀光	审核	南晓		

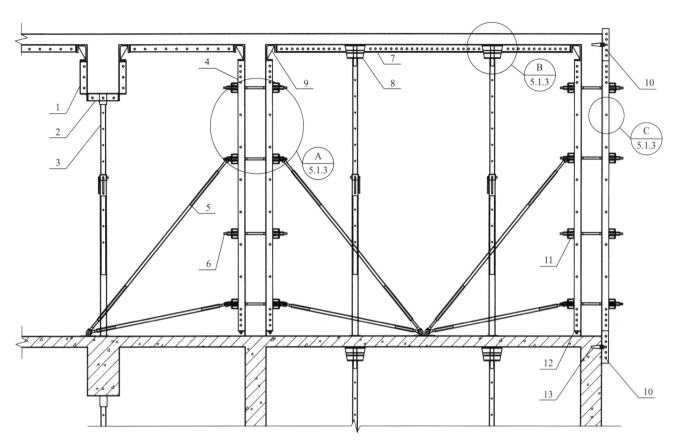

1-梁侧模板；2-梁底模板；3-可调钢支撑；4-内墙模板；5-斜撑；6-对拉螺栓；
7-楼板模板；8-板底早拆头；9-楼板阴角模板；
10-承接模板；11-背楞；12-连接角模板；13-预埋螺栓。

铝合金模板图				图号	5.1.2
设计	张璐	制图	田丹凤	审核	肖晓

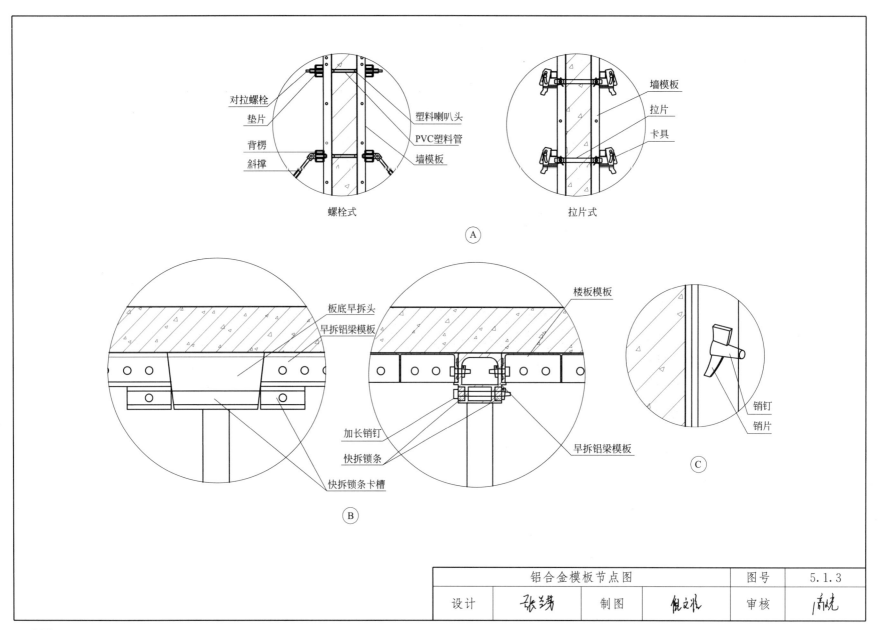

螺栓式

拉片式

对拉螺栓
垫片
背楞
斜撑

塑料喇叭头
PVC塑料管
墙模板

墙模板
拉片
卡具

Ⓐ

板底早拆头
早拆铝梁模板

楼板模板

加长销钉
快拆锁条

早拆铝梁模板

快拆锁条卡槽

Ⓑ

销钉
销片

Ⓒ

铝合金模板节点图			图号	5.1.3
设计	张瑞	制图	倪之水	审核 高烷

5.2 墙体模板

一、适用范围

适用于标准层层高为 2.8～3.3m 的现浇混凝土墙柱体系。

二、技术要求

1. 背楞宜取用整根杆件，背楞搭接时，上下背楞接头宜错开设置，错开位置不宜少于 400，接头长度不应少于 200。上下接头位置无法错开时，应采用具有足够承载力的连接件。

2. 当设置斜撑时，墙体斜撑间距不宜大于 2000，柱模板斜撑间距不应大于 700，斜撑宜着力于背楞。

3. 当墙体模板采用对拉螺栓时，底层背楞距离地面不大于 300，顶层背楞距离板顶不宜大于 700，水平背楞间距不宜大于 800，对拉螺栓横向间距不宜大于 800，转角背楞宜一体化设计。

4. 模板之间应用销钉锁紧，墙体模板的销钉间距不宜大于 300。

三、注意事项

安装墙、柱模板的楼板面应平整，内墙柱模板不与下层混凝土楼板直接接触，使其离楼板面有 10 的空隙，便于模板的拼接和调整，空隙处用水泥砂浆塞实。

	墙体模板说明		图号	5.2.1
设计	张璐	制图	周屏光	审核	南晓

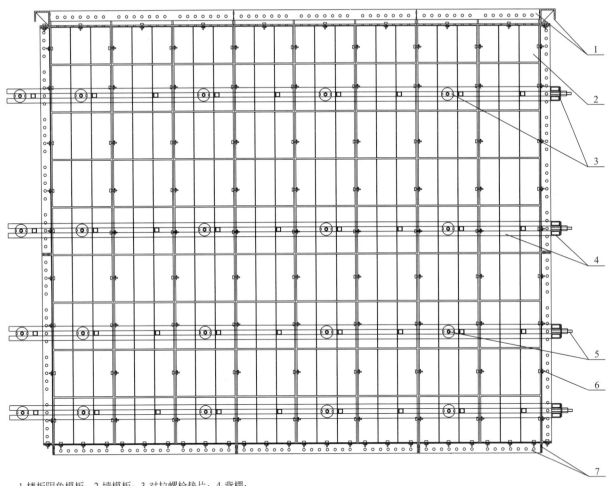

1-楼板阴角模板；2-墙模板；3-对拉螺栓垫片；4-背楞；
5-对拉螺栓；6-销钉；7-连接角模。

墙体模板立面图				图号	5.2.2
设计	张涛	制图	冈习气	审核	南晓

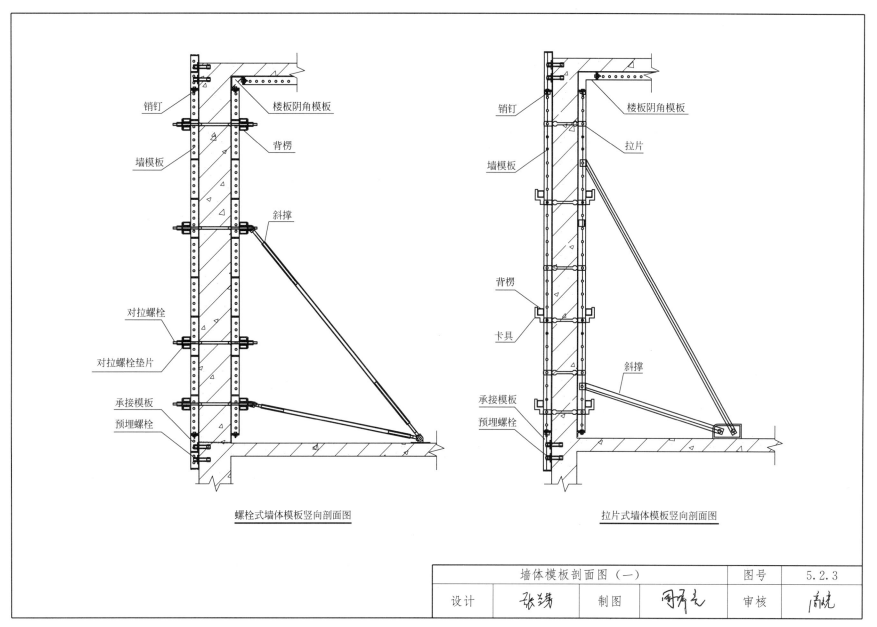

销钉
楼板阴角模板
墙模板
背楞
斜撑
对拉螺栓
对拉螺栓垫片
承接模板
预埋螺栓

螺栓式墙体模板竖向剖面图

销钉
楼板阴角模板
墙模板
拉片
背楞
卡具
斜撑
承接模板
预埋螺栓

拉片式墙体模板竖向剖面图

墙体模板剖面图（一）				图号	5.2.3
设计	张筠	制图	周屏飞	审核	南晓

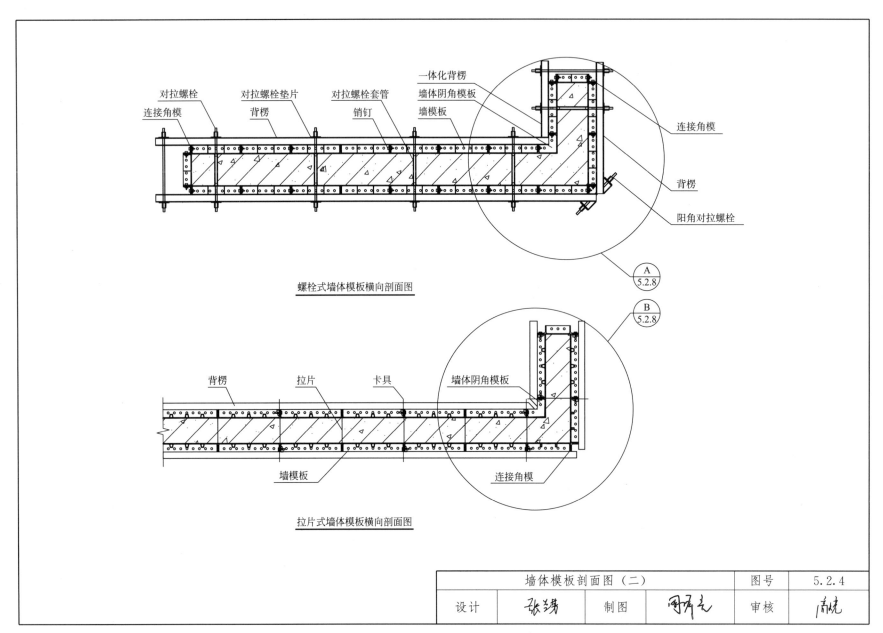

对拉螺栓　　对拉螺栓垫片　　对拉螺栓套管　　一体化背楞
连接角模　　　背楞　　　销钉　　墙体阴角模板　　墙模板

连接角模

背楞

阳角对拉螺栓

$\dfrac{A}{5.2.8}$

螺栓式墙体模板横向剖面图

$\dfrac{B}{5.2.8}$

背楞　　　　拉片　　　卡具　　墙体阴角模板

墙模板　　　　　　　　连接角模

拉片式墙体模板横向剖面图

墙体模板剖面图（二）				图号	5.2.4
设计	张㠫玮	制图	田利光	审核	南烷

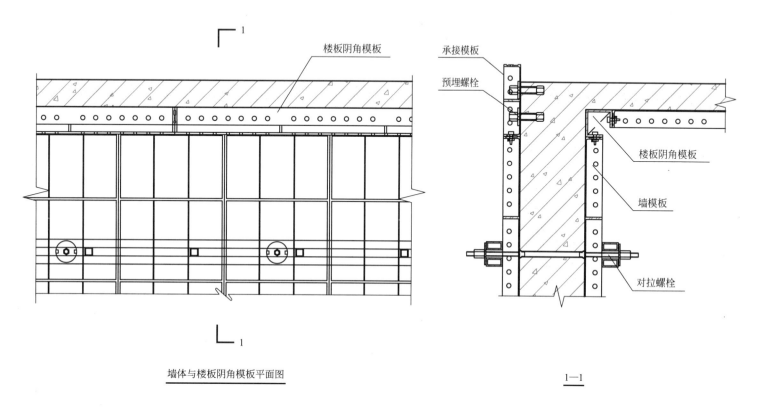

楼板阴角模板

承接模板

预埋螺栓

楼板阴角模板

墙模板

对拉螺栓

墙体与楼板阴角模板平面图

1—1

注：1. 楼板阴角模板的拼缝应与墙体、楼板模板的拼缝错开。
　　2. 楼板阴角模板与墙体、楼板模板每孔均应用销钉锁紧，孔间距不宜大于150mm。

墙体模板细部节点图（一）				图号		5.2.5
设计	张玉峰	制图	冯存光	审核	肖绕	

143

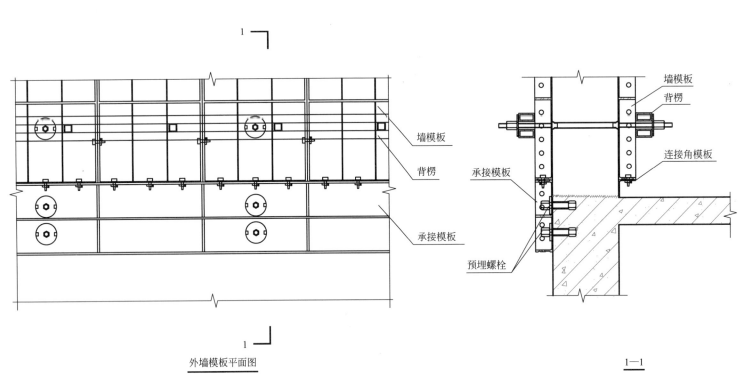

墙模板

背楞

承接模板

墙模板

背楞

连接角模板

承接模板

预埋螺栓

外墙模板平面图

1—1

注：1. 外墙的承接模板在本层混凝土施工后保留，作为上层外墙外
　　　侧模板下部的承接模板，承接模板应高出楼板50。
　　2. 外墙承接模板螺栓水平间距不宜大于800，且每块承接模板不
　　　小于两道螺栓固定。

墙体模板细部节点图（二）				图号	5.2.6
设计	张璐	制图	冈屏气	审核	南烷

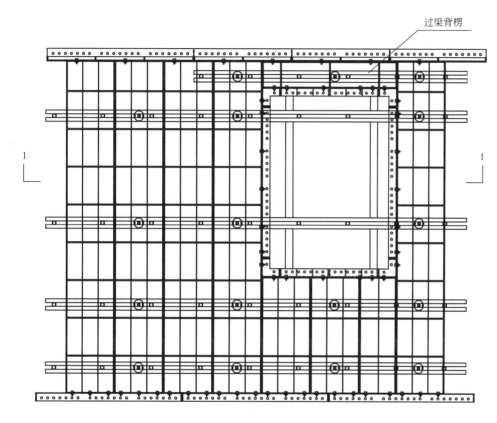

过梁背楞

门窗洞口模板平面图

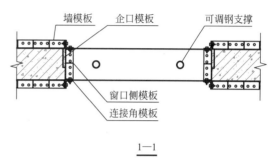

墙模板　企口模板　可调钢支撑

窗口侧模板

连接角模板

1—1

注：1. 门窗洞口上侧过梁位置应增设一道钢背楞，长度
延伸超过洞口两侧第一块板宽度。
2. 窗洞口侧面模板增加企口模板，以便窗副框安装，
减少外墙渗漏隐患。

墙体模板细部节点图（三）				图号	5.2.7
设计	张玮	制图	周青之	审核	肖悦

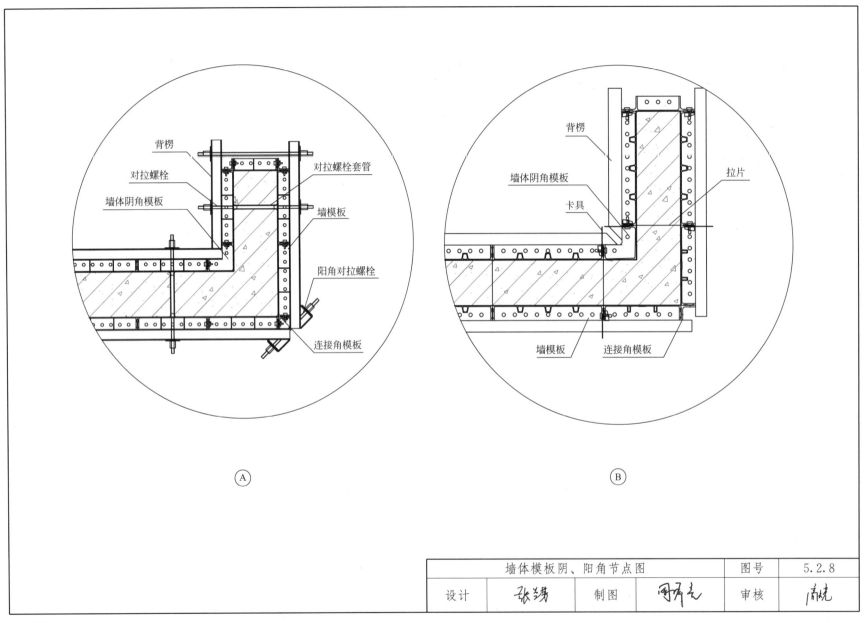

墙体阴角模板
对拉螺栓
背楞
对拉螺栓套管
墙模板
墙体阴角模板
阳角对拉螺栓
连接角模板

Ⓐ

背楞
墙体阴角模板
卡具
拉片
墙模板
连接角模板

Ⓑ

墙体模板阴、阳角节点图				图号	5.2.8
设计	张琴琴	制图	闲居亮	审核	南烷

5.3 楼板模板

一、适用范围

适用于现浇混凝土顶板、梁、空调板及阳台。

二、技术要求

1. 楼板模板受力端部，每孔均应使用销钉锁紧，孔间距不宜大于150，不受力侧边，每孔销钉间距不宜大于300。

2. 梁侧阴角模板、梁底阴角模板与墙柱模板连接时，每孔均应用销钉锁紧，孔间距不宜大于100。

3. 当梁高度大于600时，宜在梁侧模板处设置背楞。梁侧模板在高度方向拼接时，应在拼接附近设置横向背楞。当梁与墙柱平齐时，梁背楞宜与墙柱背楞连为一体。

4. 对于跨度大于4000的现浇钢筋混凝土结构，其模板应按设计要求起拱，当设计无要求时，起拱高度宜为跨度的1/1000～3/1000。起拱不得减少构件的截面尺寸。

5. 楼板阴角模板的拼缝应与楼板模板的拼缝错开；梁侧模板、楼板阴角模板拼缝宜相互错开；梁侧模板拼缝两侧应用销钉与楼板阴角模板连接。

三、注意事项

1. 早拆模板支撑体系的上下层竖向支撑的轴线偏差不应大于15，支撑立柱垂直度偏差不应大于层高的1/300。

2. 板底早拆支撑体系的支撑间距不宜大于1300×1300，梁底早拆系统支撑间距不宜大于1300。

3. 在拆除过程中应拆除支撑周边模板，保留支撑及早拆头，严禁拆除支撑然后回顶。

楼板模板说明				图号	5.3.1
设计	张强	制图	周屏光	审核	南晓

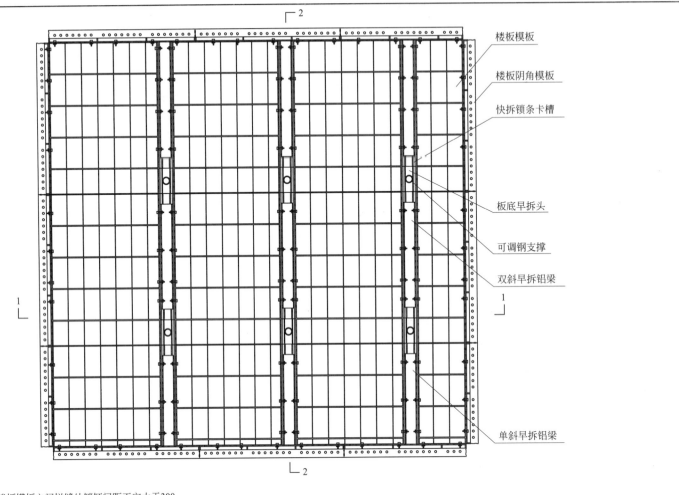

楼板模板

楼板阴角模板

快拆锁条卡槽

板底早拆头

可调钢支撑

双斜早拆铝梁

单斜早拆铝梁

注：1. 楼板模板之间拼缝处销钉间距不宜大于300。
    2. 对于跨度大于4000的现浇钢筋混凝土结构，其模板应
       按设计要求起拱，当设计无要求时，起拱高度宜为跨度的
       1/1000～3/1000。起拱不得减少构件的截面尺寸。

楼板模板平面图				图号	5.3.2
设计	张建	制图	周梅元	审核	南桃

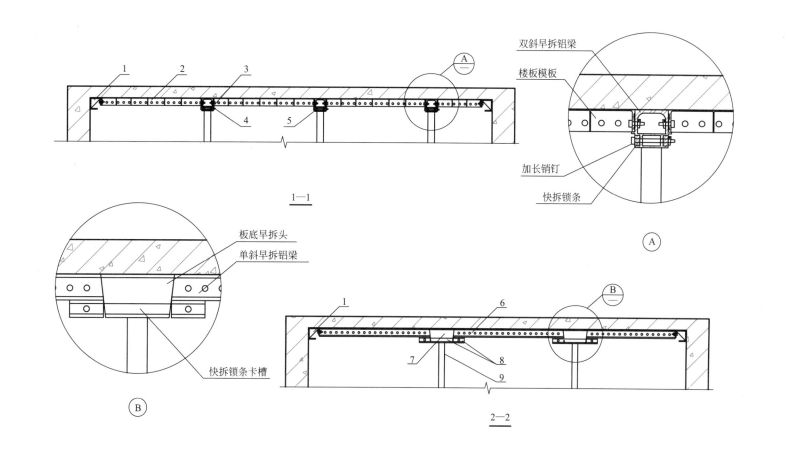

1—1

双斜早拆铝梁

楼板模板

加长销钉

快拆锁条

A

板底早拆头

单斜早拆铝梁

快拆锁条卡槽

B

2—2

注：1-楼板阴角模板；2-楼板模板；3-销钉；4-加长销钉；5-快拆锁条；
6-双斜早拆铝梁；7-板底早拆头；8-快拆锁条卡槽；9-可调钢支撑。

楼板模板剖面图				图号	5.3.3
设计	张缨	制图	周屏气	审核	南先

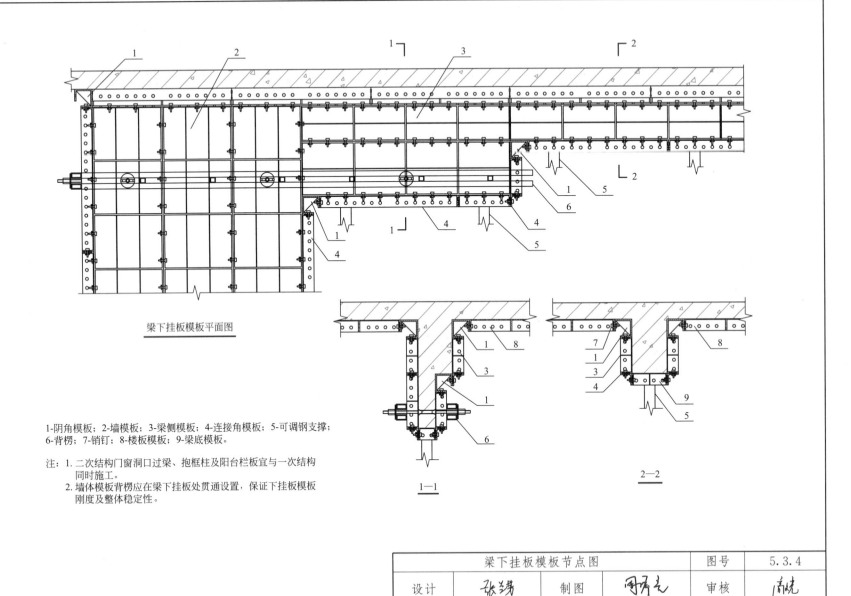

梁下挂板模板平面图

1-阴角模板；2-墙模板；3-梁侧模板；4-连接角模板；5-可调钢支撑；
6-背楞；7-销钉；8-楼板模板；9-梁底模板。

注：1. 二次结构门窗洞口过梁、抱框柱及阳台栏板宜与一次结构
　　　 同时施工。
　　 2. 墙体模板背楞应在梁下挂板处贯通设置，保证下挂板模板
　　　 刚度及整体稳定性。

1—1

2—2

梁下挂板模板节点图		图号	5.3.4
设计	张琦	制图	冈哓光	审核	南烧

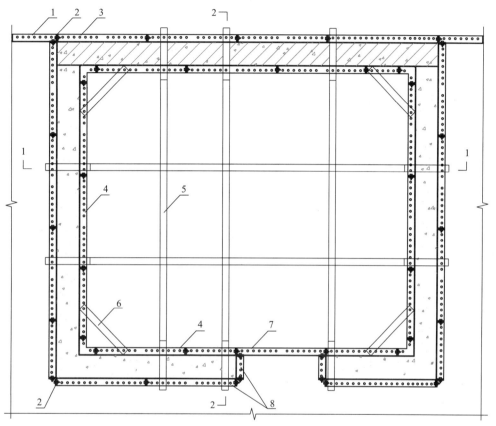

1-外墙承接模板；
2-连接角模板；
3-防水坎台承接模板；
4-防水坎台内侧模板；
5-横撑龙骨；
6-斜撑；
7-门洞口降板侧模板；
8-防水坎台外侧模板。

注：1. 降板模板内部设置横撑龙骨定位加固，阴角处设置斜撑，保证模板整体刚度。
　　2. 防水坎台侧模板下侧设置钢筋马凳，保证侧模板安装标高。

楼板降板模板平面图			图号		5.3.5
设计	郭鹏	制图	周有光	审核	王振兴

151

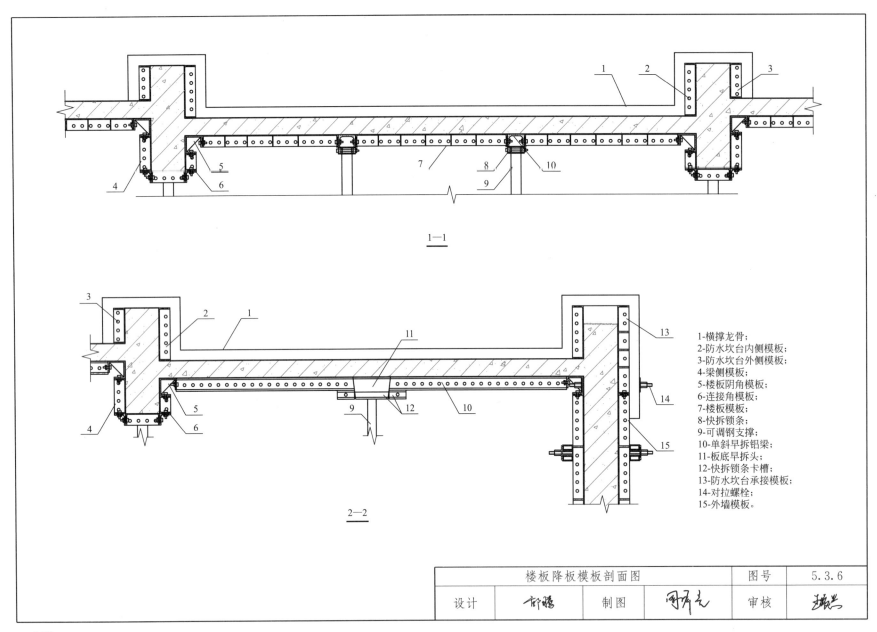

1—1

2—2

1-横撑龙骨;
2-防水坎台内侧模板;
3-防水坎台外侧模板;
4-梁侧模板;
5-楼板阴角模板;
6-连接角模板;
7-楼板模板;
8-快拆锁条;
9-可调钢支撑;
10-单斜早拆铝梁;
11-板底早拆头;
12-快拆锁条卡槽;
13-防水坎台承接模板;
14-对拉螺栓;
15-外墙模板。

楼板降板模板剖面图				图号	5.3.6
设计	郗暘	制图	冈屏气	审核	王襄兰

152

5.4 楼梯模板

一、适用范围

适用于单、双跑现浇混凝土楼梯。

二、技术要求

1. 楼梯踏步模板宜采用整体封闭设计。

2. 为防止踏步盖板上浮，可沿踏步方向在踏步设置通长背楞。

3. 梯段板下口滴水线宜与结构一次成型设计。

三、注意事项

1. 楼梯模板设计应考虑踏步和休息平台建筑做法。

2. 楼梯间墙体模板与梯段模板交接部位应整体设计，且宜沿梯段增设一道斜向背楞，保证楼梯间墙体模板刚度和稳定性。

	楼梯模板说明			图号	5.4.1
设计	郭辉	制图	刘帝	审核	王艮兰

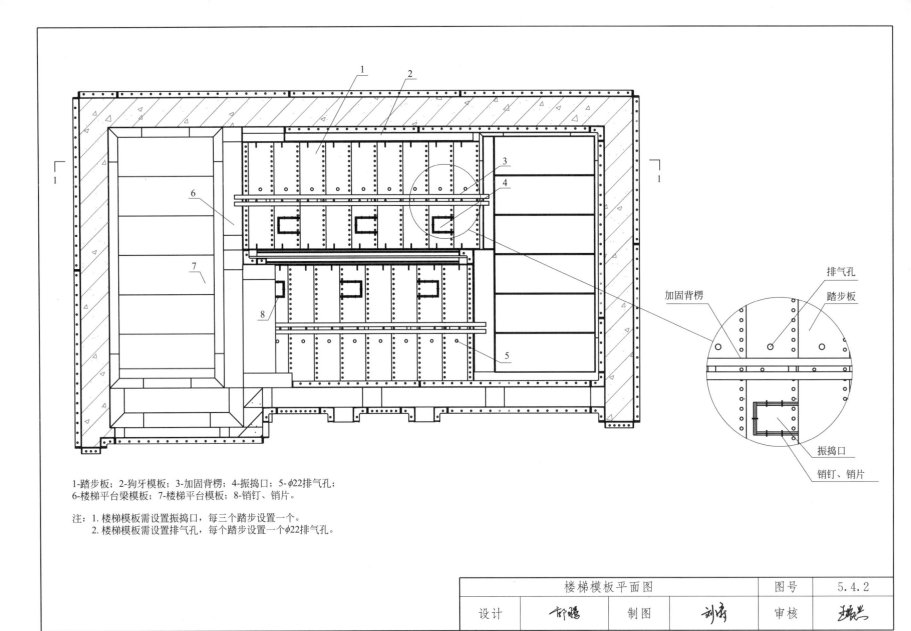

1-踏步板；2-狗牙模板；3-加固背楞；4-振捣口；5-φ22排气孔；
6-楼梯平台梁模板；7-楼梯平台模板；8-销钉、销片。

注：1. 楼梯模板需设置振捣口，每三个踏步设置一个。
　　2. 楼梯模板需设置排气孔，每个踏步设置一个φ22排气孔。

楼梯模板平面图				图号	5.4.2
设计		制图		审核	

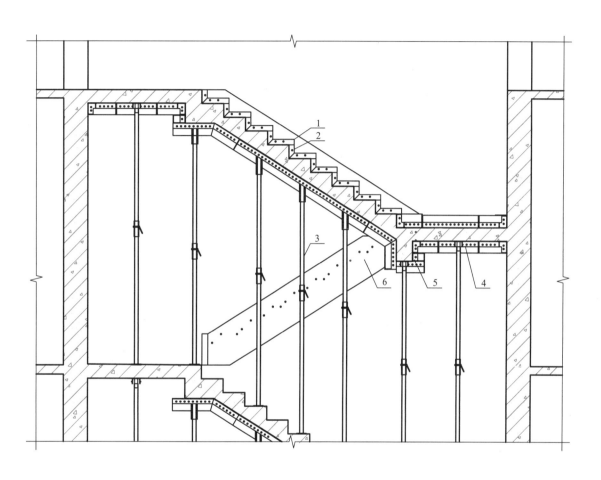

1-楼梯踏步板；2-楼梯踢步板；3-楼梯支撑；
4-楼梯平台板；5-楼梯梁模板；6-楼梯板侧模板。

楼梯模板剖面图				图号		5.4.3
设计	郭鹏	制图	刘帝	审核	王振兰	

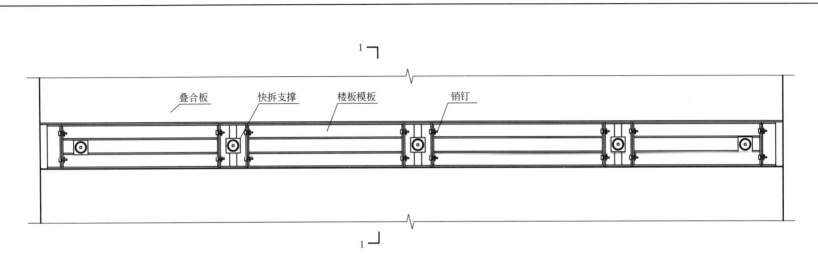

叠合板现浇带节点模板平面图

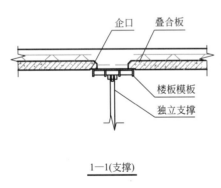

1—1(支撑)

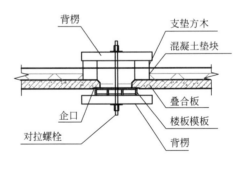

1—1(吊模板)

注：楼板模板边缘应设置海绵条；楼板模板宽于现浇
　　节点两侧各30，压于企口上。

叠合板现浇带节点模板图				图号	5.4.4
设计	郑顺城	制图	倪之北	审核	肖烧

5.5 装配式混凝土结构现浇节点模板

一、适用范围

适用于预制混凝土外墙板现浇节点、预制混凝土内墙板现浇节点、桁架钢筋混凝土叠合板现浇带。

二、技术要求

1. 现浇节点两侧的预制墙体及叠合板宜留置50宽、5深的企口。

2. 对于桁架钢筋混凝土叠合板现浇带可采用早拆体系，板底早拆支撑间距不宜大于 1300×1300，支撑头模板不应小于 100×200。

3. 外墙现浇节点支模一般有两种方式：一种是在预制墙体上留置贯通孔洞，通过对拉螺栓加固铝合金模板；另一种是在预制墙体上预埋套筒作为拉接点，通过配套螺栓加固铝合金模板。孔洞或预埋套筒拉接点竖向间距不宜大于800。

三、注意事项

1. 装配式墙体采用预灌浆法施工时，应在预制墙体灌浆料强度达到35MPa后方可进行现浇节点铝模板安装施工，以避免对预制墙体扰动。

2. 装配式墙体采用后灌浆法施工时，应在铝合金模板安装前，对预制墙体进行封舱施工。

装配式混凝土结构现浇节点模板说明		图号	5.5.1
设计	制图	审核	

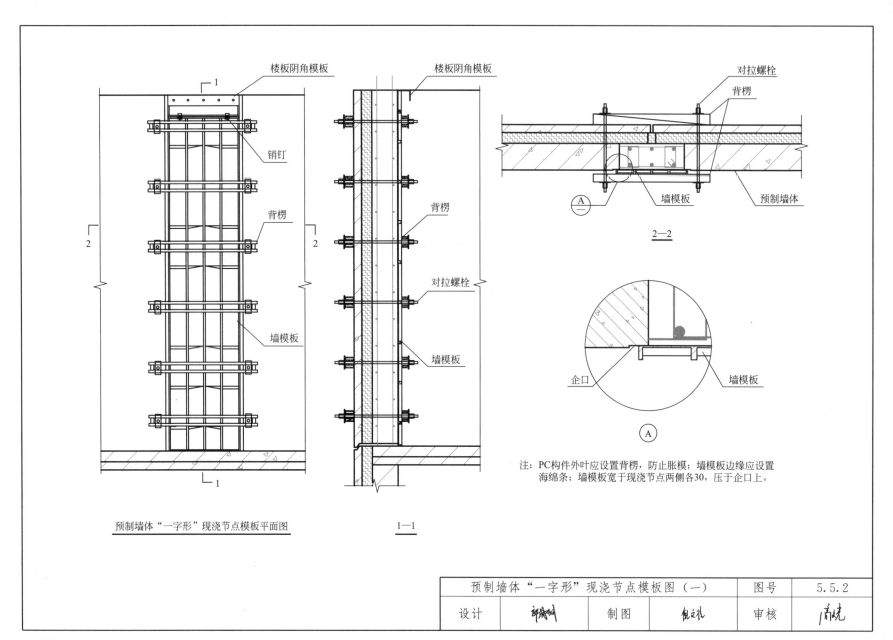

楼板阴角模板

楼板阴角模板

对拉螺栓

背楞

销钉

背楞

背楞

对拉螺栓

墙模板

预制墙体

对拉螺栓

墙模板

墙模板

2—2

企口

墙模板

A

预制墙体"一字形"现浇节点模板平面图

1—1

注：PC构件外叶应设置背楞，防止胀模；墙模板边缘应设置
　　海绵条；墙模板宽于现浇节点两侧各30，压于企口上。

预制墙体"一字形"现浇节点模板图（一）				图号	5.5.2
设计		制图		审核	

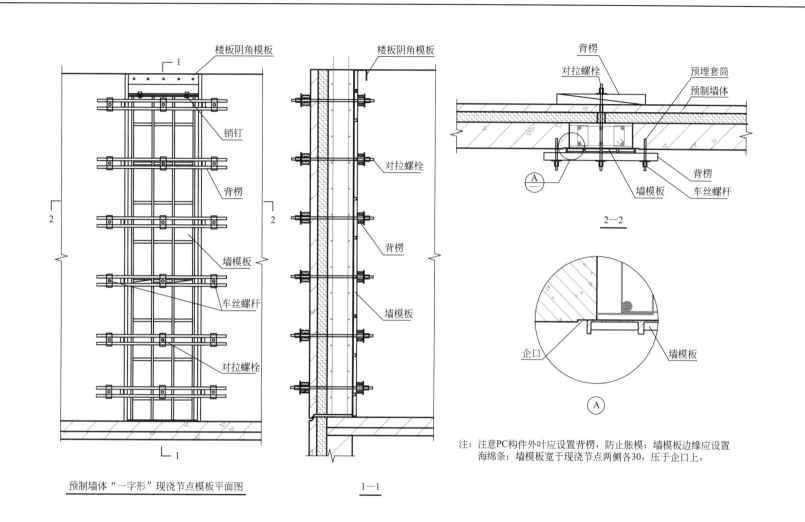

楼板阴角模板

1

销钉

背楞

墙模板

车丝螺杆

对拉螺栓

2

2

1

预制墙体"一字形"现浇节点模板平面图

楼板阴角模板

对拉螺栓

背楞

墙模板

1—1

背楞

对拉螺栓

预埋套筒

预制墙体

背楞

墙模板

车丝螺杆

A

2—2

企口

墙模板

A

注：注意PC构件外叶应设置背楞，防止胀模；墙模板边缘应设置
海绵条；墙模板宽于现浇节点两侧各30，压于企口上。

预制墙体"一字形"现浇节点模板图（二）						图号	5.5.3
设计		制图		审核			

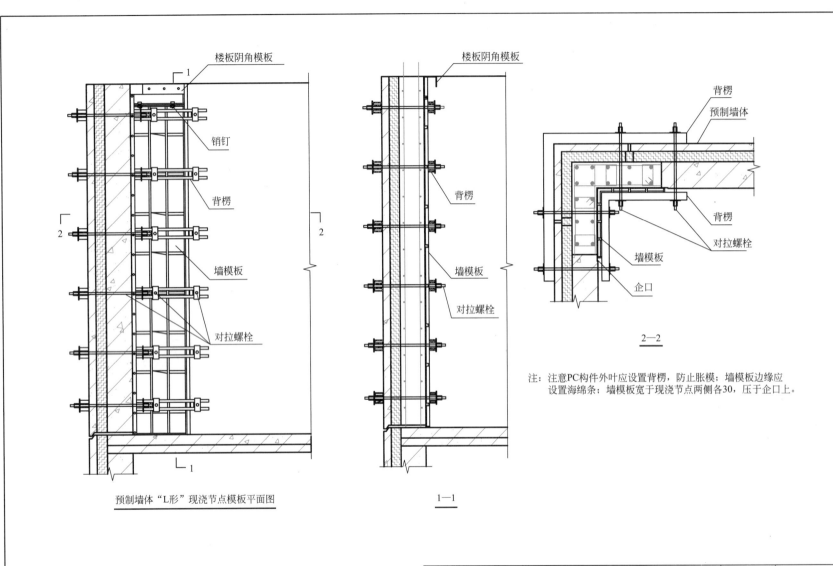

楼板阴角模板

销钉

背楞

墙模板

对拉螺栓

预制墙体"L形"现浇节点模板平面图

楼板阴角模板

背楞

墙模板

对拉螺栓

1—1

背楞

预制墙体

背楞

对拉螺栓

墙模板

企口

2—2

注：注意PC构件外叶应设置背楞，防止胀模；墙模板边缘应
    设置海绵条；墙模板宽于现浇节点两侧各30，压于企口上。

预制墙体"L形"现浇节点模板图（一）				图号	5.5.4
设计		制图		审核	

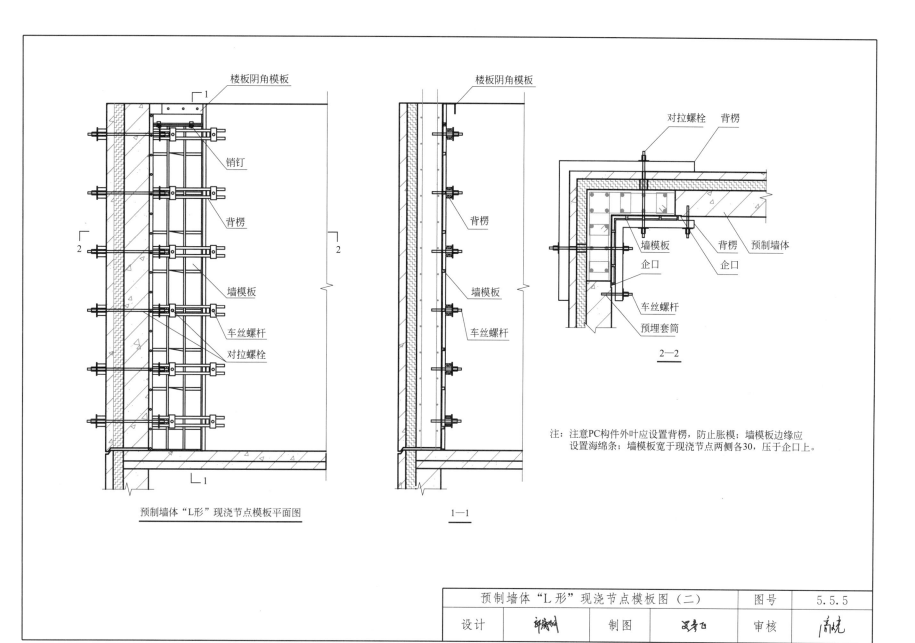

楼板阴角模板

销钉

背楞

墙模板

车丝螺杆

对拉螺栓

预制墙体"L形"现浇节点模板平面图

楼板阴角模板

背楞

墙模板

车丝螺杆

1—1

对拉螺栓

背楞

墙模板

背楞

预制墙体

企口

企口

车丝螺杆

预埋套筒

2—2

注：注意PC构件外叶应设置背楞，防止胀模；墙模板边缘应
　　设置海绵条；墙模板宽于现浇节点两侧各30，压于企口上。

预制墙体"L形"现浇节点模板图（二）			图号	5.5.5
设计	郑家鸣	制图	吴亭飞	审核	高晓

161

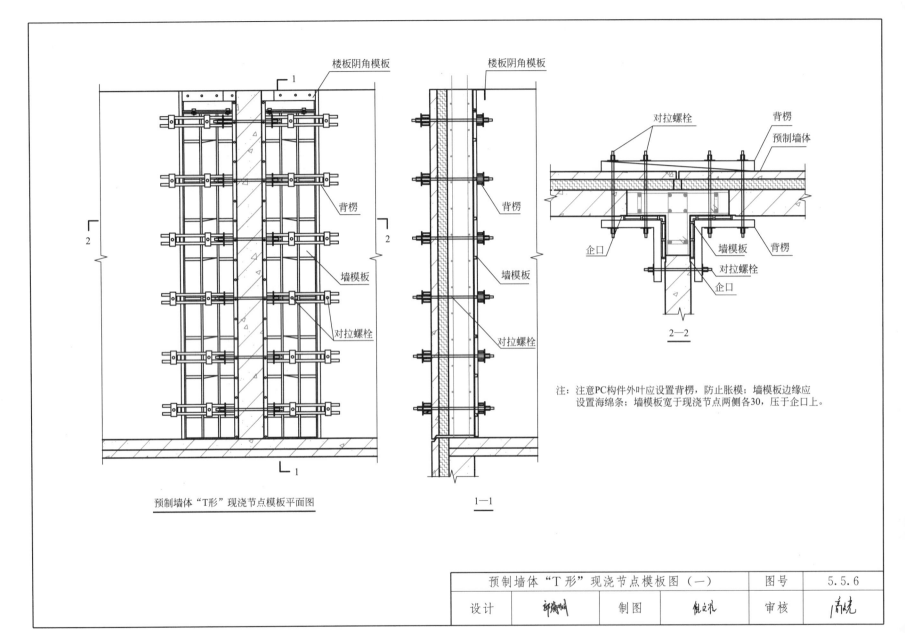

楼板阴角模板

楼板阴角模板

对拉螺栓

背楞

预制墙体

背楞

背楞

墙模板

墙模板

企口

墙模板

背楞

墙模板

对拉螺栓

对拉螺栓

对拉螺栓

企口

2—2

注：注意PC构件外叶应设置背楞，防止胀模；墙模板边缘应
　　设置海绵条；墙模板宽于现浇节点两侧各30，压于企口上。

预制墙体"T形"现浇节点模板平面图

1—1

预制墙体"T形"现浇节点模板图（一）				图号	5.5.6
设 计	郑煊珊	制 图	包之怀	审核	肖婉

162

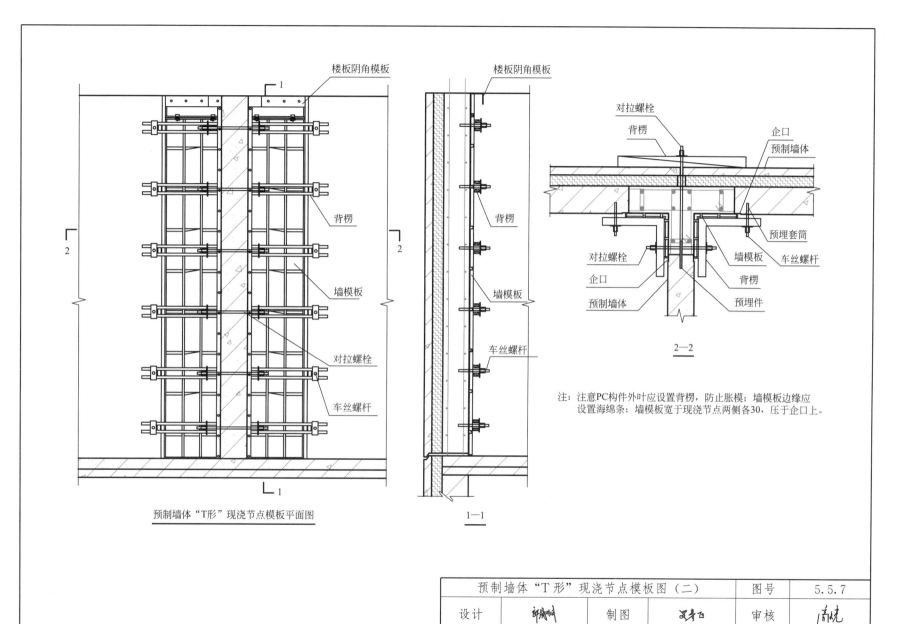

楼板阴角模板

楼板阴角模板

对拉螺栓

背楞

企口

预制墙体

背楞

墙模板

对拉螺栓

车丝螺杆

预埋套筒

对拉螺栓

企口

墙模板

背楞

预制墙体

预埋件

车丝螺杆

2—2

注：注意PC构件外叶应设置背楞，防止胀模；墙模板边缘应
设置海绵条；墙模板宽于现浇节点两侧各30，压于企口上。

预制墙体"T形"现浇节点模板平面图

1—1

预制墙体"T形"现浇节点模板图（二）		图号	5.5.7
设计	制图	审核	

163

第六章

脚手架

6.1 双排落地脚手架

一、适用范围

适用于房屋建筑工程和市政工程等施工用双排扣件式钢管脚手架的设计、施工及验收。

二、技术要求

1. 应按规范规定和脚手架专项方案要求对钢管、扣件、脚手板、可调支撑等进行检查验收，不合格产品不得使用。

2. 脚手架地基与基础的施工，应根据脚手架所受荷载、搭设高度、搭设场地的土质情况按《建筑地基基础工程施工质量验收标准》GB 50202—2018 的有关规定执行。

3. 脚手架基础验收合格后，应按施工组织设计或专项施工方案的要求放线定位。

4. 双排落地脚手架必须配合施工进度搭设，一次搭设高度不应超过相邻连墙件两步；如果超过相邻连墙件以上两步，无法设置连墙件时，应采取撑拉固定等措施与建筑结构拉结。

5. 每搭完一步脚手架后，应按规范规定校正步距、纵距、横距及立杆的垂直度。

6. 底座安放，立杆搭设，纵、横向水平杆搭设，纵、横向扫地杆搭设，连墙件安装，门洞搭设，扣件安装，作业层、斜道的栏杆和挡脚板的搭设，脚手板的铺设均应满足《建筑施工扣件式钢管脚手架安全技术规范》JGJ 130—2011 的相关要求。

7. 剪刀撑与横向斜撑应随立杆、纵向和横向水平杆等同步搭设，不得滞后安装。

三、注意事项

1. 双排脚手架拆除作业时，应设专人指挥，必须由上而下逐层进行，严禁上下同时作业；连墙件必须随脚手架逐层拆除，严禁先将连墙件整层或数层拆除后再拆脚手架；分段拆除高差大于两步时，应增设连墙件加固。卸料时，各构配件严禁被抛掷至地面。

2. 由于目前建筑市场扣件合格率较低，每个工程在使用扣件前，对扣件进行复试，保证使用合格产品。

	双排落地脚手架说明		图号	6.1.1
设计		制图	审核	

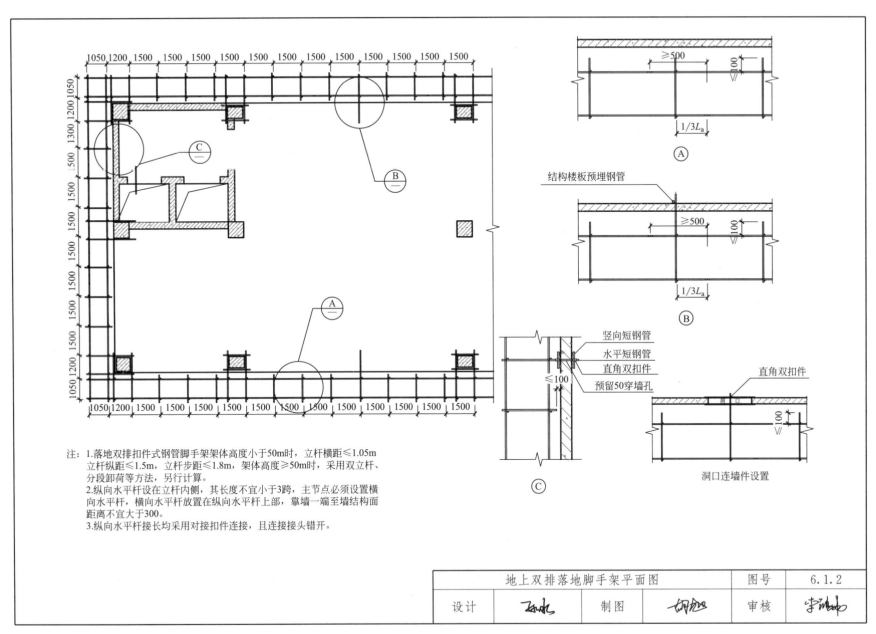

注：1.落地双排扣件式钢管脚手架架体高度小于50m时，立杆横距≤1.05m
　　立杆纵距≤1.5m，立杆步距≤1.8m，架体高度≥50m时，采用双立杆、
　　分段卸荷等方法，另行计算。
　　2.纵向水平杆设在立杆内侧，其长度不宜小于3跨，主节点必须设置横
　　向水平杆，横向水平杆放置在纵向水平杆上部，靠墙一端至墙结构面
　　距离不宜大于300。
　　3.纵向水平杆接长均采用对接扣件连接，且连接接头错开。

地上双排落地脚手架平面图				图号	6.1.2
设计		制图		审核	

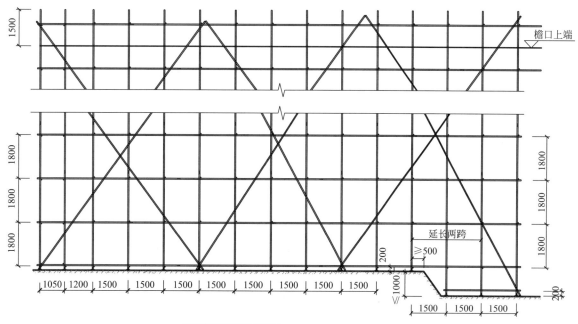

延长两跨

剪刀撑搭接示意图

双排落地脚手架立面图

说明：1. 脚手架必须设置纵横向扫地杆，纵向扫地杆距脚手架底部不大于200；
　　　　横向扫地杆在纵向扫地杆下部。
　　　2. 当立杆基础不在同一高度时，高处扫地杆向低处延长不小于2跨。
　　　3. 搭接接头的搭接长度不应小于1m，应采用不少于3个旋转扣件固定。
　　　4. 架体跨度纵距、横距、步距等均需经计算确定。
　　　5. 立杆顶端应高出女儿墙上皮1m，高出檐口上端1.5m。
　　　6. 在脚手架外侧立面整个长度和高度方向连续设置剪刀撑，剪刀撑斜杆应用
　　　　旋转扣件固定在与之相交的横向水平杆伸出端或立杆上，下端落到地面。

地上双排落地脚手架立面图				图号	6.1.3
设计	王和水	制图	何加	审核	李永和

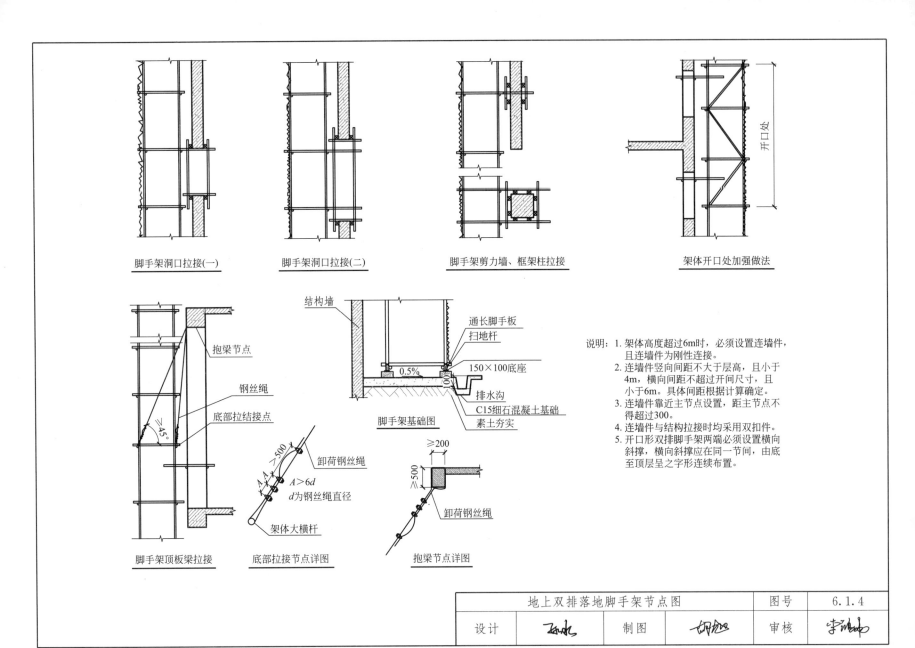

脚手架洞口拉接(一)   脚手架洞口拉接(二)   脚手架剪力墙、框架柱拉接   架体开口处加强做法

抱梁节点

钢丝绳

底部拉结接点

≥45°

脚手架顶板梁拉接

≥500

A≤A

卸荷钢丝绳

A>6d
d为钢丝绳直径

架体大横杆

底部拉接节点详图

结构墙

通长脚手板

扫地杆

0.5%

150×100底座

排水沟

C15细石混凝土基础

素土夯实

脚手架基础图

≥200

≥500

卸荷钢丝绳

抱梁节点详图

说明：1. 架体高度超过6m时，必须设置连墙件，
      且连墙件为刚性连接。
2. 连墙件竖向间距不大于层高，且小于
      4m，横向间距不超过开间尺寸，且
      小于6m。具体间距根据计算确定。
3. 连墙件靠近主节点设置，距主节点不
      得超过300。
4. 连墙件与结构拉接时均采用双扣件。
5. 开口形双排脚手架两端必须设置横向
      斜撑，横向斜撑应在同一节间，由底
      至顶层呈之字形连续布置。

地上双排落地脚手架节点图					图号	6.1.4
设计		制图		审核		

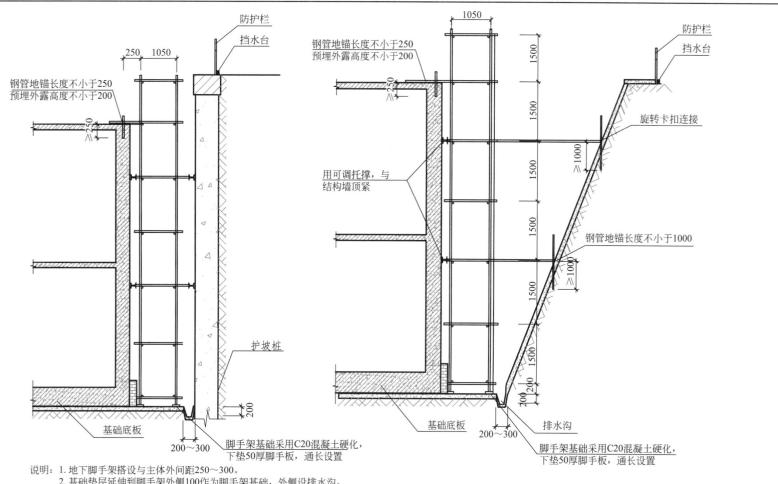

防护栏

挡水台

钢管地锚长度不小于250
预埋外露高度不小于200

250 1050

≥250

用可调托撑，与
结构墙顶紧

护坡桩

基础底板

200～300

脚手架基础采用C20混凝土硬化，
下垫50厚脚手板，通长设置

200

1050

钢管地锚长度不小于250
预埋外露高度不小于200

250

防护栏

挡水台

1500

1500

1500

旋转卡扣连接

≥1000

1500

钢管地锚长度不小于1000

≥1000

1500

基础底板

200 200

200～300

排水沟

脚手架基础采用C20混凝土硬化，
下垫50厚脚手板，通长设置

说明：1.地下脚手架搭设与主体外间距250～300。
　　　2.基础垫层延伸到脚手架外侧100作为脚手架基础，外侧设排水沟。
　　　3.连墙件间距应通过计算确定，需设置在腰梁时，应经基坑支护设计单位
　　　　同意后实施。
　　　4.立杆、水平杆、扫地杆、连墙件、扣件及横向斜撑的搭设应满足相关
　　　　要求，钢管地锚应采用相关要求材质，埋深不小于1m。

地上双排落地脚手架支设图		图号	6.1.5	
设计		制图		审核

169

6.2 型钢悬挑脚手架

一、适用范围

本图册适用于多层建筑、高层建筑的防护脚手架。

二、技术要求

1. 型钢悬挑脚手架的选用条件、型钢型号选用及架体构造应满足《扣件式和碗扣式钢管脚手架安全选用技术规程》DB 11/T 583—2022 的相关规定。

2. 型钢悬挑架宜采用双轴对称截面的型钢。悬挑钢梁型号及锚固件应按设计确定。钢梁截面高度不应小于 160。

3. 悬挑钢梁悬挑长度应按施工方案请确定，固定段长度不应小于悬挑段长度的 1.25 倍。

4. 型钢悬挑梁应设置在主体结构上，悬挑端应按悬挑跨度起拱 0.5%～1%。支撑点应设置在结构梁或墙上；若设置在外伸阳台上或悬挑板上时，应有加固措施，并经结构设计负责人确认。

5. 型钢悬挑梁末端应采用不少于 2 个预埋环或预埋 U 形螺栓与建筑结构梁板固定，预埋环或预埋 U 形螺栓宜预埋至混凝土梁内、板底层钢筋位置，并应与混凝土梁内、板底层钢筋绑扎牢固，其锚固长度应符合《混凝土结构设计规范》GB 50010—2010

（2015 年版）钢筋锚固的规定。平面转角处悬挑梁末端锚固位置应相互错开。

三、注意事项

1. 型钢悬挑式脚手架结构在平面转角或悬挑结构处应采取加强措施并进行验算，钢梁应避开框架柱和暗柱。

2. 悬挑式脚手架架体的底部与悬挑构件应固定牢固，不得滑动或窜动。

3. 钢丝绳保险绳不应参与悬挑钢梁受力计算，且直径不宜小于 15.5。

4. 钢丝保险绳每二跨设置 1 道，与上部结构拉结；外墙阳角处、楼梯间、悬挑结构构件等处每个型钢悬挑梁外端应设置钢丝绳与上部结构拉结。

5. 钢丝绳与建筑结构拉结的吊环应使用 HPB300 级钢筋，其直径不宜小于 20，吊环预埋锚固长度应符合《混凝土结构设计规范》GB 50010—2010（2015 年版）中钢筋锚固的规定。

6. 钢丝绳与预埋钢筋锚环拉结处宜设置钢丝绳梨形环，钢丝绳绳卡的设置应按现行相关标准的规定执行，钢丝绳与钢梁的水平夹角应不小于 45°。

型钢悬挑脚手架说明				图号	6.2.1
设计	*CON J*	制图	*钢加*	审核	*李洪云*

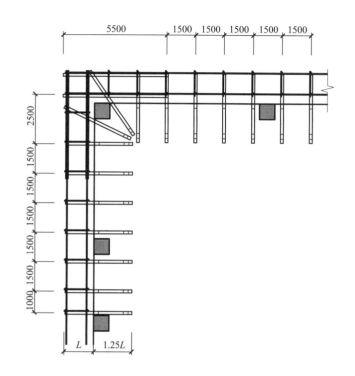

悬挑脚手架平面图

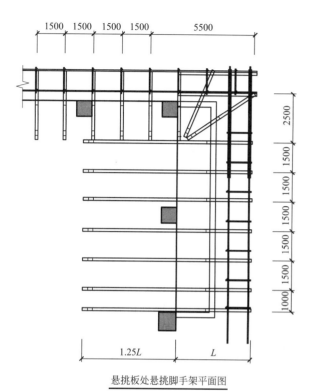

悬挑板处悬挑脚手架平面图

说明：1. 型钢悬挑梁间距应按照悬挑脚手架架体立杆纵距设置，每一纵距设置一根；当立杆下不能设置型钢悬挑梁时，应增设纵向钢梁。

2. 型钢悬挑式脚手架搭设在非直线(折、弧线)的结构外围时，悬挑应垂直于外围面或为径向，架体应按照最大荷载进行设计。

3. 丝绳绳卡的设置应按现行标准的规定执行，钢丝绳与钢梁的水平夹角不小于45°。

4. 架体所处高度低于60m时，连墙件按2步3跨设置；所处高度大于60m时，连墙件按2步2跨设置。

5. 外立面剪刀撑应自下而上连续设置。

悬挑脚手架平面图				图号	6.2.2	
设计		制图		审核		

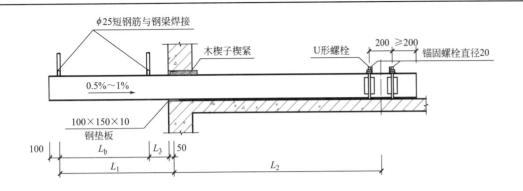

φ25短钢筋与钢梁焊接

木楔子楔紧

U形螺栓

锚固螺栓直径20

200 ≥200

0.5%～1%

100×150×10
钢垫板

100　L_b　L_3　50

L_1

L_2

悬挑钢梁穿墙做法

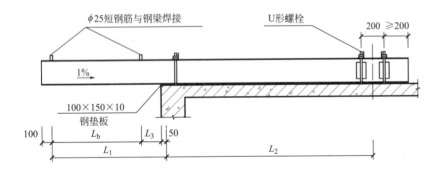

φ25短钢筋与钢梁焊接

U形螺栓

200 ≥200

1%

100×150×10
钢垫板

100　L_b　L_3　50

L_1

L_2

悬挑钢梁楼面做法

说明：1. L_1-悬挑长度；L_2-锚固长度；L_3-外架立杆距墙距离；L_b-外架宽度。
2. 悬挑工字钢间距、型号选用、卸荷方法应按计算确定。

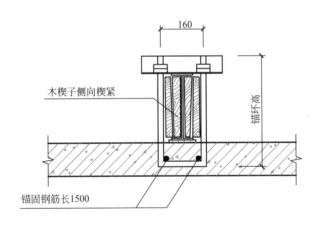

160

木楔子侧向楔紧

锚环高

锚固钢筋长1500

悬挑钢梁末端固定做法

悬挑脚手架悬挑钢梁支设图				图号	6.2.3
设计		制图		审核	

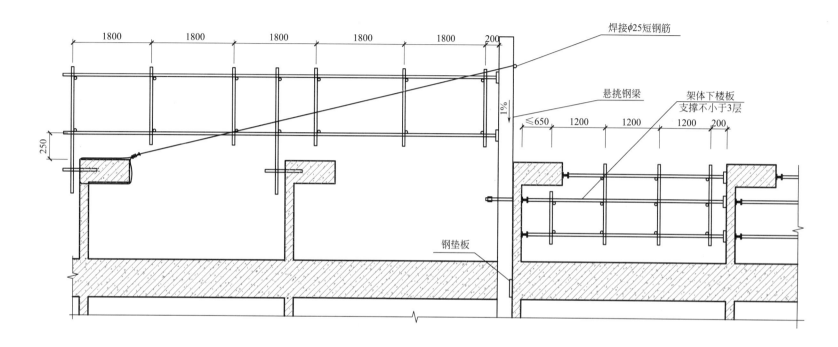

说明：1. 型钢悬挑梁宜采用双轴对称截面的型钢，悬挑钢梁型号及锚固件应按设计确定，钢梁截面高度不应小于160。
2. 悬挑钢梁悬挑长度应按施工方案确定，固定段长度不应小于悬挑长度的1.25倍。
3. 脚手架水平、垂直间距如图所示。
4. 型钢悬挑梁应设置在主体结构上，悬挑端应按悬挑跨度起拱0.5%～1%。
5. 悬挑钢梁遇悬挑板时，悬挑板底部要有加固措施，加固措施经计算确定，并经结构设计负责人确定。

悬挑脚手架遇悬挑梁板支设图		图号	6.2.4
设计	制图	审核	

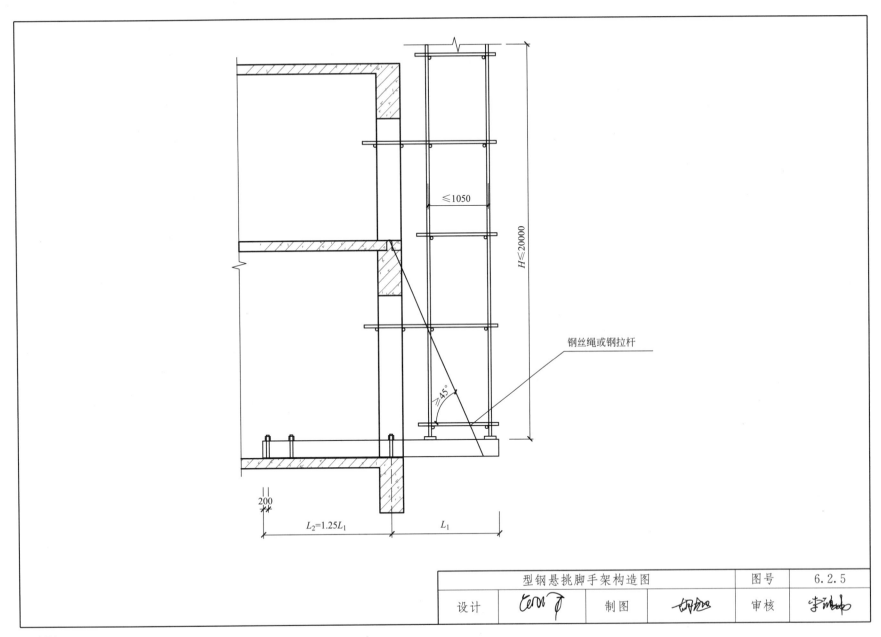

≤1050

$H \leq 20000$

≥45°

钢丝绳或钢拉杆

200

$L_2 = 1.25L_1$

L_1

型钢悬挑脚手架构造图				图号	6.2.5
设计		制图		审核	

6.3 附着式升降脚手架

一、适用范围

高层、超高层建筑（构筑）物施工，包括剪力墙、框架、框剪、筒体结构等。

二、技术要求

1. 架体高度不得大于 5 倍楼层高度。

2. 架体宽度不得大于 1.2m。

3. 架体水平悬挑长度不得大于 2m，且不得大于跨度的 1/2。

4. 架体全高与支撑跨度的乘积不得大于 110m²。

5. 直线布置的支撑跨度不得大于 7m，折线或曲线布置的架体，相邻两主框架支撑点的架体外侧距离不得大于 5.4m。

6. 附着式升降脚手架必须具有防倾覆、防坠落和同步升降控制的安全装置。

7. 物料平台不得与附着式升降脚手架各部位和各结构构件相连，其荷载应直接传递给建筑工程结构。

8. 不得少于 3 层附着支撑点。

9. 施工时，允许 2 层作业层同时施工，每层最大允许施工荷载为 3kN/m²。

10. 在混凝土强度达到 15MPa 后，方可爬升架体。

三、注意事项

1. 导轨式爬架提升完毕后，应按照导轨式爬架操作规程进行严格检查之后，方能投入使用。

2. 爬架不得超载使用，不得在爬架上有集中荷载。

3. 禁止下列违章作业：利用脚手架吊运重物；在脚手架上推车；在脚手架上拉结吊装缆风绳；任意拆除脚手架部件和对拉螺栓；起吊构件时碰撞或扯动脚手架。

4. 禁止利用架体支顶模板，做好分段部位的安全防护。

5. 遇六级以上（包括六级）大风、大雨、大雪、浓雾等恶劣天气时，禁止进行爬架升降和拆卸作业。应事先将爬架架体用脚手架钢管扣件与建筑物结构拉接，撤离架体上的所有施工活荷载等。夜间禁止进行爬架的升降作业。

6. 禁止向爬架操作层脚手板上倾倒施工渣土。

7. 爬架使用时禁止任何一方拆除爬架构配件。

附着式升降脚手架说明				图号	6.3.1
设计	赵全环	制图	李志涛	审核	影品器

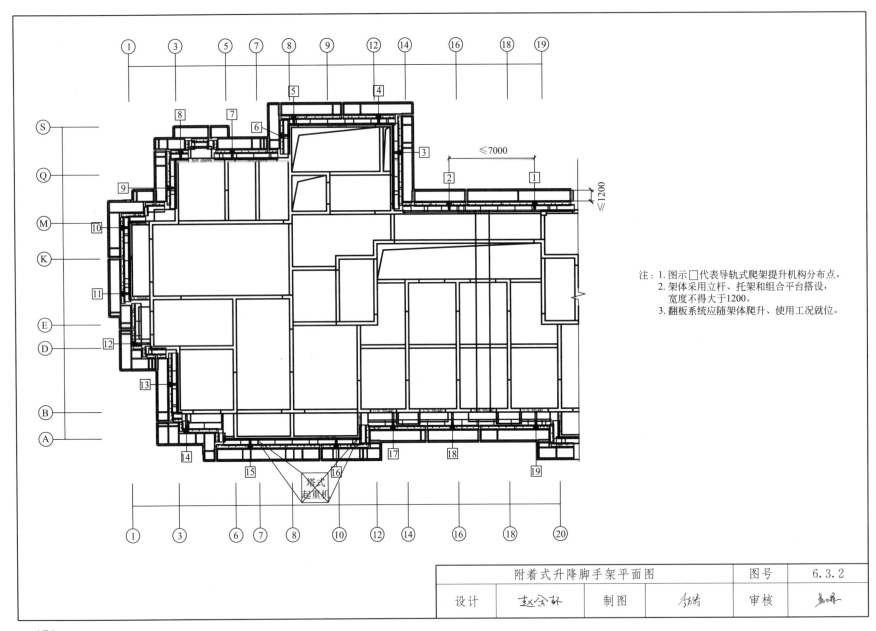

注：1. 图示□代表导轨式爬架提升机构分布点。
    2. 架体采用立杆、托架和组合平台搭设，
       宽度不得大于1200。
    3. 翻板系统应随架体爬升、使用工况就位。

≤7000

≤1200

塔式
起重机

附着式升降脚手架平面图			图号	6.3.2
设计	赵会环	制图	李涛	审核

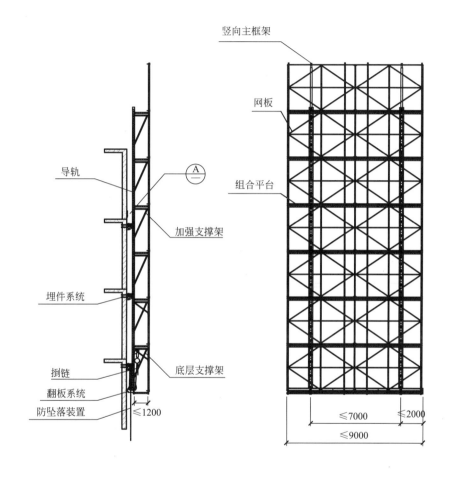

竖向主框架

网板

组合平台

导轨

加强支撑架

埋件系统

捌链

翻板系统

防坠落装置

底层支撑架

≤1200

≤7000

≤2000

≤9000

A
二

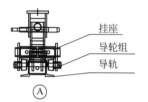

挂座

导轮组

导轨

A

技术要求：1. 此立面为提升机构处的剖面。
2. 提升机构安装按平面布置图确定，提升机构应摆正、放平。
3. 附墙座必须贴实墙面，受力螺栓必须拧紧。
4. 使用工况下，卸荷座利用两根销轴安装于导轨上，弯销必须安装齐全。
5. 可调斜撑、捌链处的连接销轴必须装弹簧开口销限位。
6. 安全防护网板、翻板、托板、脚踢板等防护措施应符合附着升降脚手架规定。

附着式升降脚手架立面图（一）				图号	6.3.3
设计	赵会环	制图	李涛	审核	袁吗

177

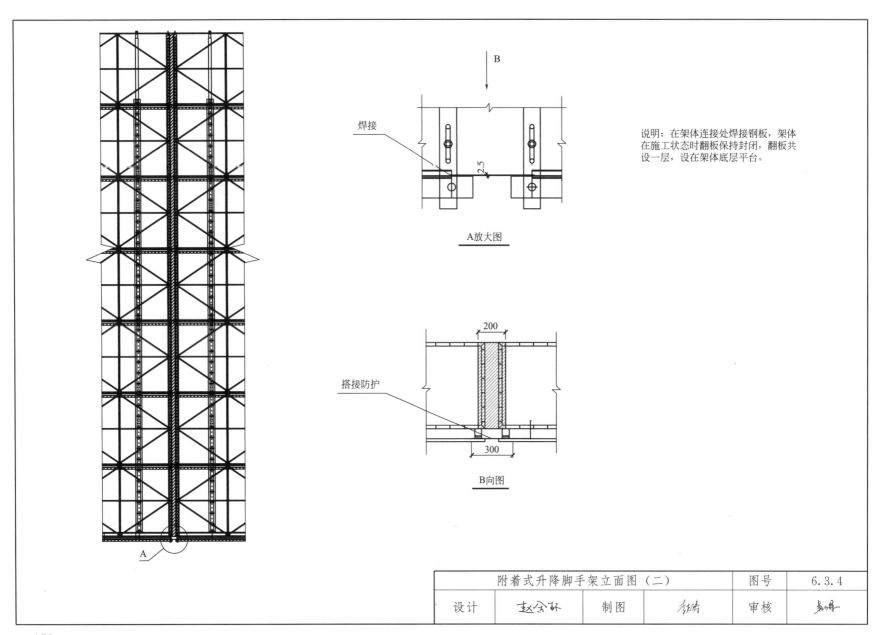

焊接

2.5

说明：在架体连接处焊接钢板，架体
在施工状态时翻板保持封闭，翻板共
设一层，设在架体底层平台。

A放大图

B

200

搭接防护

300

B向图

附着式升降脚手架立面图（二）	图号	6.3.4
设计	赵合环	制图	李婷	审核	袁小珺

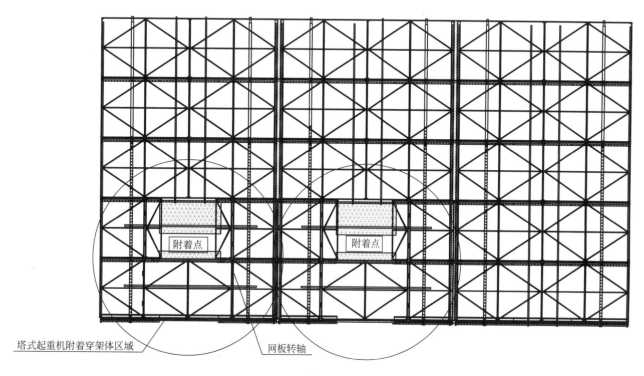

附着点　　　　　　　　附着点

塔式起重机附着穿架体区域　　　　　　　网板转轴

说明：当塔式起重机附着与架体有冲突时，塔式起重机附着处架体应设计为断开平台，避开
　　　塔式起重机附着，两架体底层平台之间设置搭接平台供施工模板支设使用，搭接平台
　　　限载0.5kN/m²(最多允许1人通行)，现场根据文明施工要求涂刷黄色醒目警示区域线，
　　　悬挂醒目警示标牌。防护网设置翻转网板，灵活适应塔式起重机附着与架体的不同相
　　　对位置。架体与塔式起重机附着之间的安全距离不得小于200。

附着式升降脚手架立面图（三）					图号	6.3.5
设计	赵合环	制图	李涛	审核	袁明晖	

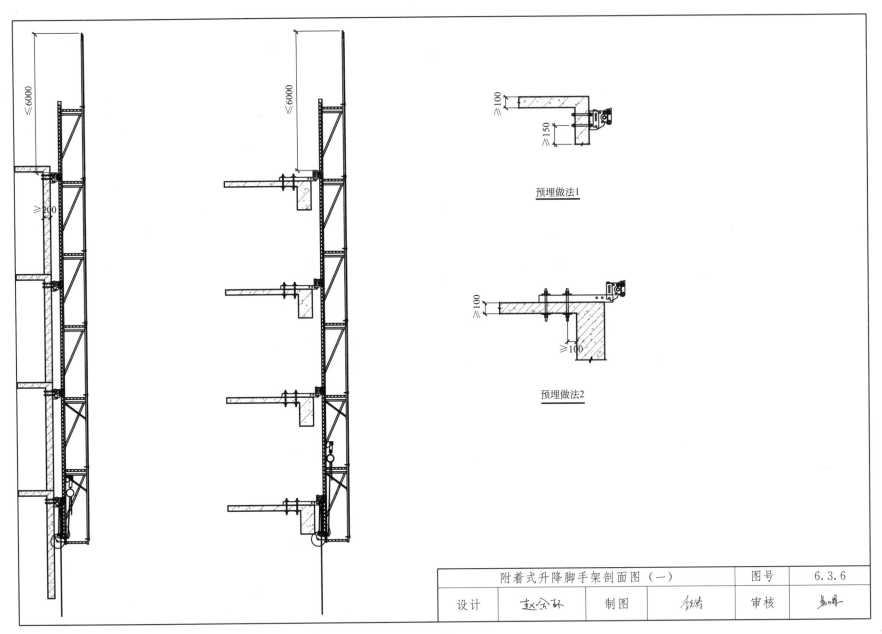

预埋做法1

预埋做法2

附着式升降脚手架剖面图（一）	图号	6.3.6
设计	赵全环	制图	李涛	审核	

180

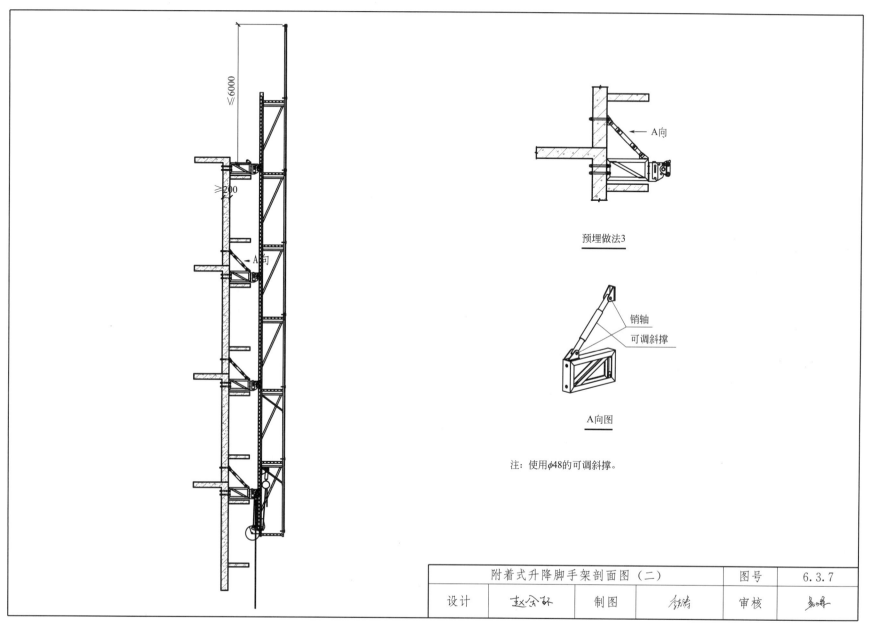

≤6000

≥200

A向

预埋做法3

销轴

可调斜撑

A向图

注：使用ф48的可调斜撑。

| 附着式升降脚手架剖面图（二） | 图号 | 6.3.7 |
| 设计 | 赵合环 | 制图 | 李涛 | 审核 | 张明辉 |

181

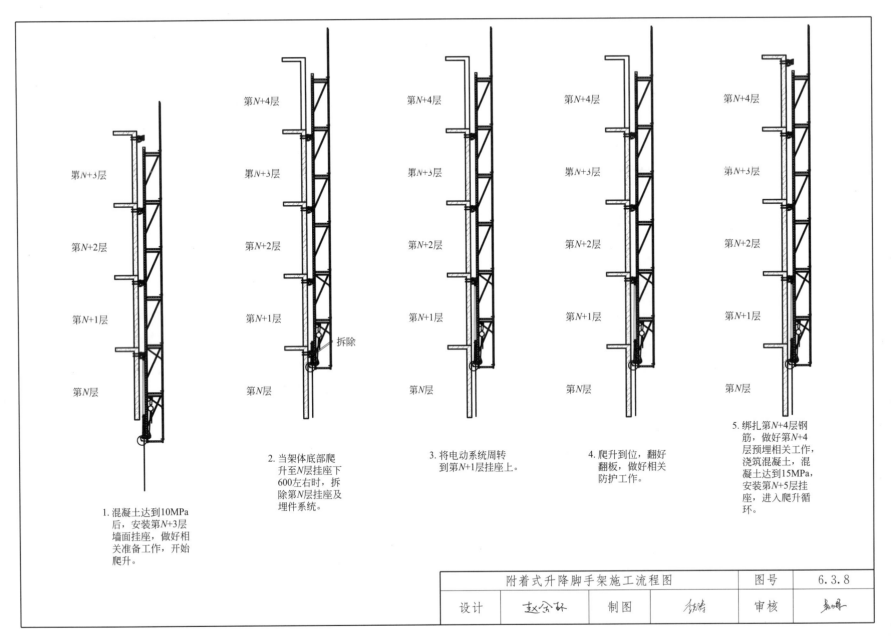

第N+4层

第N+3层

第N+2层

第N+1层

第N层

1. 混凝土达到10MPa后，安装第N+3层墙面挂座，做好相关准备工作，开始爬升。

第N+4层

第N+3层

第N+2层

第N+1层

第N层

拆除

2. 当架体底部爬升至N层挂座下600左右时，拆除第N层挂座及埋件系统。

第N+4层

第N+3层

第N+2层

第N+1层

第N层

3. 将电动系统周转到第N+1层挂座上。

第N+4层

第N+3层

第N+2层

第N+1层

第N层

4. 爬升到位，翻好翻板，做好相关防护工作。

第N+4层

第N+3层

第N+2层

第N+1层

第N层

5. 绑扎第N+4层钢筋，做好第N+4层预埋相关工作，浇筑混凝土，混凝土达到15MPa，安装第N+5层挂座，进入爬升循环。

附着式升降脚手架施工流程图		图号	6.3.8
设计	赵令环	制图	李知涛	审核	魏四军

6.4 悬挂式步梯

一、适用范围

悬挂式步梯适用于深基坑或结构平面高差交界处，结构逐层施工过程中不便使用落地式步梯的工程。

二、技术要求

1. 锚固可采用预埋或后植锚栓等方式，每个锚固点的螺栓不应少于 2 个，锚固点处的混凝土强度，应取步梯安装时混凝土龄期抗压强度，强度不应低于 20MPa。

2. 安装三角支撑架时，三角支撑架悬挑端应按横梁长度的 0.5%～1% 起拱。

3. 三角支撑架锚固处到结构底部高度不宜大于 24m，当大于 24m 时，应进行专门设计。

4. 悬挂式步梯内立杆与结构侧壁之间应设置连墙件，连墙件的间距不宜大于 7m，连墙件应随步梯安装；连墙件的承载力应大于 5.0kN，当悬挂步梯内侧距结构侧壁的间距大于 600 时，连墙件应具有防止悬挂步梯侧移的能力。

5. 悬挂式步梯梯段宽度不宜大于 1.1m；踏步宽度不宜小于 260；梯段的坡度宜为 40°～45°；相邻梯段间的缝隙应不大于 80；缓台的宽度应和梯段匹配，最小净宽应不小于 700。

6. 悬挂式步梯底与地面或平台的高差宜为 0.3～1.5m，可设移动式踏步相接。

三、注意事项

1. 锚固点设置在基坑支护结构上时，锚固点受力应得到设计单位确认。

2. 三角支撑架应与支撑结构可靠锚固。当采用后植锚栓时，应对锚栓进行拉拔试验。

3. 悬挂式步梯主要供人员通行使用，不得临时堆放物料或作为物料运输通道使用。

4. 锚固结构、锚固点、附墙撑和步梯应定期检查，发现锚固结构变形、锚固点异常等隐患，应及时报告，排除隐患。

5. 安装设备应停放稳固，吊装能力应满足悬挂式步梯的安装要求。

6. 悬挂式步梯立面应采用全封闭防护。

7. 悬挂式步梯安装完毕后，立杆底部宜设置辅助支撑。

8. 悬挂式步梯底部外围应设置警戒线，防止施工机械靠近。

悬挂式步梯说明				图号		6.4.1
设计	林起	制图	林起	审核	袁咏祥	

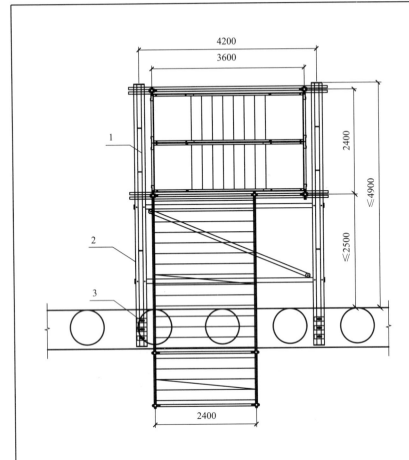

悬挂式步梯平面图

1-悬挂式步梯；2-三角支撑架；3-锚固件；
4-连墙件斜撑；5-连墙件。

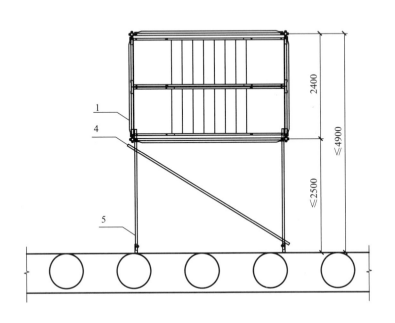

连墙件平面图

注：1. 图中关于现场结构尺寸均为示意，应以现场实际为准。
　　2. 悬挂式步梯施工荷载为2kN/m²，且总的活荷载不超过40kN。
　　3. 连墙件布置间距不宜大于7.0m。
　　4. 楼梯平台迎人面均有两道2400防护水平杆。

悬挂式步梯平面图			图号	6.4.2
设计	林超	制图	林超	审核	袁小晖

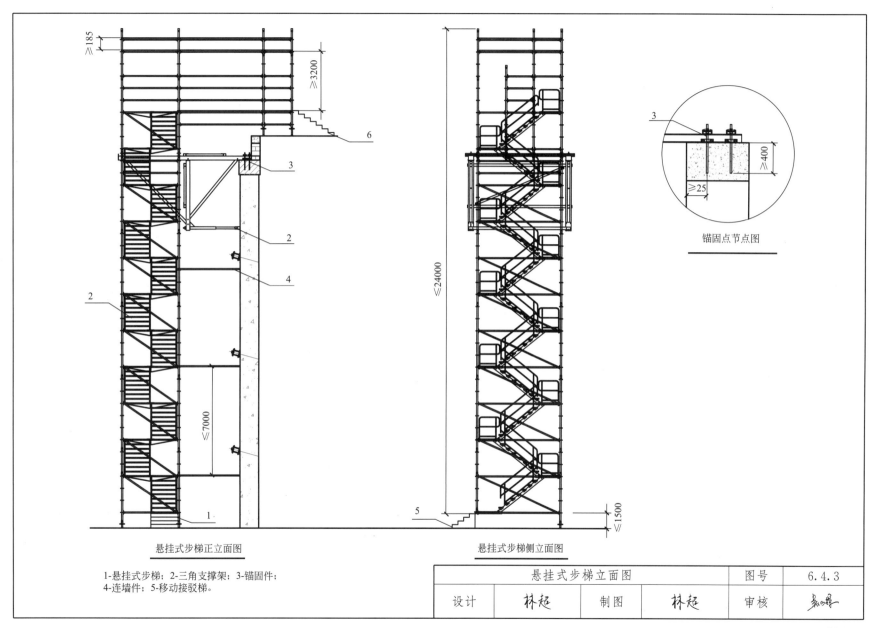

悬挂式步梯正立面图

锚固点节点图

悬挂式步梯侧立面图

1-悬挂式步梯；2-三角支撑架；3-锚固件；
4-连墙件；5-移动接驳梯。

悬挂式步梯立面图						图号	6.4.3
设计	林起	制图	林起	审核			

185

第七章

卸料平台

7.1 悬挑式钢平台

一、适用范围

悬挑式钢平台上部拉接点必须位于现浇混凝土结构上。

二、技术要求

1. 悬挑式钢平台由主梁、次梁、防护栏杆（钢网）、上部拉接吊点、钢丝绳等组成。主梁悬挑长度不宜大于5m，承载面积应不大于20m²，长宽比应不大于1.5：1，悬挑梁应锚固固定。

2. 悬挑式钢平台主梁、次梁应使用整根的槽钢或工字钢；防护栏杆应以硬质材料进行封闭，高度不低于1.5m。

3. 主梁上的吊环宜采用厚度不小于20的钢板或直径不小于20的圆钢制作，与主梁双面满焊，不得有咬边、夹渣、裂纹等焊缝质量缺陷。

4. 悬挑式钢平台搁置点、上部拉接点应设置在稳定的主体结构上。

5. 悬挑式钢平台两侧的吊点应设置在主梁上、护栏外，上部拉接点定位应使钢丝绳与平台主梁水平面垂直投影夹角在0°～5°。

6. 悬挑式钢平台主绳、保险绳应分开设置，与主梁水平夹角不得小于45°，必须同时张紧、受力，钢丝绳与吊点连接处应采用心形环保护，钢丝绳严禁与平台防护栏杆、主体结构、脚手架接触，严禁接长使用，严禁使用花篮螺栓。

7. 悬挑式钢平台主梁下与结构搁置边沿应设置限位装置，安装时应紧贴结构外立面。

8. 悬挑式钢平台内侧应设置限制人员数量、荷载（吨位）的标识牌、验收标识牌、操作规程牌、量化标识牌等。

9. 悬挑式钢平台应满铺50厚脚手板或同等强度的其他材料（应有试验数据作为依据），并牢固固定。

三、管理及操作要求

1. 悬挑式钢平台制作、产权、安装、使用单位应严格履行安全生产主体责任。

2. 悬挑式钢平台应严格按照危险性较大的分部分项工程进行管理。

3. 悬挑式钢平台安装、提升、拆除期间，项目专职安全生产管理人员、安全监理工程师应现场监督。

4. 悬挑式钢平台应设置声光超载报警装置，具备现场超载报警功能。

5. 悬挑式钢平台上的操作人员严禁超过2人。

6. 悬挑式钢平台吊运、安装、拆除过程中，涉及特种作业的作业人员应持证上岗。

7. 遇有五级（含）以上强风等恶劣天气，必须停止悬挑式钢平台所有作业；在恢复使用前，应进行检查。

8. 悬挑式钢平台穿墙螺栓、上部拉接点等主要受力构配件应由具备相应钢结构工程施工资质的厂家加工制作，并提供相关资料。

9. 悬挑式钢平台的外侧应略高于内侧。

10. 悬挑式钢平台安装、提升、使用、拆除时，地面垂直投影6m范围内应设置警戒区、悬挂警示标识，禁止人员入内。

11. 悬挑式钢平台周转物料时，应为作业人员设置两根独立的安全绳，绳径不小于12.5。

12. 作业人员年龄不得超过55周岁，且身体状况良好，按规定配备使用劳动防护用品，遵守操作规程。

13. 在使用过程中，任何人不得随意拆改钢平台构配件。

悬挑式钢平台说明				图号	7.1.1
设计	张张	制图	王子扬	审核	赵斌

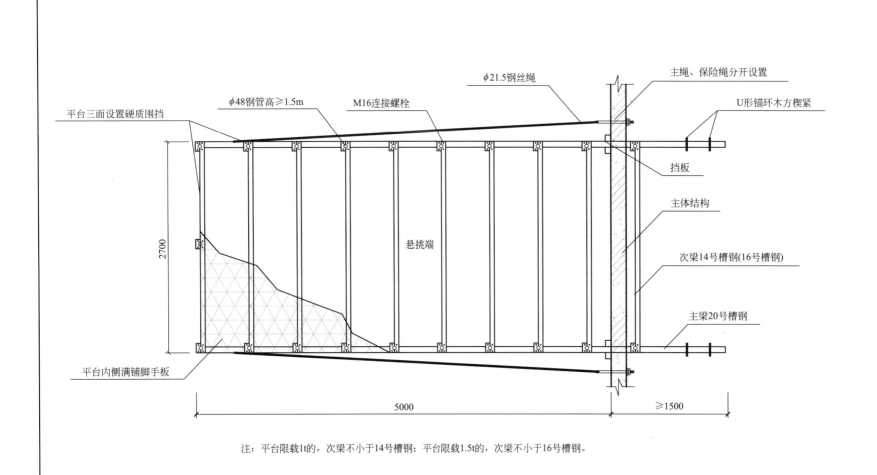

φ21.5钢丝绳

主绳、保险绳分开设置

φ48钢管高≥1.5m

M16连接螺栓

U形锚环木方楔紧

平台三面设置硬质围挡

挡板

主体结构

2700

悬挑端

次梁14号槽钢(16号槽钢)

主梁20号槽钢

平台内侧满铺脚手板

5000

≥1500

注：平台限载1t的，次梁不小于14号槽钢；平台限载1.5t的，次梁不小于16号槽钢。

悬挑式钢平台平面图				图号	7.1.2
设计	王长能	制图	王子扬	审核	万社武

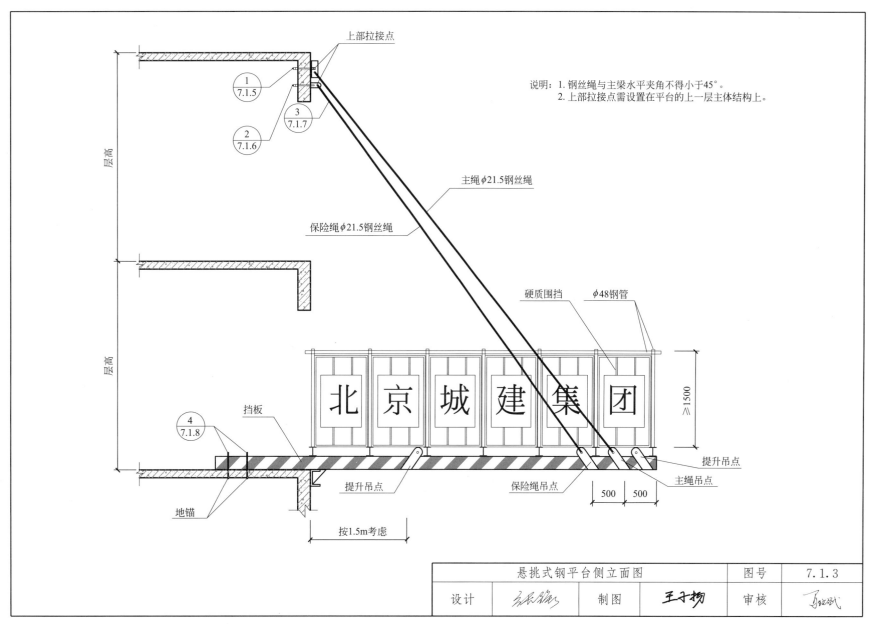

说明：1. 钢丝绳与主梁水平夹角不得小于45°。
2. 上部拉接点需设置在平台的上一层主体结构上。

上部拉接点

① 7.1.5

③ 7.1.7

② 7.1.6

④ 7.1.8

层高

主绳φ21.5钢丝绳

保险绳φ21.5钢丝绳

硬质围挡

φ48钢管

北京城建集团

挡板

地锚

按1.5m考虑

提升吊点

保险绳吊点

提升吊点

主绳吊点

≥1500

500 500

悬挑式钢平台侧立面图				图号	7.1.3
设计		制图	王子扬	审核	

189

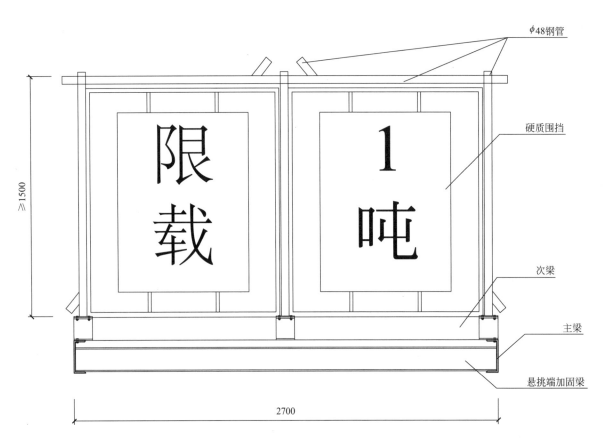

注：限载吨位按使用说明书或施工方案中的要求标明。

悬挑式钢平台正立面图		图号	7.1.4
设计	制图	审核	

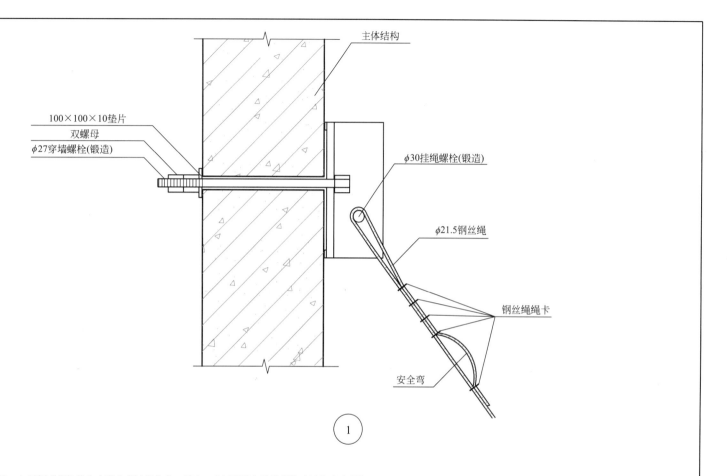

主体结构

100×100×10垫片

双螺母

φ27穿墙螺栓(锻造)

φ30挂绳螺栓(锻造)

φ21.5钢丝绳

钢丝绳绳卡

安全弯

①

注：1. 以板式螺栓作为主绳上部拉接构件。其中，穿墙螺栓和挂绳螺栓采用锻造成型的M27及
以上高强度螺栓，性能等级10.9级，主体构件应双面满焊，不得有咬边、夹渣、裂纹等
焊缝质量缺陷。
2. 板式螺栓应垂直安装，穿墙螺栓在上，挂绳螺栓在下，主体构件紧贴墙面。
3. 墙体(梁)内侧应采用100×100×10铁垫片紧贴墙面，双螺母拧紧，螺栓伸出螺母长度不
得少于3扣。
4. 钢丝绳挂栓位置采用心形环保护。

| 悬挑式钢平台详图（一） | | | 图号 | 7.1.5 |
| 设计 | 张振武 | 制图 | 王子扬 | 审核 | 夏纪斌 |

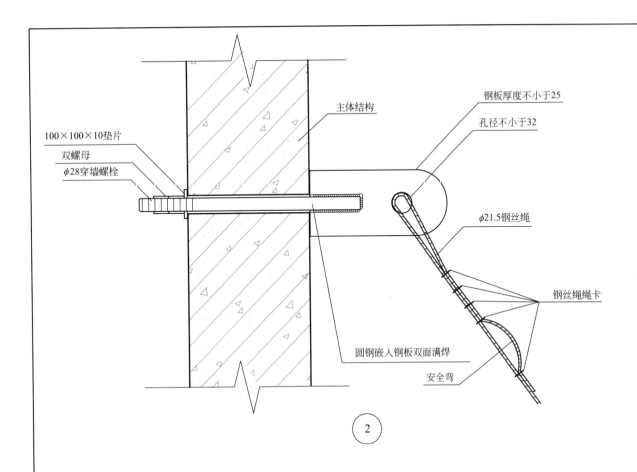

100×100×10垫片

双螺母

φ28穿墙螺栓

主体结构

钢板厚度不小于25

孔径不小于32

φ21.5钢丝绳

钢丝绳绳卡

圆钢嵌入钢板双面满焊

安全弯

②

注：1. 扇形螺栓作为保险绳上部拉接构件，螺栓采用HPB300、直径不小于
　　　28圆钢制作；扇板一侧设槽，长度宜为100，螺栓嵌入扇板双面满
　　　焊，不得有咬边、夹渣、裂纹等焊缝质量缺陷。
　　2. 扇形螺栓安装时，立面应保证垂直，扇板紧贴墙面。
　　3. 墙体（梁）内侧应采用100×100×10铁垫片紧贴墙面，双螺母拧紧，
　　　螺栓伸出螺母长度不得少于3扣。
　　4. 钢丝绳挂点位置采用心形环保护。

| 悬挑式钢平台详图（二） | | | | 图号 | | 7.1.6 |
| 设计 | 张振荣 | 制图 | 王于楞 | 审核 | 万红武 |

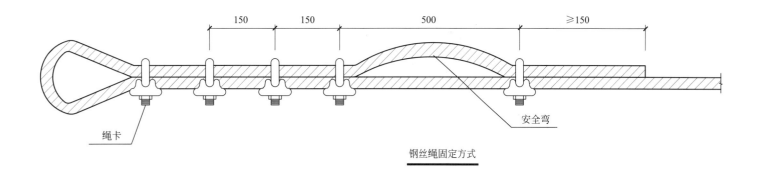

150　　150　　　　500　　　　　≥150

绳卡

安全弯

钢丝绳固定方式

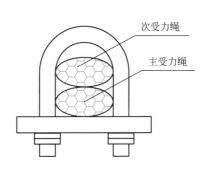

次受力绳

主受力绳

③

绳卡正立面

注：1. 平台与主体结构连接时，主绳、保险绳必须同时张紧、受力。
　　2. 钢丝绳直径不得小于21.5，安装与连接应符合《钢丝绳夹》GB/T 5976—2006
　　　　的规定，并设置安全弯，安全弯长度不小于500。
　　3. 钢丝绳端部连接采用绳卡时，绳卡应与绳径相匹配，绳卡数量应采用"4+1"
　　　　的形式；绳卡滑鞍应放在受力绳的一侧，U形环卡在短绳头一侧，不能正反
　　　　交错设置。
　　4. 钢丝绳绳卡间距为150。

悬挑式钢平台详图（三）					图号	7.1.7
设计		制图	王子扬	审核		

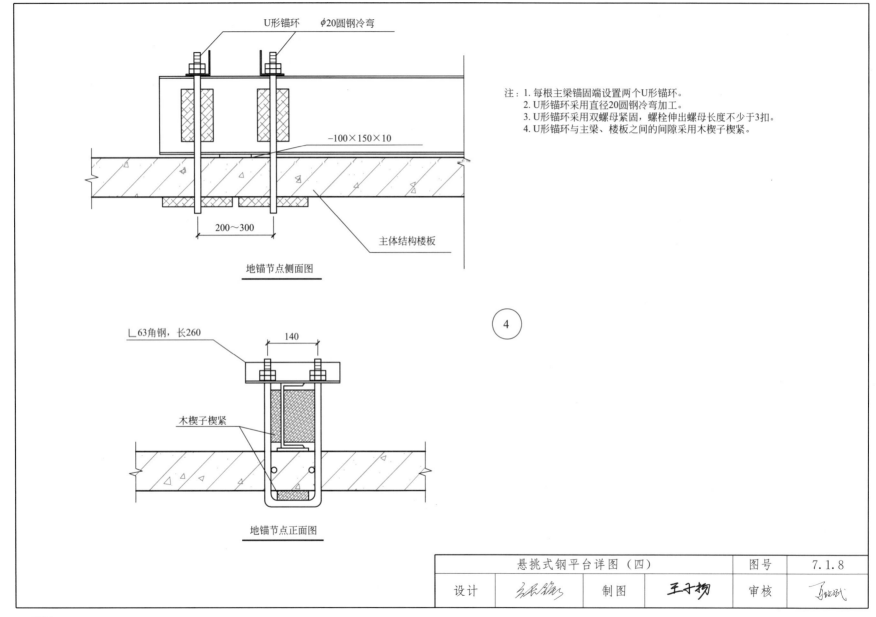

U形锚环　φ20圆钢冷弯

注：1. 每根主梁锚固端设置两个U形锚环。
　　2. U形锚环采用直径20圆钢冷弯加工。
　　3. U形锚环采用双螺母紧固，螺栓伸出螺母长度不少于3扣。
　　4. U形锚环与主梁、楼板之间的间隙采用木楔子楔紧。

−100×150×10

200～300

主体结构楼板

地锚节点侧面图

④

∟63角钢，长260

140

木楔子楔紧

地锚节点正面图

悬挑式钢平台详图（四）				图号	7.1.8
设计	王辰磊	制图	王子扬	审核	马纪斌

7.2 伸缩式卸料平台

一、适用范围

高层建筑楼面施工的物料转运设备，适用于不同层高的建筑物。

二、技术要求

1. 伸缩式卸料平台由组合钢支撑、固定架、移动平台、翻板、护栏、安全门等组成。

2. 卸料平台采用组合钢支撑固定时，适用结构层高为2.4～6m，采用预埋件固定时不受结构层高限制。

3. 施工工况下，安装位置（包括钢支撑上部支撑头、固定架下部安装楼面）的混凝土强度不得小于10MPa。

4. 建筑边缘支撑点的结构承载能力不小于200kN。

三、注意事项

1. 安装时应进行固定架导轨抄平，应保证两侧导轨上表面标高一致，不得偏斜，且应保证固定架导轨底面与楼板紧密接触，如果楼板倾斜或不平整应采用垫板调平。

2. 采用钢支撑压紧方式时，应确保钢支撑为垂直压紧，不得倾斜。

3. 材料在平台上堆放应遵循以下原则：

（1）材料在平台上堆放应尽量采取居中均布方式，操作平稳、无撞击。

（2）集中堆载应保证在平台中心范围内。

（3）严禁在平台悬臂端集中堆载。

伸缩式卸料平台说明				图号	7.2.1
设计	平起飞	制图	平起飞	审核	吕立东

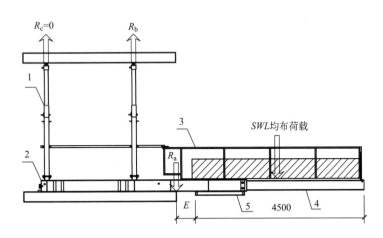

伸缩式卸料平台受力图

1-组合钢支撑；2-固定架；3-护栏；4-移动平台；5-连接桁架。

注：1. R_a指伸缩卸料平台在均布荷载及自重作用下对本层楼板边缘作用力总和。
    2. R_b指伸缩卸料平台在均布荷载及自重作用下近楼板边缘两根立柱支撑对上
       层楼板作用力总和。
    3. R_c远楼板边缘两根立柱支撑对上层楼板作用力总和，受力计算时，不考虑
       对近楼板边缘立柱支撑的有利作用，取值为0。

伸缩式卸料平台对结构作用力(kN)			
工况	对结构作用力	型号	
		2.2m	3.2m
$E=0$ $SWL=5000kg$	R_a	86.95	90.32
	R_b	50.70	52.57
$E=250$ $SWL=4000kg$	R_a	87.77	91.87
	R_b	56.52	59.12
$E=500$ $SWL=3200kg$	R_a	92.56	97.73
	R_b	65.31	69.98
$E=750$ $SWL=25000kg$	R_a	102.19	109.06
	R_b	78.44	83.81

注：以上数值均为平台单侧对楼板作用力。

伸缩式卸料平台受力参数				图号	7.2.2
设计	尹起飞	制图	尹起飞	审核	翟乙东

1. 推出移动平台并将插销插入孔位锁紧。

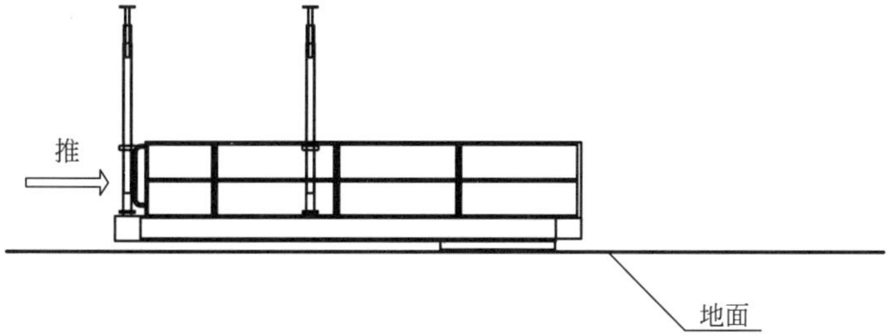

2. 将设备移运至预定的安装位置楼层。

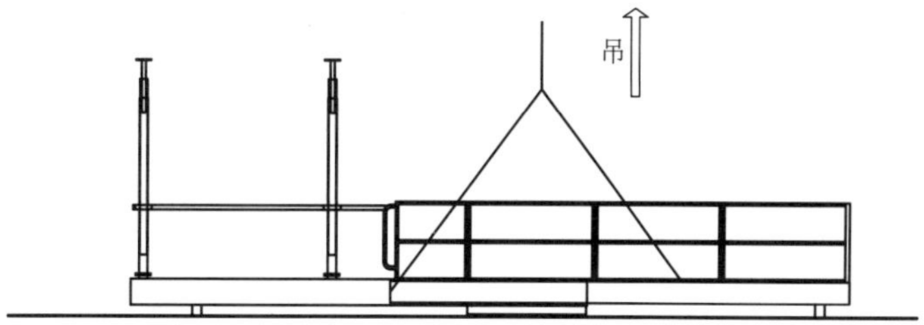

3. 将卸料平台移动到设计位置

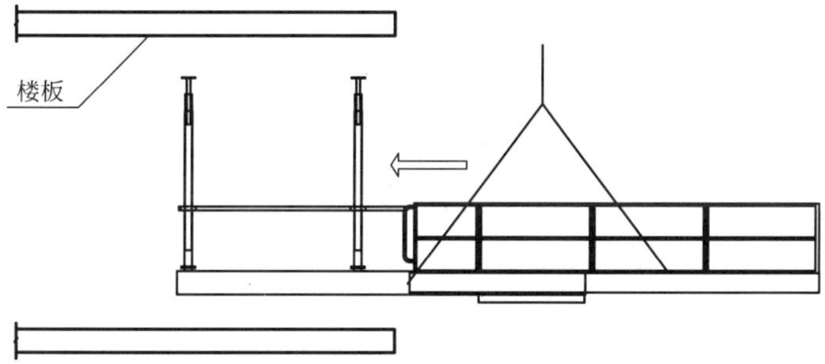

4. 调整支撑使支撑头与上部楼板紧密接触，并压紧。

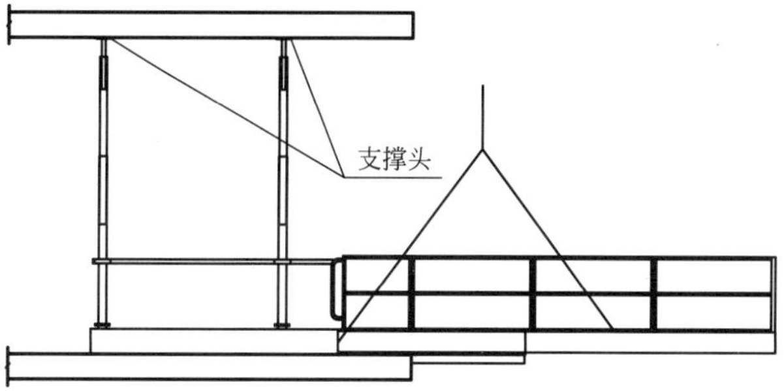

注：所有操作过程起重设备应有辅助保护，各支撑头与楼板压紧后方可松开吊点。

伸缩式卸料平台安装剖面图				图号	7.2.3
设计	尹起龙	制图	尹起龙	审核	[illegible]

7.3 附着式升降卸料平台

一、适用范围

附着式升降卸料平台是一种新型的高层施工物料转运装置，由埋件系统、导轨、斜撑、平台部分、外防护系统、液压系统等组成。

适用于高层、超高层建筑（构筑）物施工，包括核心筒、框架、筒体结构等。

二、技术要求

1. 混凝土强度达到 10MPa 时方可安装。

2. 安装前，施工总承包方组织监理、专业公司等相关方进行技术资料、结构轴线、标高测量定位，预埋件安装位置的检查验收，符合要求后进行安装。

3. 安装完成后，施工总承包方组织监理、专业公司等相关方按照专项方案有要求检查验收后方可投入使用。

三、注意事项

1. 六级以上大风应停止作业。大风前，须检查卸料平台悬臂端拉接状态是否符合要求，大风后，要对卸料平台做全面检查，符合要求后方可使用。冬大卜雪后应清除积雪，并经检查后方可使用。

2. 拆除注意事项

（1）卸料平台的拆除必须经项目生产经理、总工程师签字同意。

（2）满足要求的吊装设备和拆除人员到位。

（3）卸料平台拆除前，工长应向施工人员进行书面安全交底。

（4）卸料平台拆除前应先清理杂物。拆除后，要及时将结构做好临边防护。

（5）卸料平台拆除前，先将进入建筑的通道封闭，并做醒目标识，画出拆除警戒线，严禁人员进入警戒线内。

附着式升降卸料平台说明		图号	7.3.1
设计	古文辉	制图	古文辉	审核	袁小君

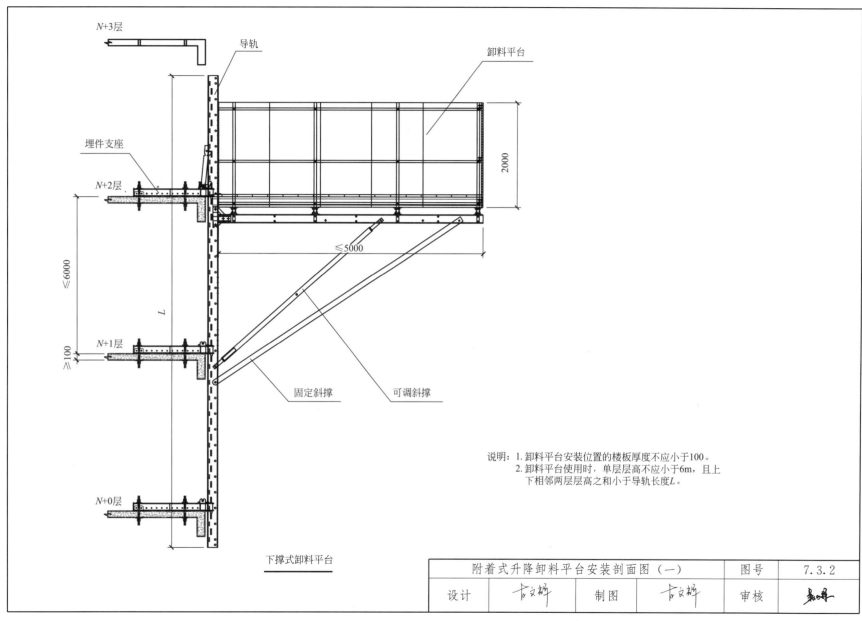

说明：1. 卸料平台安装位置的楼板厚度不应小于100。
2. 卸料平台使用时，单层层高不应小于6m，且上下相邻两层层高之和小于导轨长度L。

附着式升降卸料平台安装剖面图（一）		图号	7.3.2
设计	古文柠	制图 古文柠	审核

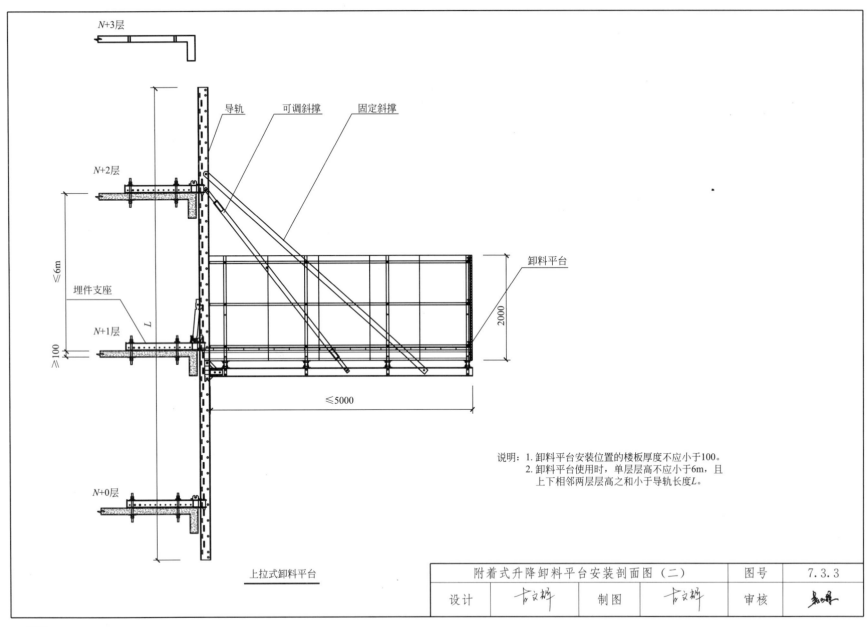

说明：1. 卸料平台安装位置的楼板厚度不应小于100。
2. 卸料平台使用时，单层层高不应小于6m，且上下相邻两层层高之和小于导轨长度L。

上拉式卸料平台

附着式升降卸料平台安装剖面图（二）				图号	7.3.3
设计	古文辉	制图	古文辉	审核	

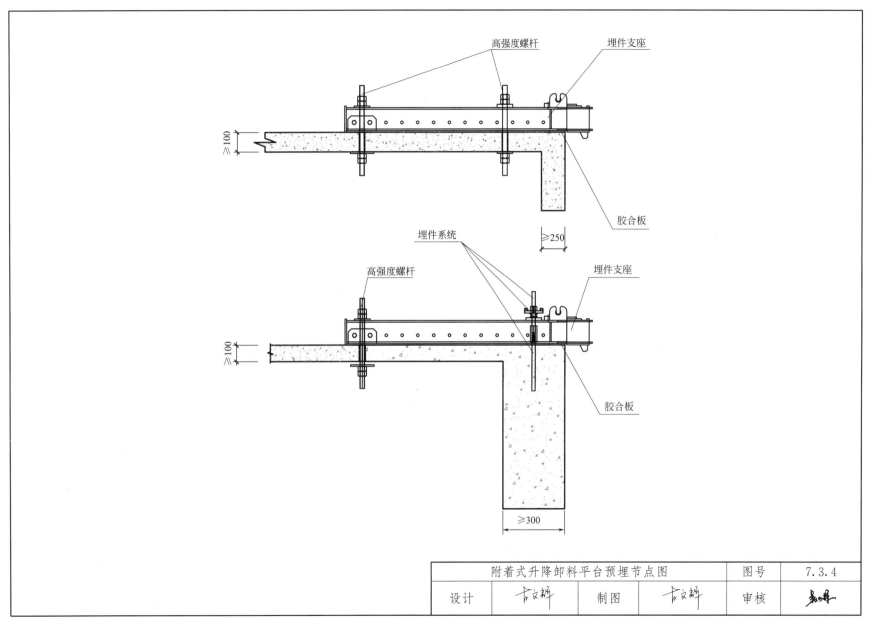

高强度螺杆

埋件支座

≥100

≥250

胶合板

埋件系统

高强度螺杆

埋件支座

≥100

胶合板

≥300

附着式升降卸料平台预埋节点图				图号	7.3.4
设计	古文辉	制图	古文辉	审核	彭旭辉

201

第八章

支撑架

8.1 扣件式钢管支撑架

一、适用范围

适用于剪力墙、框架结构梁板支撑体系的施工。

二、技术要求

1. 扣件式钢管支撑架横杆步距与立杆间距不宜超过《建筑施工扣件式钢管脚手架安全技术规范》JGJ 130—2011 附录 C 表 C-2～表 C-5 规定的上限值,立杆伸出顶层水平杆中心线至支撑点的长度不应超过 0.5m。扣件式支撑架搭设高度不宜超过 30m。

2. 可调支撑、可调底座螺杆伸出长度不宜超过 300,插入杆内的长度不得小于 150。

3. 扣件式支撑架应根据架体的类型设置剪刀撑,并应符合下列规定:

(1) 在架体外侧周边及内部纵、横向每 5～8m,应由底至顶设置竖向剪刀撑,剪刀撑宽度应为 5～8m;

(2) 在竖向剪刀撑顶部交点平面应设置连续水平剪刀撑。当支撑高度超过 8m,或施工总荷载大于 $15kN/m^2$,或集中线荷载超过 $20kN/m$ 的支撑架,扫地杆的设置层应设置水平剪刀撑。水平剪刀撑至架体底平面距离与水平剪刀撑间距不宜超过 8m。

三、注意事项

1. 当扣件式钢管支撑架高宽比大于 2(或 2.5)时,扣件式支撑架应在四周和中部与结构柱进行刚性连接,连墙件水平间距应为 6～9m,竖向间距应为 2～3m。在无结构柱部位应采用预埋钢管等措施与建筑结构进行刚性连接。支撑架高宽比不应大于 3。

2. 满堂支撑架的可调底座、可调支撑螺杆伸出长度不宜超过 300,插入立杆内的长度不得小于 150。

3. 在主节点处固定横向水平杆、纵向水平杆、剪刀撑、横向斜撑等所用的直角扣件、旋转扣件的中心点的相互距离不应小于 150,各杆件端头伸出扣件盖板边缘的长度不应小于 100,对接扣件的开口应朝上或朝内。

4. 扣件螺栓拧紧扭力矩值不应小于 40N·m,且不应大于 65N·m,扣件螺栓拧紧扭力矩值达到 65N·m 时,不得发生破坏。

	扣件式钢管支撑架说明		图号	8.1.1
设计	王凯	制图	王凯	审核 吕豪

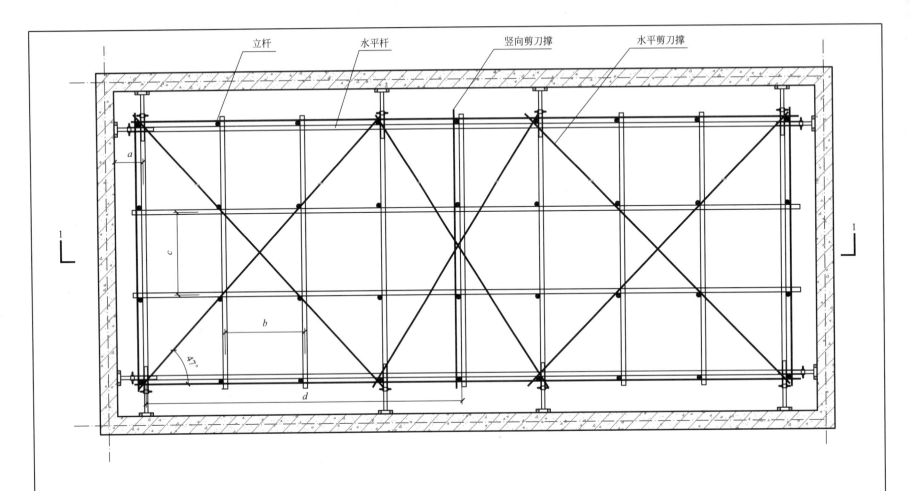

立杆　　　　　水平杆　　　　　竖向剪刀撑　　　　水平剪刀撑

a

c

b

47°

d

注：本图适用于剪力墙结构楼板支撑体系。
　　a为模板支撑架边立杆距已完结构的距离，一般不大于300。
　　b为立杆横向间距，一般为900～1200。
　　c为立杆纵向间距，一般为900～1200。
　　d为水平、竖向剪刀撑宽度，普通型为5～8m，加强型为3～5m。
　　竖向剪刀撑与地面倾角应为45°～60°，水平剪刀撑与支架纵(横)向夹角应为45°～60°。

剪力墙结构楼板支撑平面图		图号	8.1.2
设计	王凯	制图 王凯	审核 吕豪

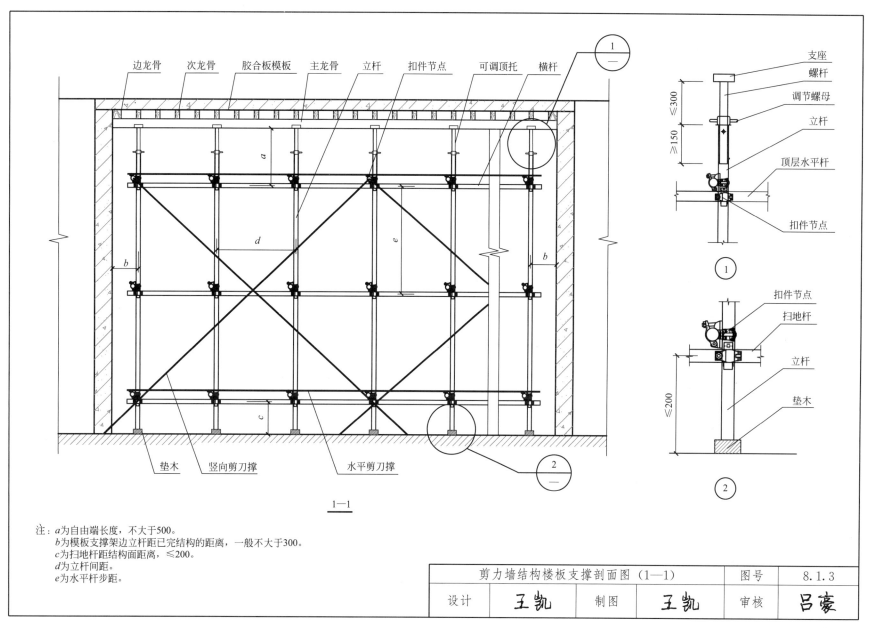

边龙骨　次龙骨　胶合板模板　主龙骨　立杆　扣件节点　可调顶托　横杆

支座
螺杆
调节螺母
立杆
顶层水平杆
扣件节点

①

扣件节点
扫地杆
立杆
垫木

②

a
d
e
b
b
c

≤300
≥150
≤200

垫木　竖向剪刀撑　水平剪刀撑

1—1

注：a为自由端长度，不大于500。
　　b为模板支撑架边立杆距已完结构的距离，一般不大于300。
　　c为扫地杆距结构面距离，≤200。
　　d为立杆间距。
　　e为水平杆步距。

剪力墙结构楼板支撑剖面图（1—1）		图号	8.1.3
设计	王凯	制图	王凯	审核	吕豪

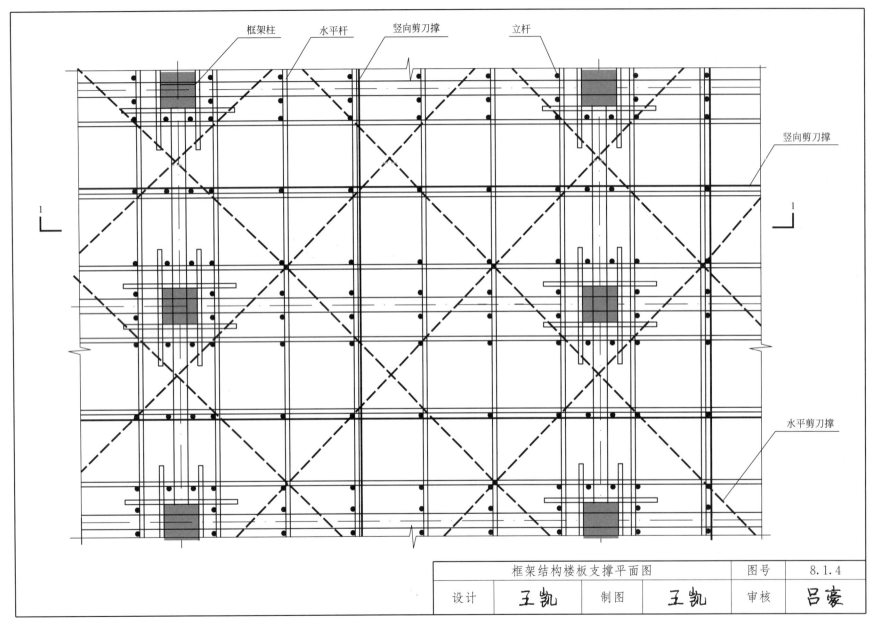

框架柱　　水平杆　　竖向剪刀撑　　立杆

竖向剪刀撑

水平剪刀撑

框架结构楼板支撑平面图			图号	8.1.4
设计	王凯	制图	王凯	审核	吕豪

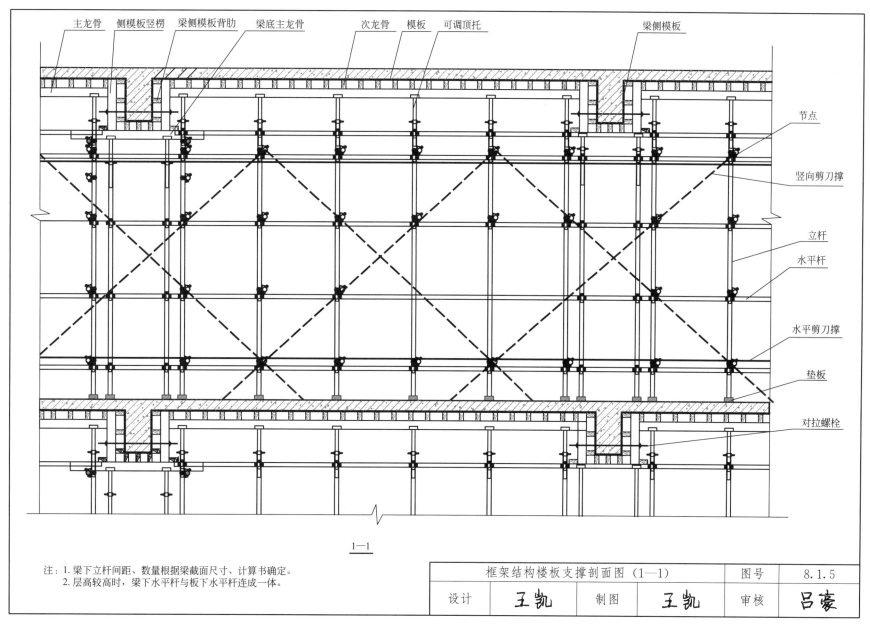

主龙骨　侧模板竖楞　梁侧模板背肋　梁底主龙骨　次龙骨　模板　可调顶托　　梁侧模板

节点

竖向剪刀撑

立杆

水平杆

水平剪刀撑

垫板

对拉螺栓

1—1

注：1. 梁下立杆间距、数量根据梁截面尺寸、计算书确定。
　　2. 层高较高时，梁下水平杆与板下水平杆连成一体。

框架结构楼板支撑剖面图（1—1）		图号	8.1.5
设计	王凯	制图	王凯	审核	吕豪

207

8.2 碗扣式支撑架

一、适用范围

适用于剪力墙、框架结构梁板支撑体系的施工。

二、技术要求

1. 模板支撑架搭设高度不宜超过 30m。

2. 模板支撑架应根据施工荷载进行立杆、水平杆间距设计。

3. 独立的模板支撑架高宽比不得大于 3，当大于 3 时，应将架体超出顶部加载区投影范围向外延伸布置 2～3 跨，将下部架体尺寸扩大。

4. 立杆可调支撑伸出顶层水平杆的悬臂长度不应超过 650，可调支撑和可调底座螺杆插入立杆的长度不得小于 150，伸出立杆长度不宜大于 300。

5. 立杆采用 Q235 级钢管时，立杆间距不应大于 1.5m，水平杆步距不应大于 1.8m；立杆采用 Q345 级钢管时，立杆间距不应大于 1.8m，水平杆步距不应大于 2.0m。

6. 模板支撑架应设置竖向斜撑杆、水平斜撑杆，也可用剪刀撑代替，具体设置方式应符合《建筑施工碗扣式钢管脚手架安全技术规范》JGJ 166—2016 相关要求。

三、注意事项

1. 模板支撑架搭设应与模板施工配合，利用可调底座或可调支撑调整底模标高。

2. 建筑楼板多层连续施工时，应保证上下层支撑立杆在同一轴线上。

3. 模板支撑架应逐层、逐排搭设，每层搭设高度不宜大于 3m。

4. 斜撑杆、剪刀撑、连墙件等加固件应随架体同步搭设，不得滞后安装。

碗扣式支撑架说明			图号		8.2.1
设计	王凯	制图	王凯	审核	吕豪

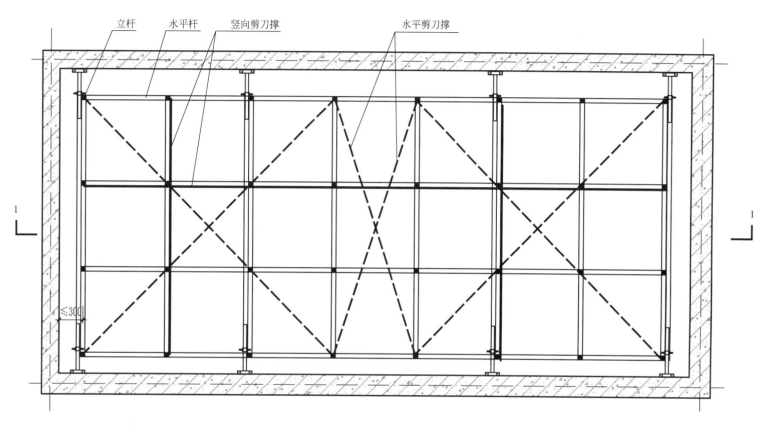

立杆　水平杆　竖向剪刀撑　　水平剪刀撑

≤300

1

1

注：本图适用于剪力墙结构楼板支撑体系。
满足《建筑施工碗扣式钢管脚手架安全技术规范》JGJ 166—2016第6.3.12条情况时，可不搭设剪刀撑。
安全等级为Ⅰ级时，应在架体周边、内部纵向和横向间隔不大于6m设置一道竖向剪刀撑，在架体顶层
水平杆设置层、竖向间隔不大于8m设置一道水平剪刀撑；安全等级为Ⅱ级时，应在架体周边、内部纵
向和横向间隔不大于9m设置一道竖向剪刀撑,在架体顶层水平杆设置层设置一道水平剪刀撑。
竖向剪刀撑、水平剪刀撑应连续设置，宽度宜为6～9m。

剪力墙结构楼板支撑平面图		图号	8.2.2
设计	王凯	制图	王凯	审核	吕豪

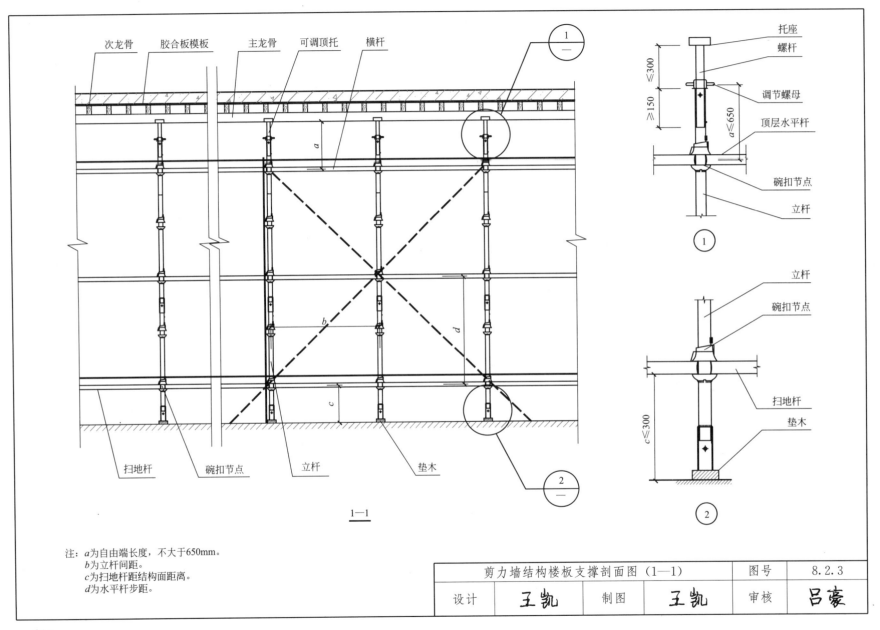

次龙骨　胶合板模板　主龙骨　可调顶托　横杆

托座
螺杆
调节螺母
顶层水平杆
碗扣节点
立杆

≥150　≤300
$a≤650$

①
—

立杆
碗扣节点
扫地杆
垫木

$c≤300$

②
—

a
b
d
c

扫地杆　碗扣节点　立杆　垫木

1—1

①
—

②
—

注：a为自由端长度，不大于650mm。
　　b为立杆间距。
　　c为扫地杆距结构面距离。
　　d为水平杆步距。

剪力墙结构楼板支撑剖面图（1—1）		图号	8.2.3
设计	王凯	制图	王凯	审核	吕豪

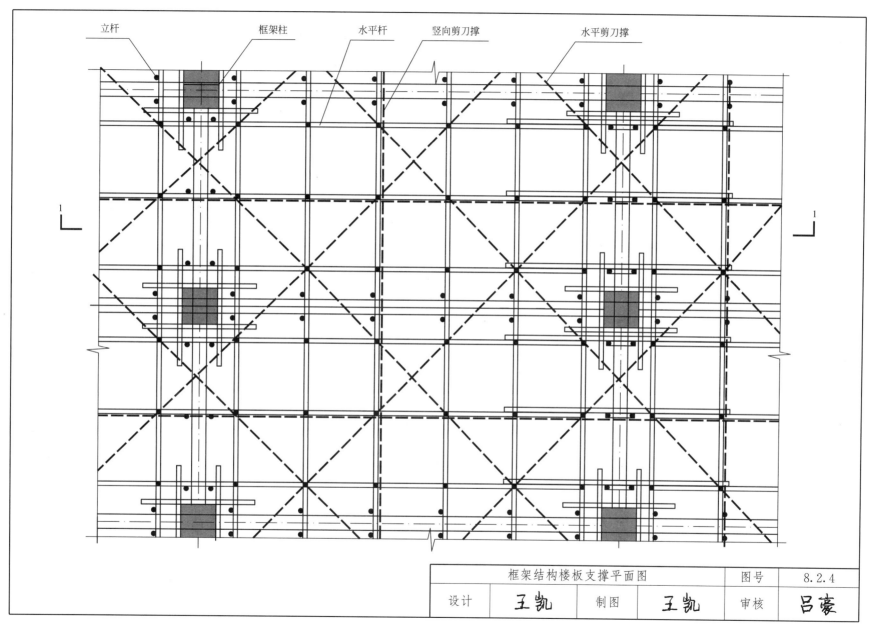

| 立杆 | 框架柱 | 水平杆 | 竖向剪刀撑 | 水平剪刀撑 |

框架结构楼板支撑平面图			图号	8.2.4
设计	王凯	制图	王凯	审核 吕豪

211

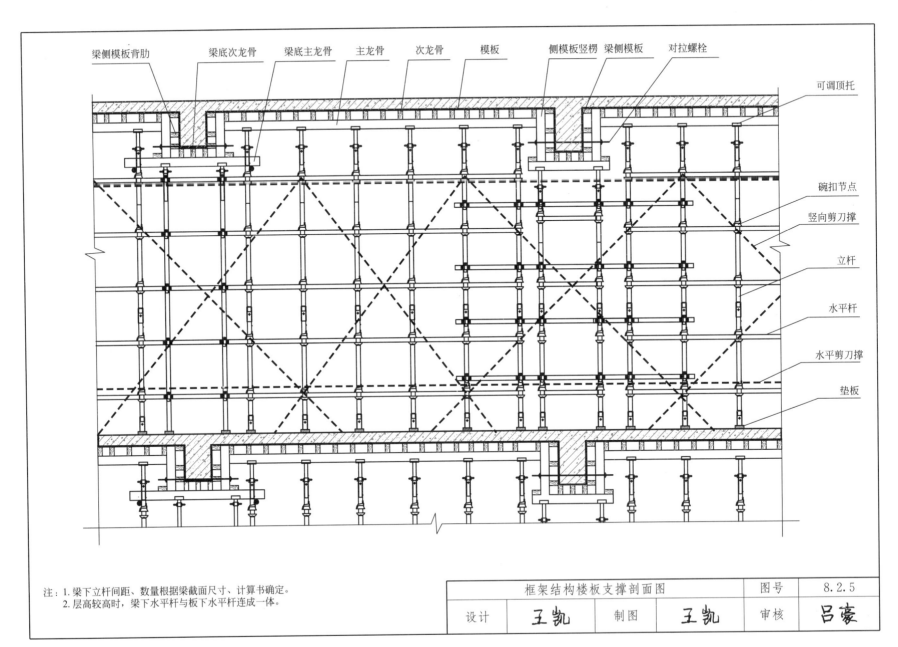

梁侧模板背肋　梁底次龙骨　梁底主龙骨　主龙骨　次龙骨　模板　侧模板竖楞　梁侧模板　对拉螺栓

可调顶托

碗扣节点

竖向剪刀撑

立杆

水平杆

水平剪刀撑

垫板

注：1. 梁下立杆间距、数量根据梁截面尺寸、计算书确定。
　　2. 层高较高时，梁下水平杆与板下水平杆连成一体。

| 框架结构楼板支撑剖面图 | | | 图号 | 8.2.5 |
| 设计 | 王凯 | 制图 | 王凯 | 审核 | 吕豪 |

8.3 键槽式钢管支撑架

一、适用范围

适用于建筑工程和市政工程中模板支撑架和脚手架的施工。

二、注意事项

1. 模板支撑架的搭设高度不宜超过 24m，当超过 24m 时，应另外专门设计。

2. 当搭设高度超过 8m 的满堂模板支撑架时：

（1）支撑架架体四周外立面竖向斜杆应满布设置，并应在架体内部区域有不超过 5 跨的由底至顶纵、横向均应设置的竖向斜杆，水平杆的步距不得大于 1500，沿高度每隔 4 个标准步距或不超过 8m 应设置水平斜杆。周边有结构物时，应与周边结构形成可靠拉接。

（2）当模板支撑架搭设成无侧向拉接的独立塔状支撑架时，架体每个侧面每步距应设竖向斜杆。在顶层、底层及每隔 3～4 个步距增设水平斜杆。

	键槽式钢管支撑架说明		图号	8.3.1
设计	佴树杰	制图	王衷	审核	刘卫专

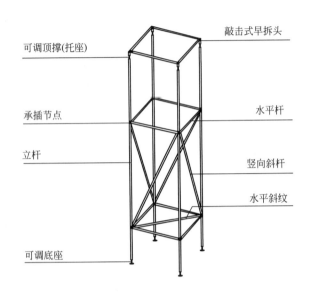

可调顶撑(托座)

敲击式早拆头

承插节点

水平杆

立杆

竖向斜杆

水平斜纹

可调底座

承插型键槽式模板支架

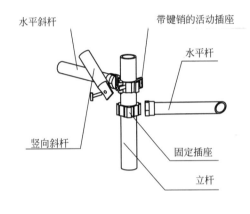

水平斜杆

带键销的活动插座

水平杆

竖向斜杆

固定插座

立杆

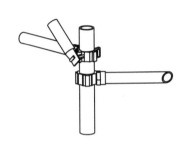

键槽节点

注：固定插座与立杆连接的抗剪极限承载力不应低于105kN；插座与插头连接的抗拉极限承
载力不应低于50kN，插座与接头连接的抗压极限承载力不应低于100kN。

键槽式钢管支撑架节点构成示意图		图号	8.3.2
设计　仍林杰	制图　王爽	审核	刘卫专

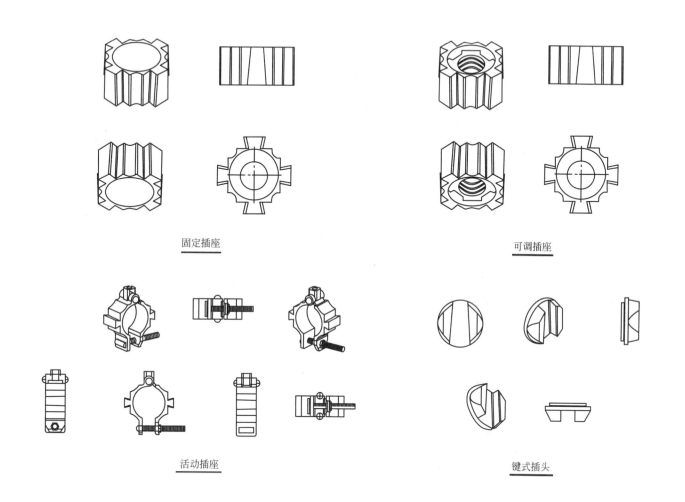

固定插座

可调插座

活动插座

键式插头

键槽式钢管支撑架插座及插头示意图		图号	8.3.3
设计	制图	审核	

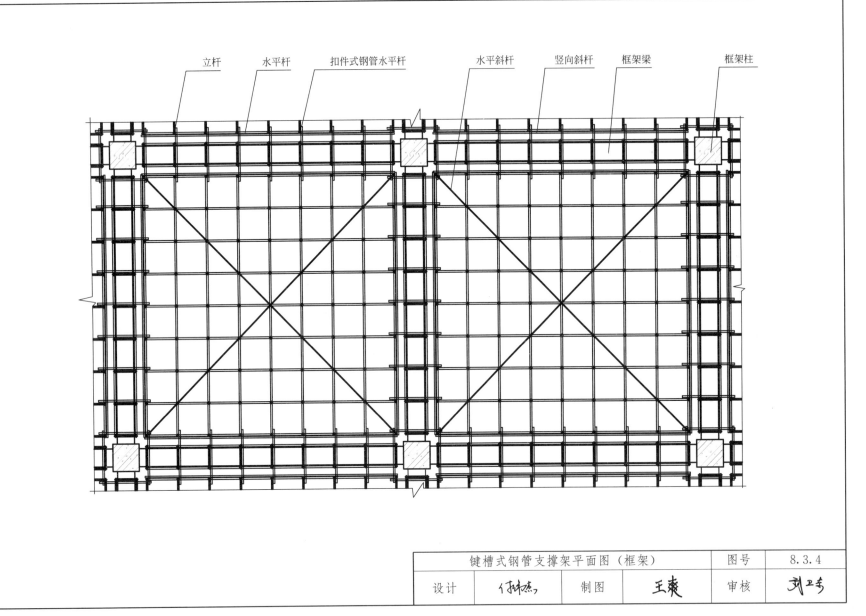

立杆　水平杆　扣件式钢管水平杆　水平斜杆　竖向斜杆　框架梁　框架柱

键槽式钢管支撑架平面图（框架）	图号	8.3.4
设计	制图	审核

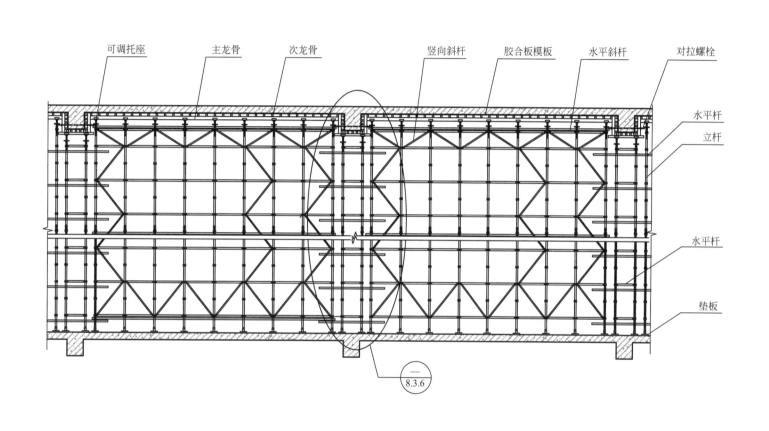

可调托座　　主龙骨　　次龙骨　　竖向斜杆　　胶合板模板　　水平斜杆　　对拉螺栓

水平杆

立杆

水平杆

垫板

一
8.3.6

键槽式钢管支撑架立面图（框架）	图号	8.3.5
设计　伊拱杰　制图　王爽　审核　刘工号		

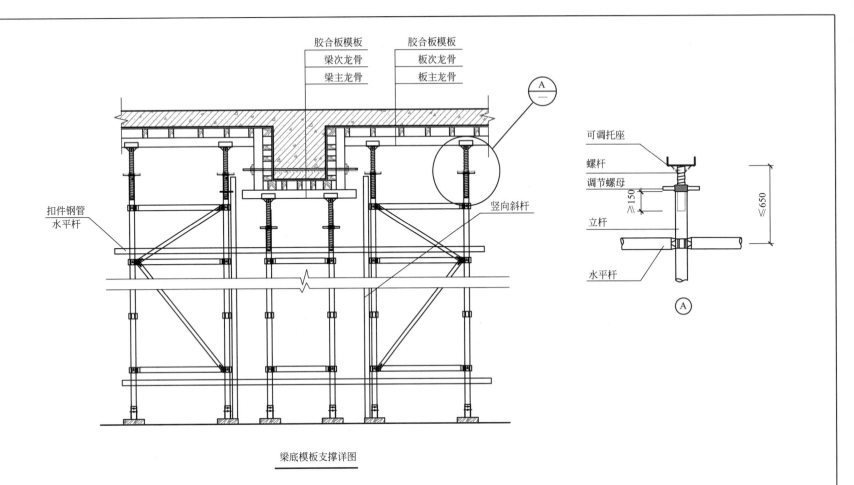

胶合板模板　胶合板模板
梁次龙骨　板次龙骨
梁主龙骨　板主龙骨

A

扣件钢管
水平杆

竖向斜杆

可调托座

螺杆

调节螺母

≥150

立杆

≤650

水平杆

A

梁底模板支撑详图

注：1. 可调托座伸出顶层水平杆的自由长度不超过650，且丝杆外露长度不
得超过300，可调托座插入立杆长度不得小于150。
2. 模板支撑架可调底座调节丝杆外露长度不应大于300，作为扫地杆的
最底层水平杆离地高度不应大于550。

键槽式钢管梁底模板支撑架详图（框架）		图号	8.3.6
设计	制图	审核	

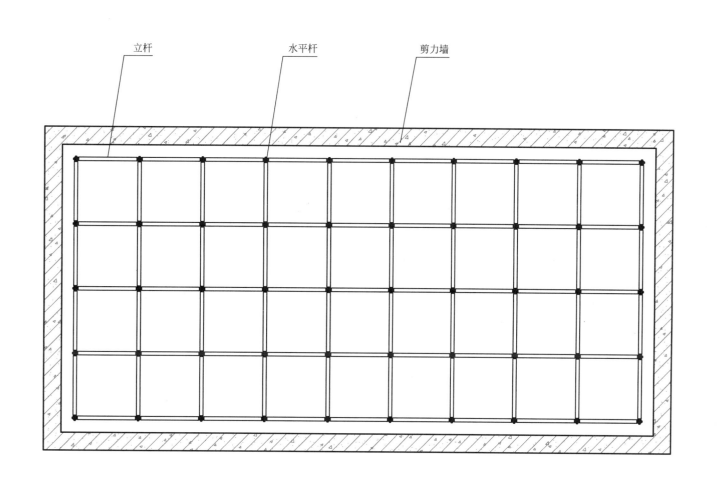

| 立杆 | 水平杆 | 剪力墙 |

键槽式钢管支撑架平面图（剪力墙）		图号	8.3.7
设计	们柯杰	制图	王爽	审核	刘卫号

可调托座　　主龙骨　　次龙骨　　竖向斜杆　　胶合板模板　　水平杆　　立杆

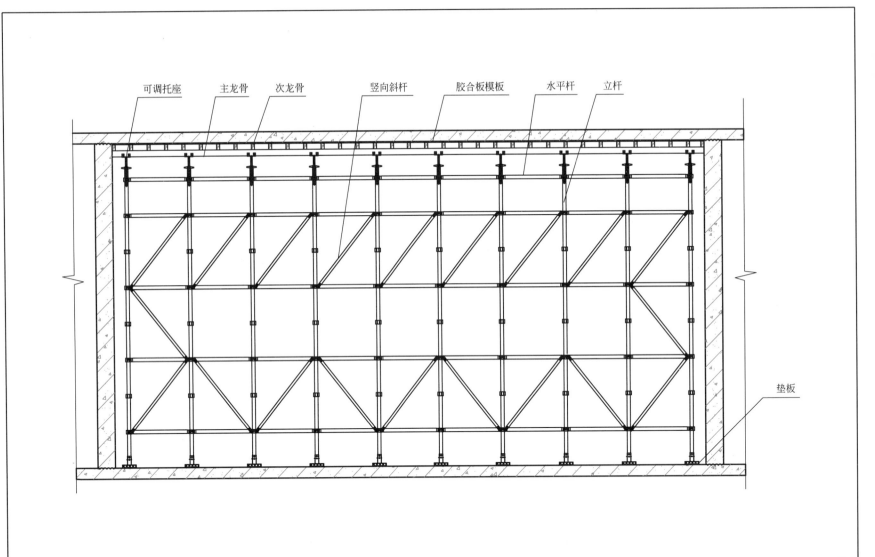

垫板

键槽式钢管支撑架立面图（剪力墙）			图号	8.3.8
设计	付林杰	制图	王爽	审核 刘卫争

8.4 轮扣式钢管支撑架

一、适用范围

适用于建筑工程和市政工程等施工中模板支撑架和脚手架的施工。

二、注意事项

1. 模板支撑架的搭设高度不宜超过 24m，当超过 24m 时，应另外专门设计。

2. 当搭设高度超过 8m 的满堂模板支撑架时

（1）高大模板支撑系统应有专门设计，并应在中间纵横向每隔4～6m设置由下至上的连续竖向轮扣式钢管剪刀撑或扣件式钢管剪刀撑，同时四周设置由下至上的连续竖向轮扣式钢管剪刀撑或扣件式钢管剪刀撑，并在顶层、底层及中间层每隔4个步距设置扣件式钢管水平剪刀撑等整体稳定措施；重荷载梁应在梁两外侧设置竖向连续交叉剪刀撑。

（2）当架体高度大于 8m 时，高大模板支撑系统的顶层横杆步距宜比中间标准步距缩小一个轮扣间距，当架体高度大于 20 时，顶层两步横杆均宜缩小一个轮扣间距。

（3）高支模的水平拉杆应按水平间距 6～9m，竖向每隔 2～3m 与周边结构墙柱、梁采取抱箍、顶紧等措施，加强抗倾覆能力。

轮扣式钢管支撑架说明			图号	8.4.1
设计	施工师	制图	敏艳	审核	刘卫华

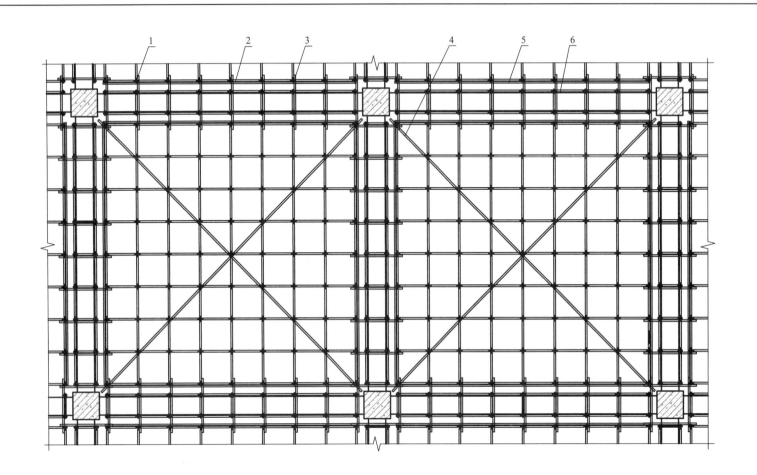

注：1-立杆；2-水平杆；3-扣件式钢管水平杆；4-水平扣件式钢管剪刀撑；
　　5-竖向轮扣式钢管剪刀撑或扣件式钢管剪刀撑；6-框架梁。

轮扣式钢管支撑架平面图				图号	8.4.2
设计	张小伟	制图	敬超红	审核	刘卫专

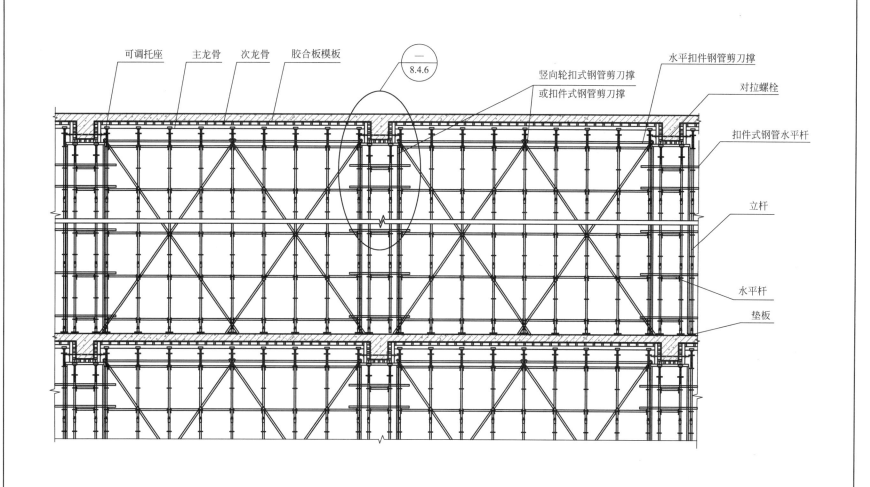

可调托座　主龙骨　次龙骨　胶合板模板

$\dfrac{一}{8.4.6}$

竖向轮扣式钢管剪刀撑
或扣件式钢管剪刀撑

水平扣件钢管剪刀撑

对拉螺栓

扣件式钢管水平杆

立杆

水平杆

垫板

轮扣式钢管支撑架立面图		图号	8.4.3
设计	制图	审核	

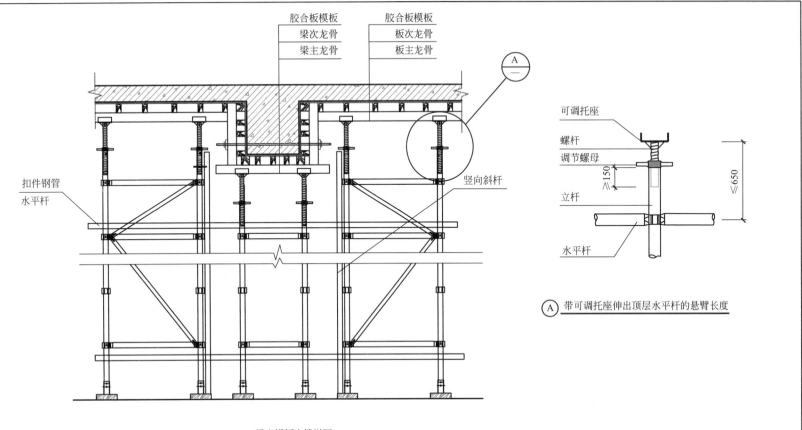

梁底模板支撑详图

注：1. 同一区域的立杆纵向间距应成倍数关系，并按照先主梁、再次梁、后楼板的顺序排列，使梁板架体通过横杆纵
　　　横拉接形成整体，模数不匹配位置应确保横杆两侧延伸至少扣接两个轮扣立杆。
　　2. 梁板支撑架的纵横向横杆应拉通设置，当梁板下支撑立杆的间距尺寸与横杆长度模数不匹配时，应增设扣件式
　　　钢管立杆及横杆，将梁板支撑架连成整体。
　　3. 模板支撑架立杆顶层横杆至模板支撑点的高度不应大于650，丝杆外露长度不应大于300，可调支撑插入立杆长
　　　度不应小于150。
　　4. 模板支撑架可调底座调节丝杆外露长度不宜大于200，底层横杆离地高度不应大于500。
　　5. 应设置纵向和横向扫地杆，且扫地杆高度不宜超过550。

梁底模板支撑架详图		图号		8.4.4
设计	张小伟	制图	敬春红	审核	刘卫专

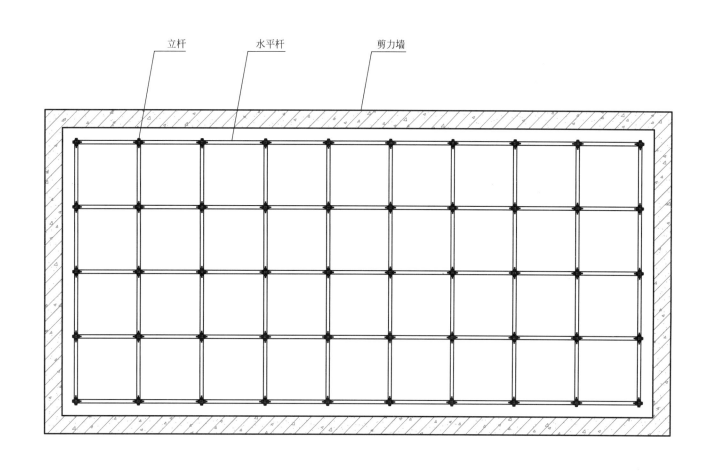

立杆　　　水平杆　　　剪力墙

| 轮扣式钢管支撑架平面图（剪力墙） | | | 图号 | | 8.4.5 |
| 设计 | 张小东 | 制图 | 胡秋艳 | 审核 | 刘工号 |

225

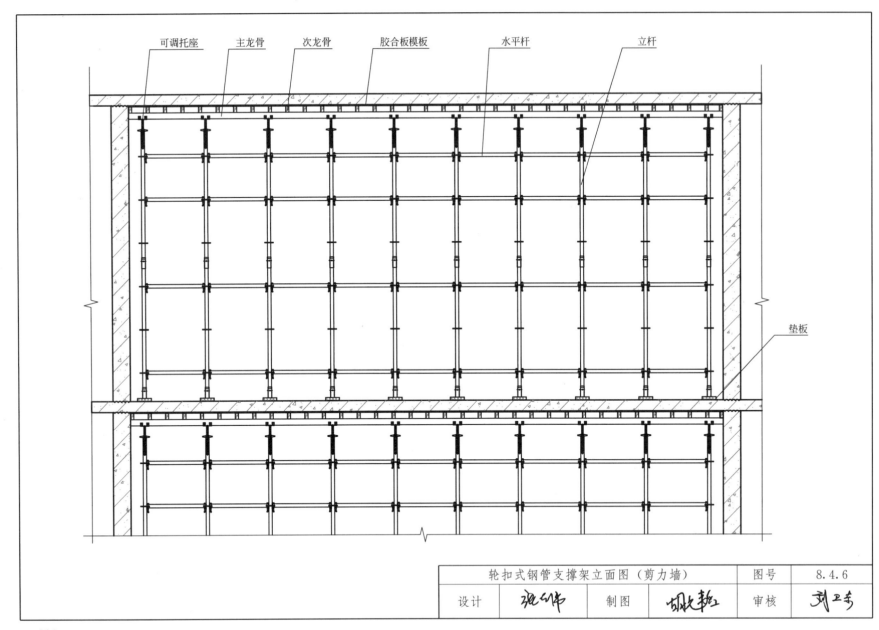

可调托座　主龙骨　次龙骨　胶合板模板　水平杆　立杆

垫板

轮扣式钢管支撑架立面图（剪力墙）				图号	8.4.6
设计		制图		审核	

8.5 盘扣式钢管支撑架

一、适用范围

适用于建筑工程和市政工程等施工中模板支撑架和脚手架的施工。

二、注意事项

1. 高大模板支撑架顶层的水平杆步距应比标准步距缩小一个盘扣间距。

2. 模板支撑架可调底座调切丝杆外露长度不应大于300，作为扫地杆的底层水平杆离地高度不应大于550。当单肢立杆荷载设计值不大于40kN时，底层的水平杆步距可按标准步距设置，且应设置竖向斜杆，当单肢立杆荷载设计值大于40kN时，底层的水平杆应比标准步距缩小一个盘扣间距，且应设置竖向斜杆。

3. 模板支撑架宜与周围已建成的结构进行可靠连接。

盘扣式钢管支撑架说明				图号	8.5.1
设计	韦荷霖	制图	玉海跃	审核	刘工专

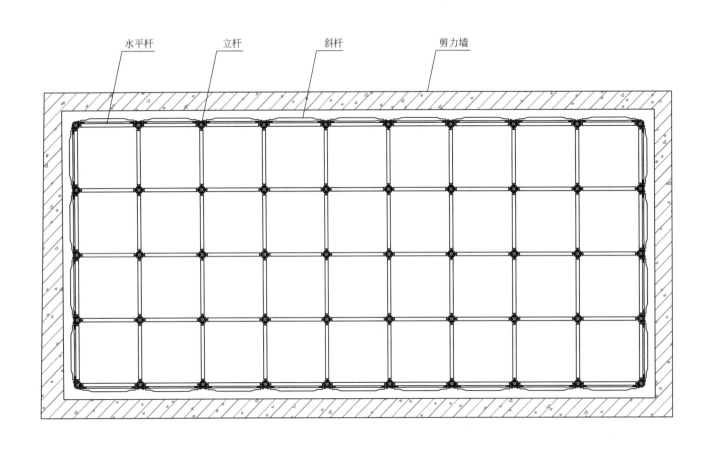

水平杆　　　　立杆　　　　斜杆　　　　剪力墙

盘扣钢管支撑架平面图（剪力墙）			图号	8.5.2
设计	苏前磊	制图	王海跃	审核	刘工专

228

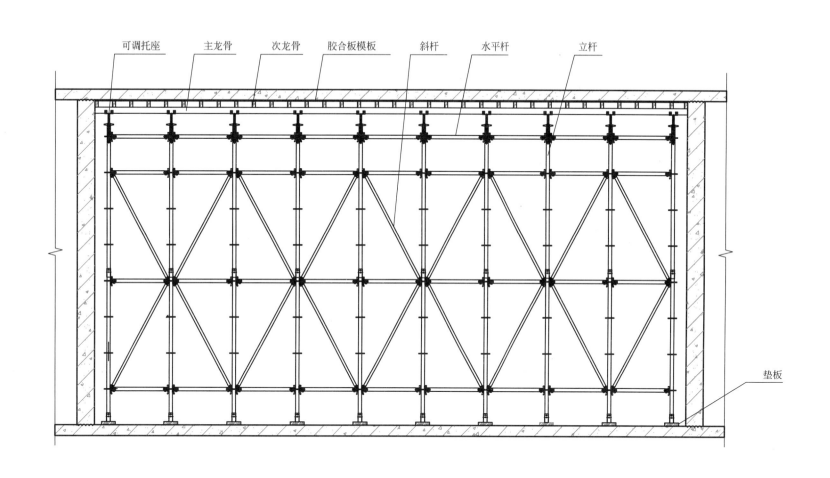

可调托座　主龙骨　次龙骨　胶合板模板　斜杆　水平杆　立杆

垫板

盘扣钢管支撑架立面图（剪力墙）				图号	8.5.3
设计	苏丽雅	制图	玉海跃	审核	武卫专

229

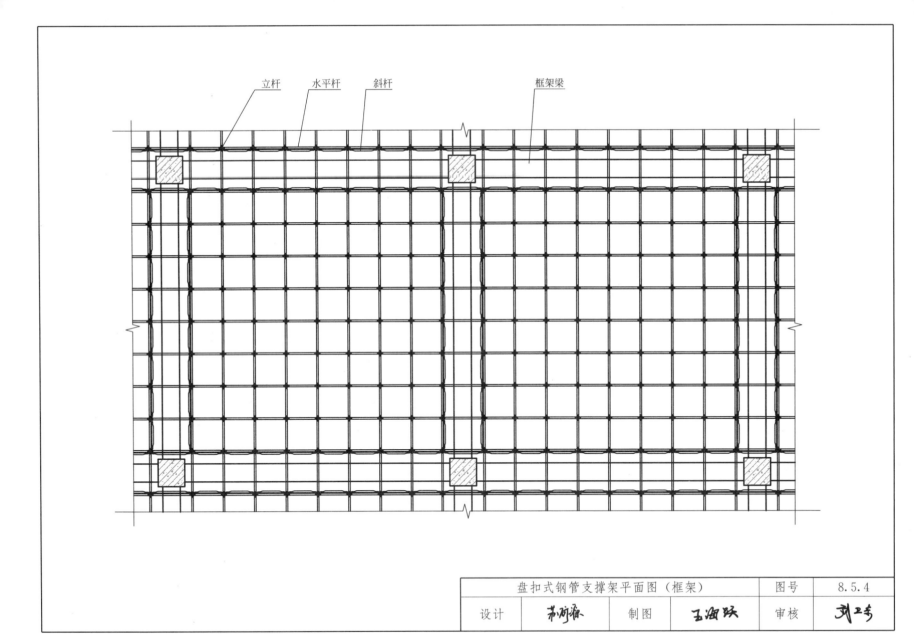

立杆　水平杆　斜杆　框架梁

盘扣式钢管支撑架平面图（框架）		图号	8.5.4
设计	制图	审核	

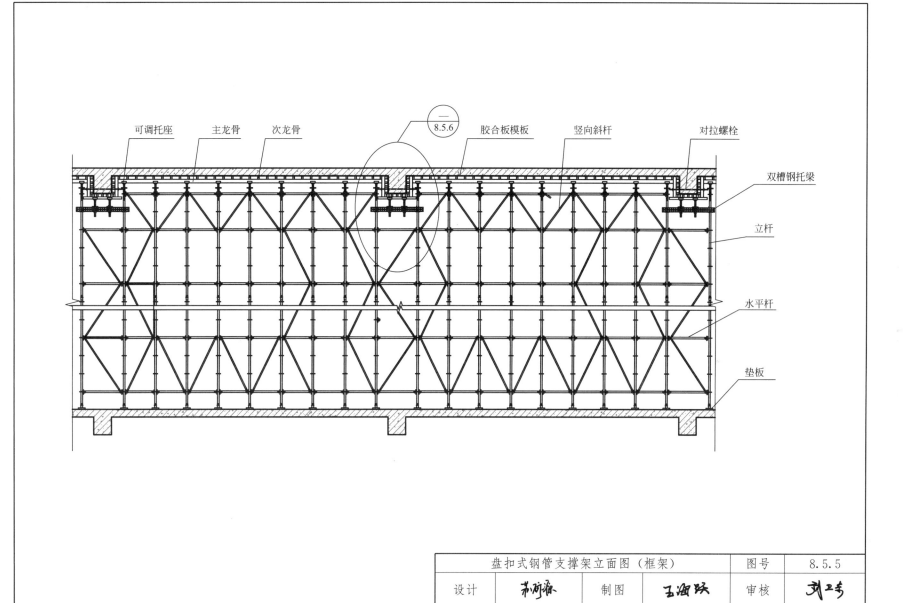

可调托座　　主龙骨　　次龙骨　　$\dfrac{一}{8.5.6}$　　胶合板模板　　竖向斜杆　　对拉螺栓

双槽钢托梁

立杆

水平杆

垫板

盘扣式钢管支撑架立面图（框架）		图号	8.5.5
设计	制图	审核	

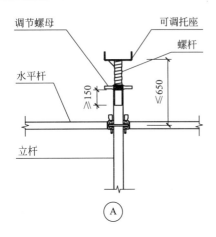

（A）

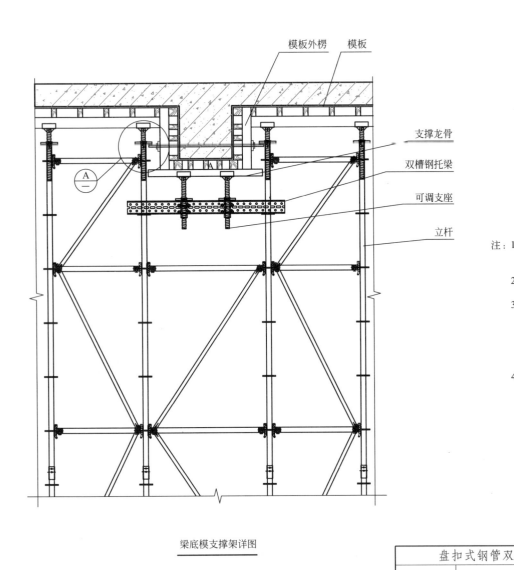

梁底模支撑架详图

注：1. 模板支撑架可调托座伸出顶层水平杆或双槽钢托梁的悬臂长度严禁超过650，且丝杆外露长度严禁超过400，可调托座插入立杆或双槽钢托梁长度不得小于150。
2. 高大模板支撑架顶层的水平杆步距应比标准步距缩小一个盘扣间距。
3. 模板支撑架可调底座调切丝杆外露长度不应大于300，作为扫地杆的底层水平杆离地高度不应大于550。当单肢立杆荷载设计值不大于40kN时，底层的水平杆步距可按标准步距设置，且应设置竖向斜杆，当单肢立杆荷载设计值大于40kN时，底层的水平杆应比标准步距缩小一个盘扣间距，且应设置竖向斜杆。
4. 模板支撑架宜与周围已建成的结构进行可靠连接。

盘扣式钢管双槽钢梁底支撑图（框架）		图号	8.5.6
设计	制图	审核	

8.6 三角架悬挑支撑架

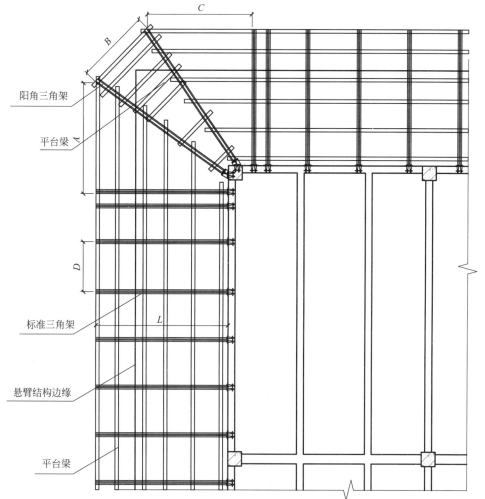

阳角三角架

平台梁

标准三角架

悬臂结构边缘

平台梁

说明：1. 图中 A、B、C、D 应根据计算确定。
2. 三角架悬臂长度 L 应满足结构施工操作安全防护的要求。
3. 悬挑支撑架的锚固处的混凝土强度 $\geqslant$15MPa。

三角架悬挑支撑架平面布置图				图号		8.6.1
设计	张凯	制图	张凯	审核	高城娟	

233

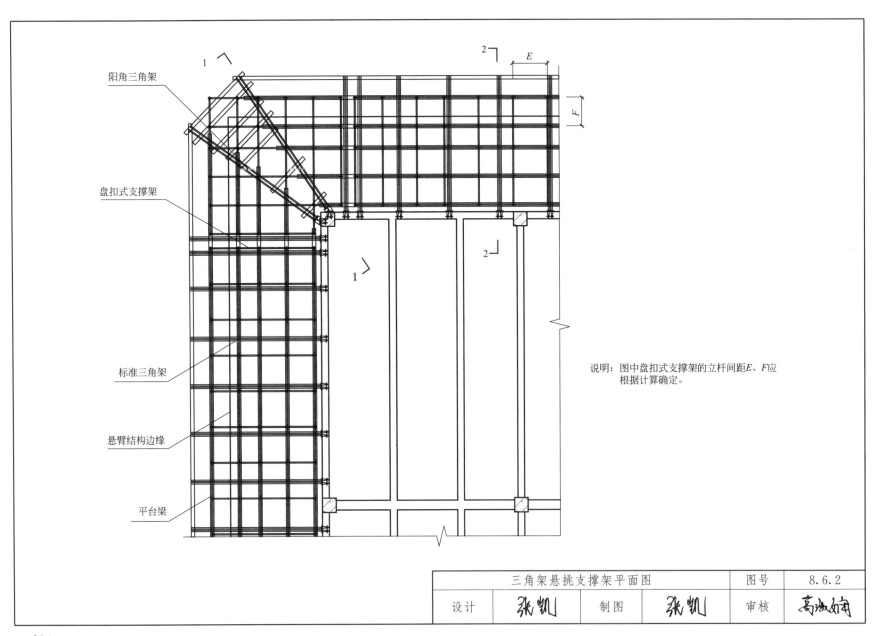

阳角三角架

盘扣式支撑架

标准三角架

悬臂结构边缘

平台梁

说明：图中盘扣式支撑架的立杆间距E、F应
根据计算确定。

三角架悬挑支撑架平面图		图号	8.6.2
设计	张凯	制图	张凯	审核	高淑如

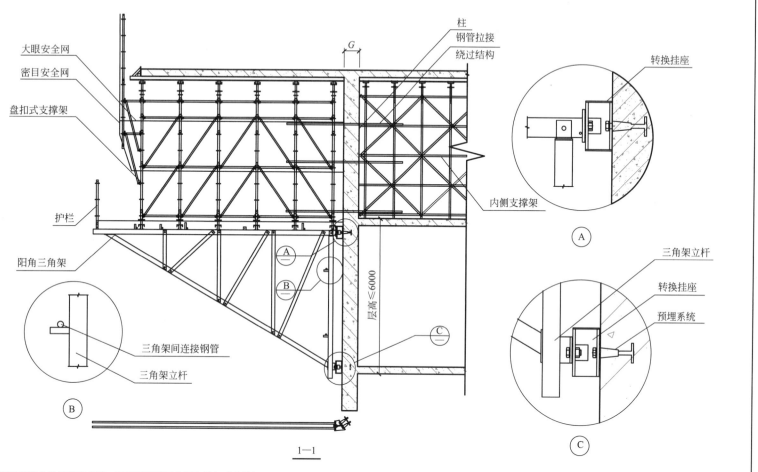

大眼安全网
密目安全网
盘扣式支撑架
护栏
阳角三角架
三角架间连接钢管
三角架立杆
B

柱
钢管拉接
绕过结构
内侧支撑架
层高≤6000

转换挂座
A

三角架立杆
转换挂座
预埋系统
C

A
B
C

1—1

注：1. 本图适用于高空大悬挑结构支架，可采用型钢三角架和盘扣式支撑架。
　　2. 型钢三角架应进行专业设计。
　　3. 盘扣式支撑架应与内侧支撑架进行可靠拉接。
　　4. 阳角结构柱尺寸(边长G)不小于500×500。

三角架悬挑支撑架剖面图（1—1）	图号	8.6.3
设计　张凯	制图　张凯	审核　高海旬

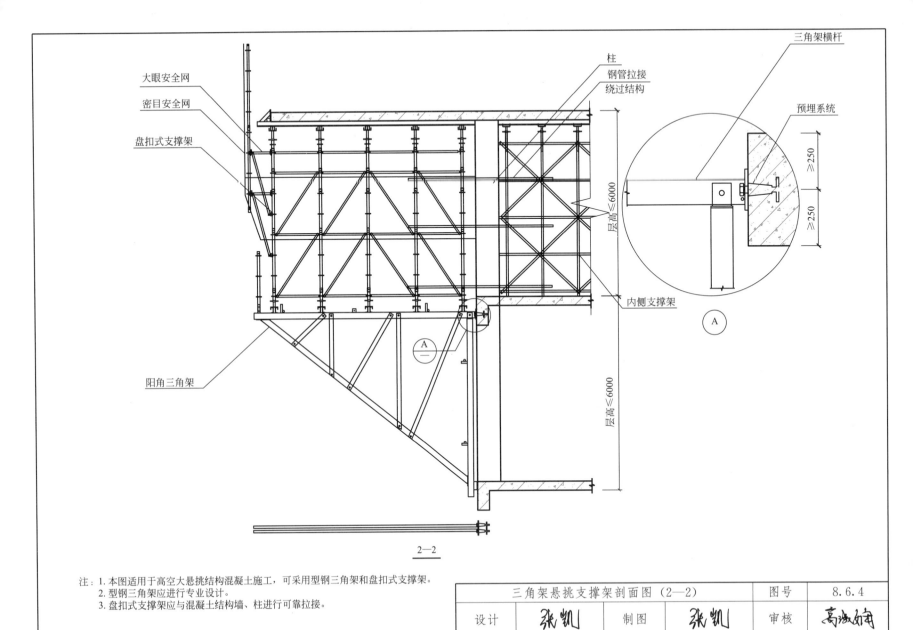

大眼安全网

密目安全网

盘扣式支撑架

阳角三角架

柱

钢管拉接
绕过结构

三角架横杆

预埋系统

≥250

≥250

层高≤6000

内侧支撑架

A

A
二

层高≤6000

2—2

注：1. 本图适用于高空大悬挑结构混凝土施工，可采用型钢三角架和盘扣式支撑架。
2. 型钢三角架应进行专业设计。
3. 盘扣式支撑架应与混凝土结构墙、柱进行可靠拉接。

三角架悬挑支撑架剖面图（2—2）

图号 8.6.4

设计 张凯 制图 张凯 审核 高海宇

8.7 异形三角架悬挑支撑架

三角架1

结构边缘

加固钢梁

次平台梁

主平台梁

待浇筑楼板边缘

三角架2

楼板边缘

钢牛腿

结构边缘

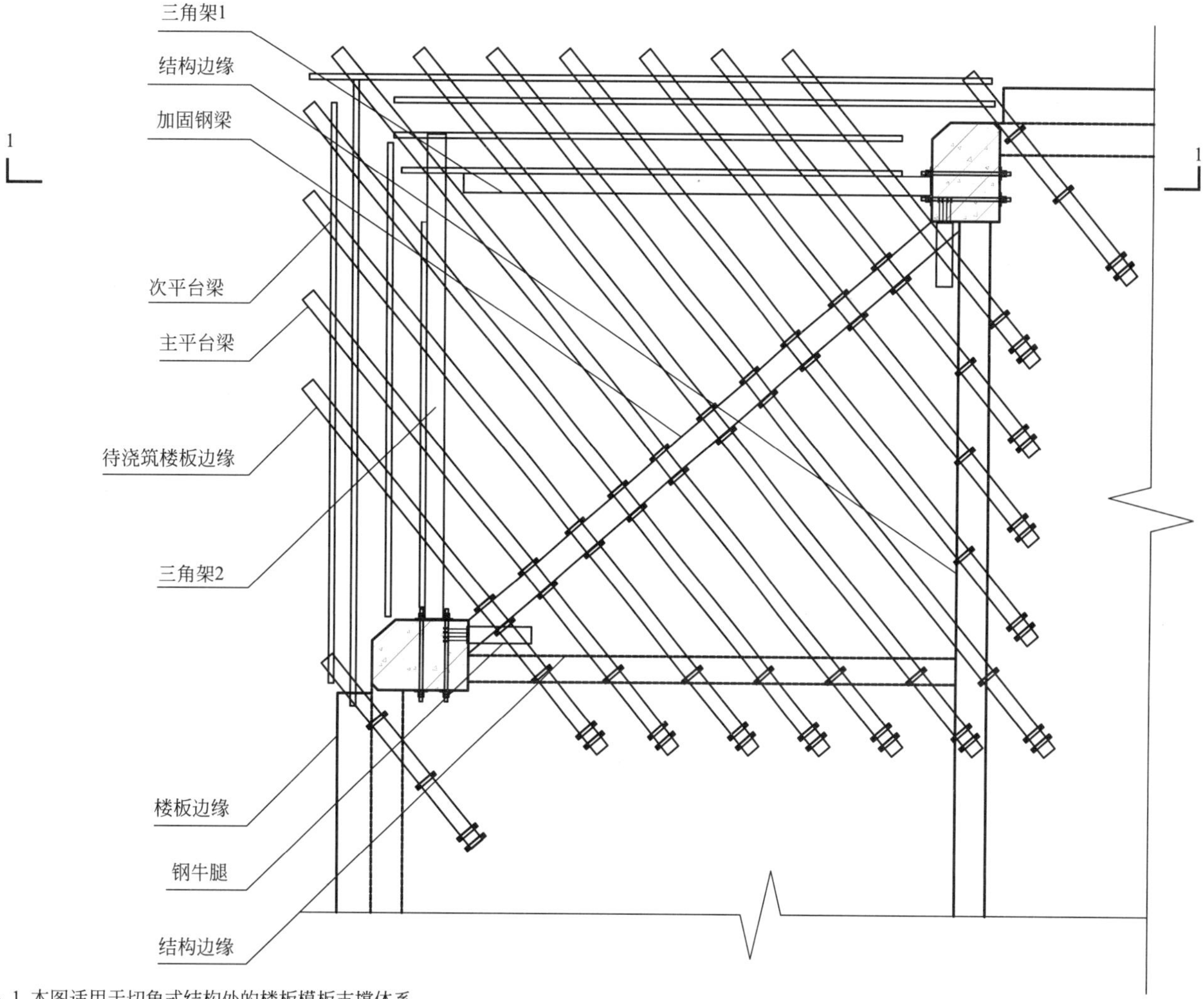

注：1. 本图适用于切角式结构处的楼板模板支撑体系。
2. 两榀三角架分别锚固在结构柱上。
3. 主平台梁固定在三角架、加固钢梁、结构楼板上。
4. 主平台梁的截面尺寸、间距根据计算确定。

异形三角架悬挑支撑架平面图				图号	8.7.1
设计	张凯	制图	张凯	审核	高海如

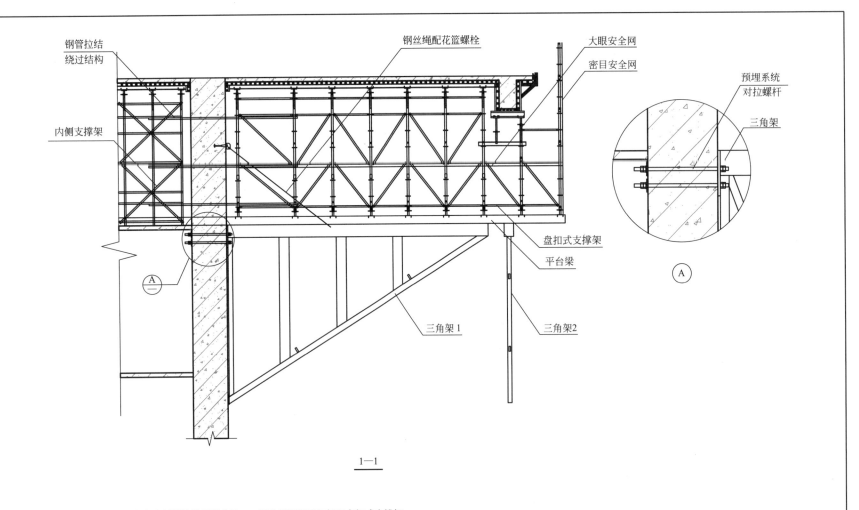

钢管拉结绕过结构

内侧支撑架

钢丝绳配花篮螺栓

大眼安全网

密目安全网

预埋系统对拉螺杆

三角架

盘扣式支撑架

平台梁

三角架1

三角架2

Ⓐ

1—1

注：1. 本图适用于高空大悬挑结构混凝土施工，可采用型钢三角架和盘扣式支撑架。
　　2. 型钢三角架应进行专业设计。
　　3. 盘扣式支撑架应与内侧支撑架进行可靠拉接。

异形三角架悬挑支撑架剖面图（1—1）		图号	8.7.2
设计	张凯	制图 张凯	审核 高海如甬

238

第九章

异形结构模架

9.1 斜梁模架

一、适用范围

适用于梁高 1000～3000，梁宽 500～1000 的看台斜梁。

二、技术要求

1. 踏步式斜梁，梁上安装预制看台板。

2. 梁端部分架体与已完结构需设置有效拉接。宜采用刚性拉接的竖向构件水平拉接，或采用斜拉方式与水平构件拉接。梁端模板应与已浇筑完成构件进行水平刚性拉接。

3. 梁身模板螺栓孔设置宜预先排列，在保证受力合理的前提下，应规则布置，保证结构的美观。

4. 立杆下端与结构之间应设置垫板。

5. 梁侧模板宜采用 15～18 厚木胶合板作为面板，竖背楞选用 50×100 方木，横背楞可采用双钢管或方钢管。背楞、对拉螺栓的直径、间距根据梁高计算确定。

6. 梁底模板宜采用 15～18 厚木胶合板作为面板，次龙骨选用 50×100 方木，主龙骨可选用方木、槽钢等。构件的型号根据梁的截面尺寸、支撑杆的间距以及相邻构件的间距确定。

7. 支撑体系应控制高宽比，高宽比不宜大于 2∶1，当高宽比超过 2∶1 时，可设置辅助支撑增加架体的宽度。

	斜梁模架说明	图号	9.1.1
设计	制图	审核	

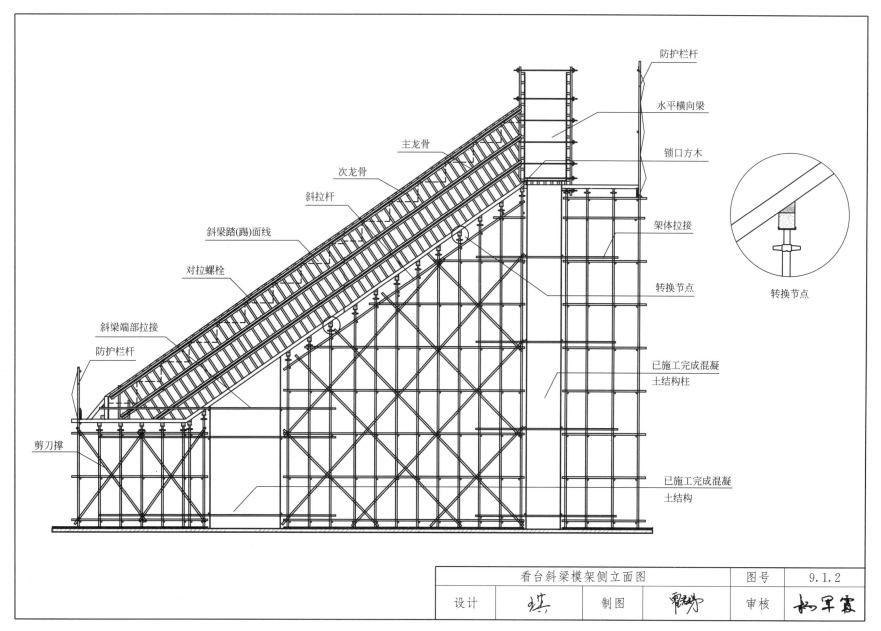

防护栏杆

水平横向梁

锁口方木

主龙骨

次龙骨

斜拉杆

架体拉接

斜梁踏(踢)面线

转换节点

对拉螺栓

转换节点

斜梁端部拉接

已施工完成混凝土结构柱

防护栏杆

剪刀撑

已施工完成混凝土结构

看台斜梁模架侧立面图		图号	9.1.2
设计	制图	审核	

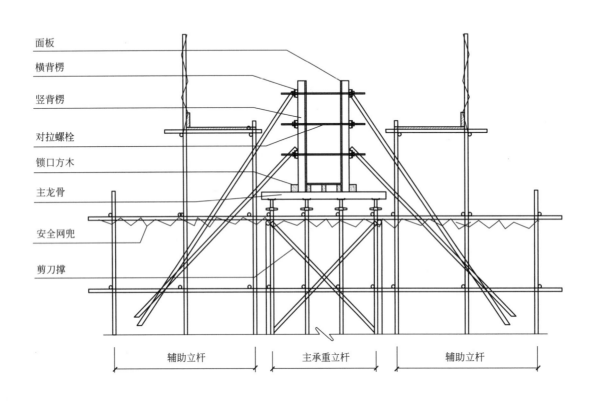

面板

横背楞

竖背楞

对拉螺栓

锁口方木

主龙骨

安全网兜

剪刀撑

| 辅助立杆 | 主承重立杆 | 辅助立杆 |

看台斜梁模架剖面图	图号	9.1.3
设计	制图	审核

9.2 斜柱模架

一、适用范围

　　1. 斜柱模架板体系用于截面为长方形的直柱、斜柱。

　　2. 斜柱模架面板由标准板和非标准板组成，根据柱的倾斜角度和旋转角度不同，制作不同的非标准板块，与标准板组合成柱模板体系，标准板可周转使用。

二、技术要求

　　1. 斜柱模架体系中，面板采用优质木胶合板，背楞是由方钢管加工而成的组合钢框、工程木、工字钢、槽钢等材料，柱箍宜采用双槽钢。

　　2. 斜柱的支撑杆需根据斜柱倾斜角度、高度、截面尺寸进行计算确定，支撑杆数量不宜过多但应保证同时受力，不应出现单杆应力过大的现象。

斜柱模架说明				图号	9.2.1
设计	飘泊	制图	飘泊	审核	初军霞

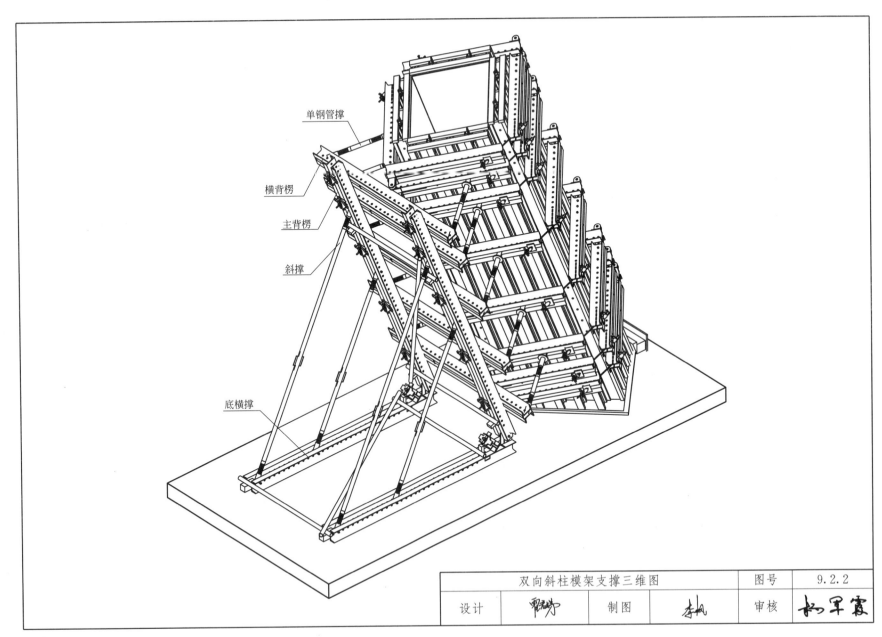

单钢管撑

横背楞

主背楞

斜撑

底横撑

双向斜柱模架支撑三维图			图号	9.2.2
设计		制图	审核	

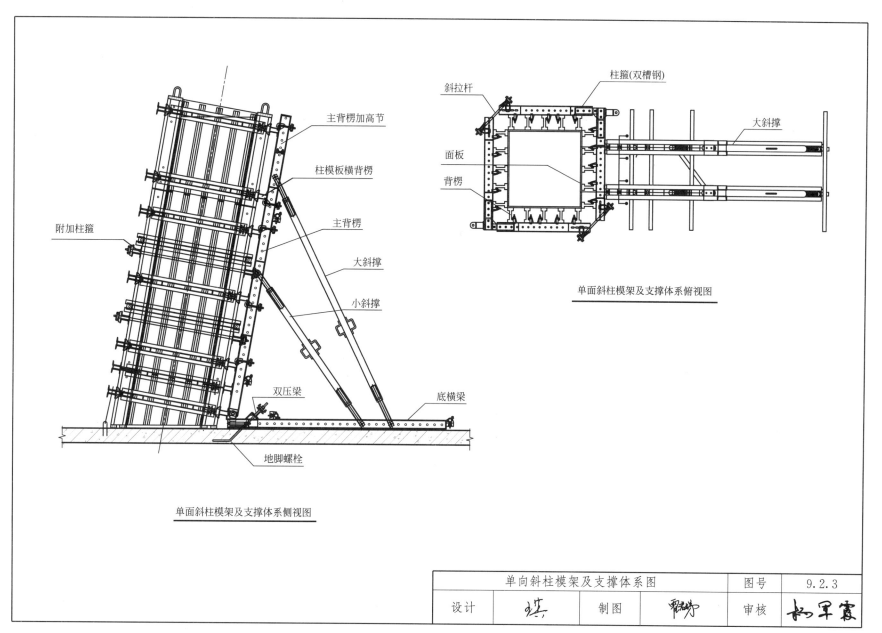

主背楞加高节

柱模板横背楞

主背楞

大斜撑

小斜撑

附加柱箍

双压梁

底横梁

地脚螺栓

单面斜柱模架及支撑体系侧视图

斜拉杆

柱箍(双槽钢)

大斜撑

面板

背楞

单面斜柱模架及支撑体系俯视图

单向斜柱模架及支撑体系图				图号	9.2.3
设计		制图		审核	

245

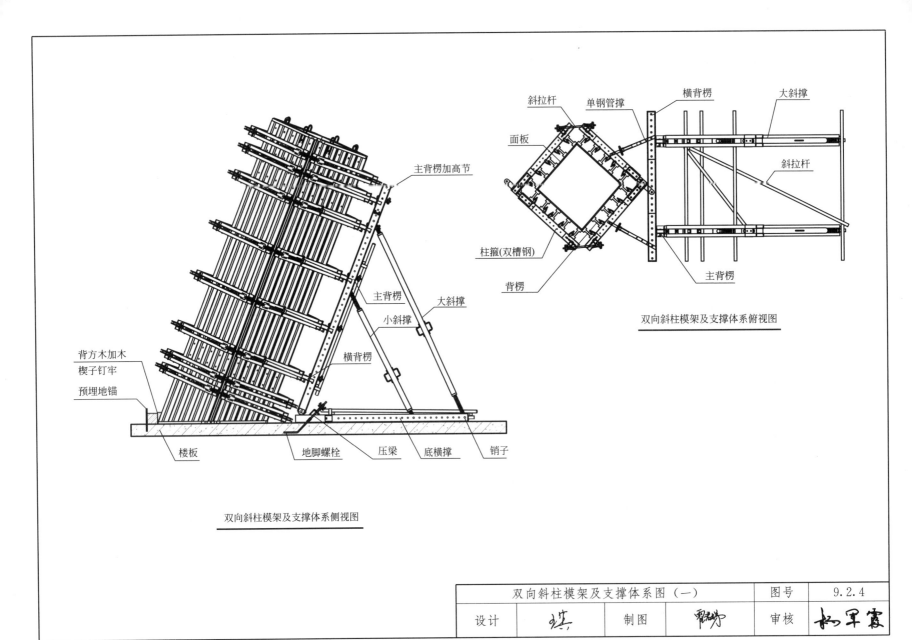

主背楞加高节

主背楞

大斜撑

小斜撑

横背楞

背方木加木
楔子钉牢

预埋地锚

楼板　地脚螺栓　压梁　底横撑　销子

双向斜柱模架及支撑体系侧视图

斜拉杆　单钢管撑　横背楞　大斜撑

面板

斜拉杆

柱箍(双槽钢)

背楞

主背楞

双向斜柱模架及支撑体系俯视图

双向斜柱模架及支撑体系图（一）		图号	9.2.4
设计	制图	审核	

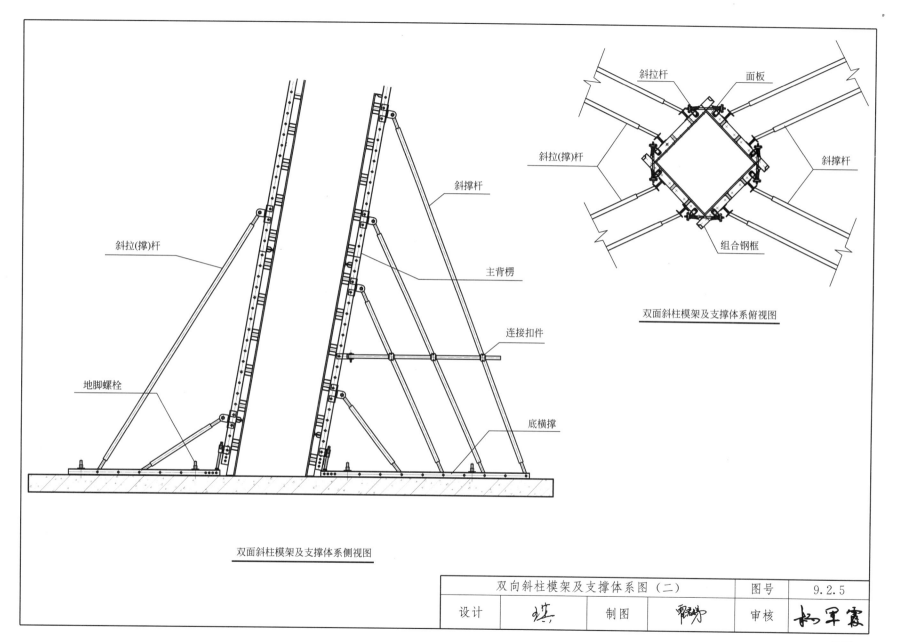

斜拉杆　　　　面板

斜撑杆

斜拉(撑)杆

斜撑杆

组合钢框

双面斜柱模架及支撑体系俯视图

斜撑杆

斜拉(撑)杆

主背楞

连接扣件

地脚螺栓

底横撑

双面斜柱模架及支撑体系侧视图

双向斜柱模架及支撑体系图（二）	图号	9.2.5
设计	制图	审核

247

9.3 斜墙模架

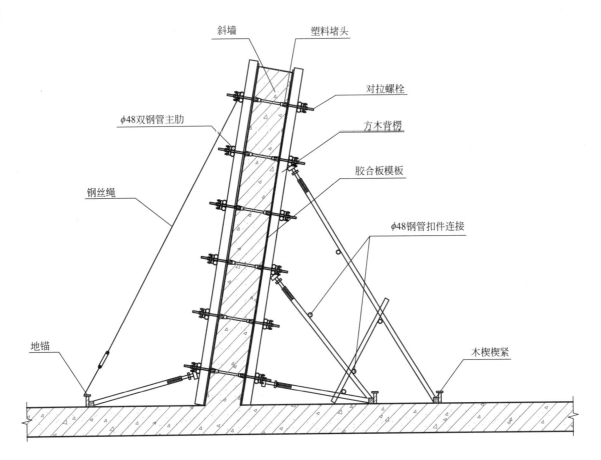

斜墙
塑料堵头
对拉螺栓
φ48双钢管主肋
方木背楞
胶合板模板
钢丝绳
φ48钢管扣件连接
地锚
木楔楔紧

注：1. 背楞、主肋不限于方木、钢管，也可采用其他材料。
　　2. 背楞、主肋、对拉螺栓等材料的规格、间距根据计算确定。
　　3. 地锚的具体位置和间距根据计算确定。

一层斜墙模架组装图				图号	9.3.1
设计	李聪	制图	石静	审核	

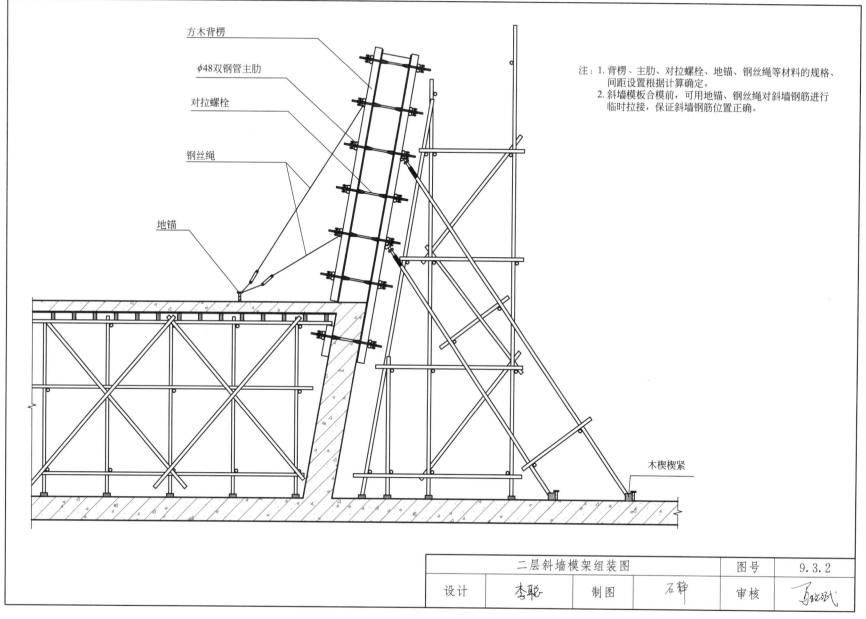

方木背楞

φ48双钢管主肋

对拉螺栓

钢丝绳

地锚

注：1.背楞、主肋、对拉螺栓、地锚、钢丝绳等材料的规格、
　　间距设置根据计算确定。
　　2.斜墙模板合模前，可用地锚、钢丝绳对斜墙钢筋进行
　　临时拉接，保证斜墙钢筋位置正确。

木楔楔紧

| 二层斜墙模架组装图 | | 图号 | 9.3.2 |
| 设计 | 李聪 | 制图 | 石静 | 审核 | 高铭斌 |

249

第二部分

市政工程

第十章

现浇混凝土挡土墙模板

10.1 现浇混凝土挡土墙模板

一、适用范围

适用于现浇混凝土挡土墙、装配式挡土墙工程的基础、墙体模板施工。结构断面由设计确定，本图均为示意图，不标注具体尺寸。

二、技术要求

1. 根据工程实际需要，现浇混凝土挡土墙、装配式挡土墙基础、墙体模板一般采用胶合板模板、组合钢模板等。模板及支撑架应具有足够的承载力、刚度和稳定性，应能可靠地承受施工过程中所产生的各类荷载。

2. 模板支撑架体系一般采用方木、型钢或其组合形式，也可以采用其他材料，确保支撑体系的稳定。

3. 根据模板及支撑架施工图，按照模板承受荷载的最不利组合对模板、支撑架、对拉螺栓进行抗弯强度、抗剪强度、挠度等验算，确定模板面板的厚度，确定支撑架、对拉螺栓的规格、间距。

4. 竖向模板、支撑架符合施工方案的要求，宜安装在垫层或基础上，如安装在土层上，应铺设不小于 200 宽、50 厚通长垫板，也可采取其他措施，确保基底具有足够强度和支撑面积。

5. 支撑架的竖向斜撑与水平斜撑应与支撑架同步搭设，钢管支撑架的竖向斜撑与水平斜撑的搭设应符合现行国家标准的规定。

现浇混凝土挡土墙模板说明				图号	10.1.1
设计	张西成	制图	张西成	审核	姜传库

10.2 现浇混凝土挡土墙模板

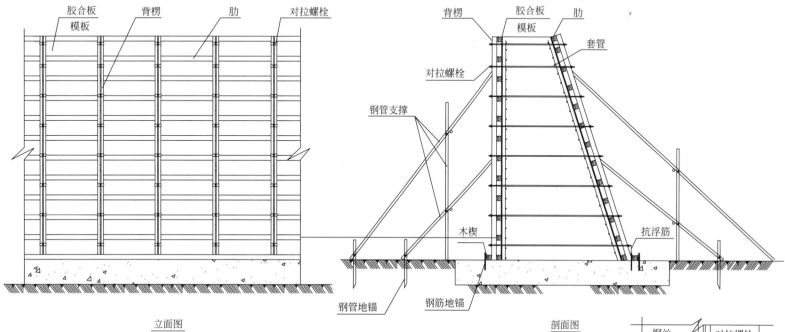

立面图

剖面图

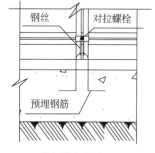

抗浮筋节点图

注：1. 模板面板一般采用15～20厚胶合板，肋采用100×100方木，背楞采用50×100矩形钢管，
  也可采用其他材料，具体规格、间距根据计算确定。
  2. 对拉螺栓应符合施工方案要求，直径一般为φ12～16，最下排对拉螺栓距底边不大于300，
  纵、横间距尺寸根据计算确定。
  3. 斜撑根据现场情况增设水平、竖向拉接，确保整体稳定性。

现浇混凝土挡土墙木模板图		图号	10.2.1
设计	制图	审核	

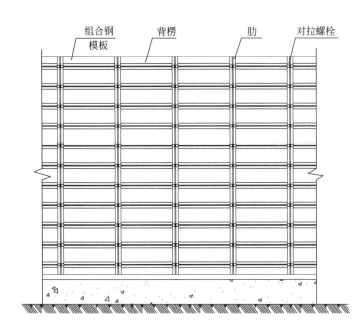

立面图

剖面图

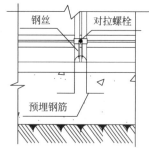

抗浮筋节点图

注：1. 模板一般采用组合钢模板，背楞、肋采用50×100矩形钢管，也可采用其他材料，
　　　具体规格、间距根据计算确定。
　　2. 对拉螺栓应符合施工方案要求，直径一般为φ12～16，最下排对拉螺栓距底边不
　　　大于300，纵、横间距尺寸根据计算确定。
　　3. 斜撑根据现场情况增设水平、竖向拉接，确保整体稳定性。

现浇混凝土挡土墙钢模板图				图号	10.2.2
设计	张西成	制图	张西成	审核	姜传库

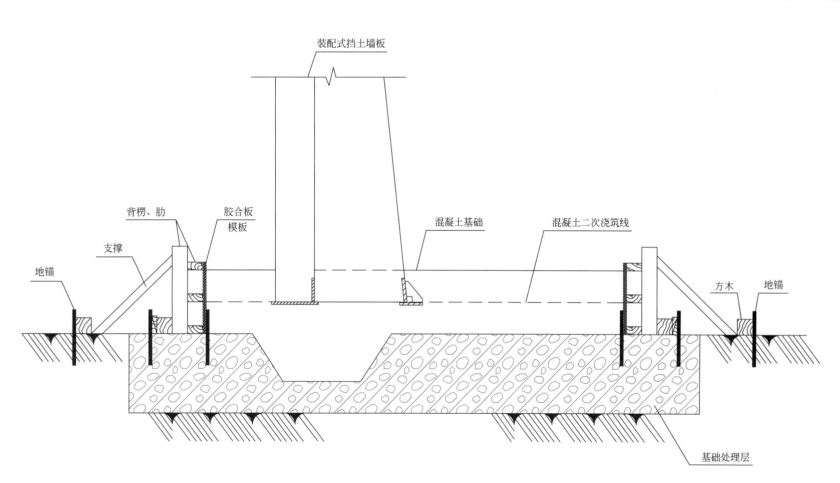

装配式挡土墙板

背楞、肋

胶合板模板

支撑

地锚

混凝土基础

混凝土二次浇筑线

方木

地锚

基础处理层

注：1. 模板面板一般采用15~20厚胶合板，背楞、肋采用50×100或100×100方木，支撑采用方木或其他材料，具体规格、间距根据计算确定。
2. 混凝土一般采用二次浇筑，但模板一次支设完成，待安装完成装配挡土墙板后，二次浇筑上层混凝土。

装配式挡土墙基础模板图			图号	10.2.3
设计		制图	审核	

第十一章

城市地下通道模板

11.1 地下通道模架

一、适用范围

适用于城市地下通道模架施工。

二、技术要求

1. 地下通道基础模板面板一般采用组合钢模板（异形钢角模板采用订制钢模板），也可采用胶合板，模板的承载力、刚度及稳定性应满足规范要求。

2. 地下通道侧墙、顶板一般采用整体浇筑，侧墙模板一般采用钢模板，主肋、次肋采用 50×100 矩形钢管，也可以采用其他材料，确保模架体系的整体稳定。

3. 顶板模板面板采用 15～20 胶合板，主龙骨可采用方木、钢包木、槽钢等，次龙骨可采用方木、钢包木、铝梁及槽钢也可采用其他材料，根据计算确定。

4. 对拉螺栓纵横间距尺寸根据计算确定。

5. 模架可采用碗扣式钢管脚手架或盘销式钢管脚手架，施工时，根据规范要求设置扫地杆及剪刀撑。

三、注意事项

为防止模板上浮，可埋设地锚，通过钢丝绳拉嵌固定。

	地下通道模架说明	图号	11.1.1
设计	王凯　制图　王凯	审核	

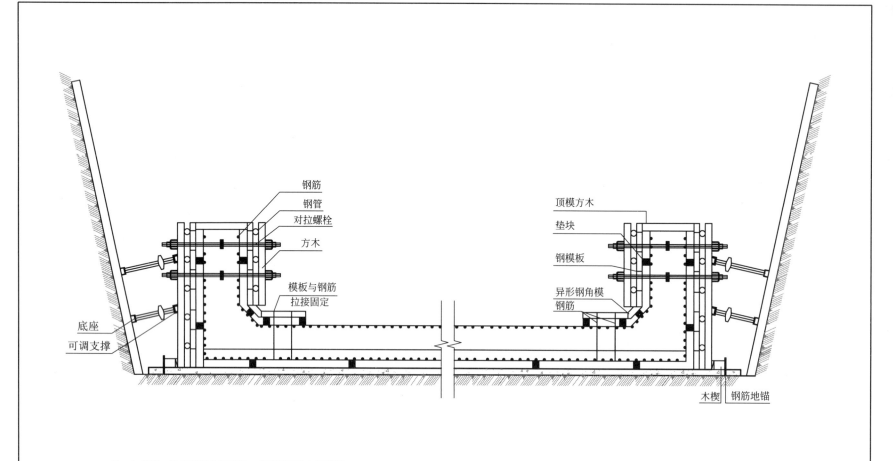

钢筋
钢管
对拉螺栓
方木

顶模方木
垫块

钢模板

模板与钢筋
拉接固定

异形钢角模
钢筋

底座
可调支撑

木楔 钢筋地锚

注：1. 模板一般采用组合钢模板，也可采用胶合板模板。
　　2. 对拉螺栓具体规格及间距根据计算确定。

地下通道基础底板图				图号	11.1.2
设计	王凯	制图	王凯	审核	

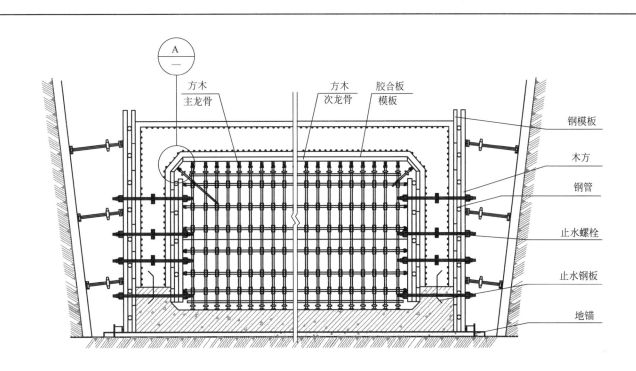

方木 主龙骨
方木 次龙骨
胶合板 模板
钢模板
木方
钢管
止水螺栓
止水钢板
地锚

地下通道墙身和顶板模架图

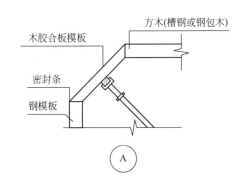

方木(槽钢或钢包木)
木胶合板模板
密封条
钢模板

A

注：1. 侧墙对拉螺栓间距尺寸根据计算确定。
  2. 主龙骨、次龙骨采用方木、槽钢或钢包木，也可采用其他材料。
  3. 顶板模板一般采用15~20厚木胶合板模板。
  4. 斜撑根据现场情况增设水平、竖向拉结，确保整体稳定性。

地下通道墙身和顶板模架图			图号	11.1.3
设计	王凯	制图	王凯	审核

11.2 地下通道移动式模架

一、适用范围

适用于直线形标准断面城市地下通道模架施工。

二、技术要求

1. 支模板

（1）移动模架就位。

（2）测量通道底部高程。

（3）设置垫块，调节支座高程。

（4）将压梁与预埋杆件连接固定。

（5）通过液压调节装置调整顶板模板高程。

（6）调节横杆确定侧板位置。

（7）搭设通道中间部位的碗扣式支撑架。

（8）拼装外侧定制的钢模板。

（9）通过可调对撑将钢模板与支撑面顶牢固。

2. 拆模板

（1）将压梁与预埋杆件与模架脱离。

（2）回收横向调节对撑，使侧模板脱离墙体。

（3）调节液压调节装置收回撑杆。

（4）松开调节支座，使顶板模板脱离墙体。

（5）拆除通道中间部位的支撑架。

三、注意事项

1. 根据地下通道宽度设计移动模架以及中间部位支撑架。

2. 支撑架间距建议 60～90cm，根据具体工况计算确定。

3. 模板、支撑架的设计中应设施工预拱度。

4. 中间支撑架在两侧模架拆除后，混凝土强度达到设计要求后方可拆除，支撑架需保证后期顶板受力稳定。

地下通道移动式模架说明					图号	11.2.1
设计	樊利红	制图	刘艳超	审核	杨国良	

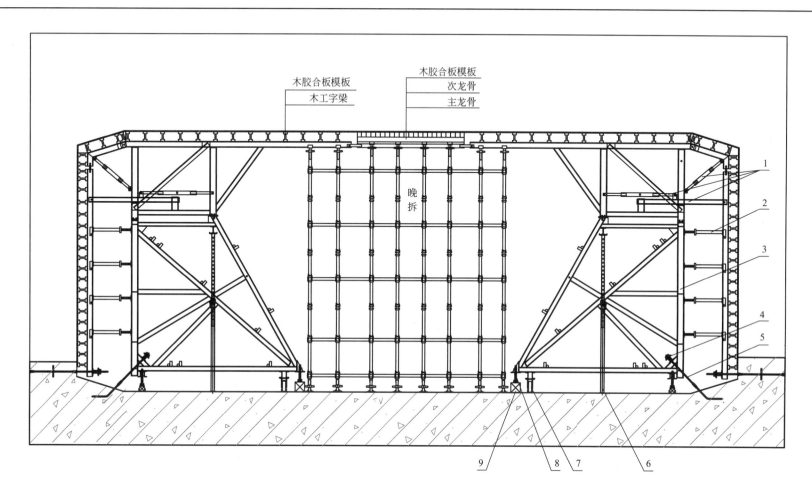

注：1-液压调节装置；2-调节对撑；3-移动支撑架；4-压梁；
　　5-预埋拉杆；6-辅助立柱；7-移运脚轮；8-调节支座；
　　9-垫块。

地下通道移动式模架支模图		图号	11.2.2
设计	制图	审核	

263

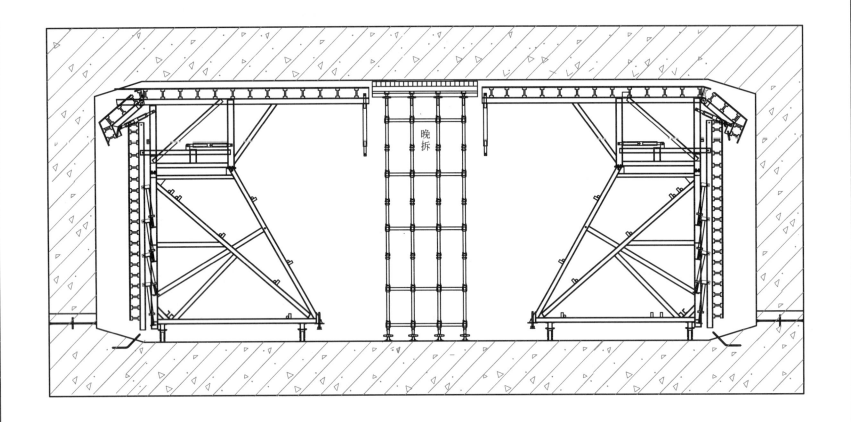

模架拆除顺序：1. 先将压梁及预埋拉杆与模架脱离。
　　　　　　　2. 回收横向调节对撑，使侧模板脱离墙体。
　　　　　　　3. 液压调节装置收回撑杆。
　　　　　　　4. 松开调节支座，使顶板脱离墙体。
　　　　　　　5. 拆除通道中间部位的碗扣支架。

地下通道移动式模架拆除图			图号	11.2.3
设计	蒋丽秋	制图	刘施迎	审核	杨威臣

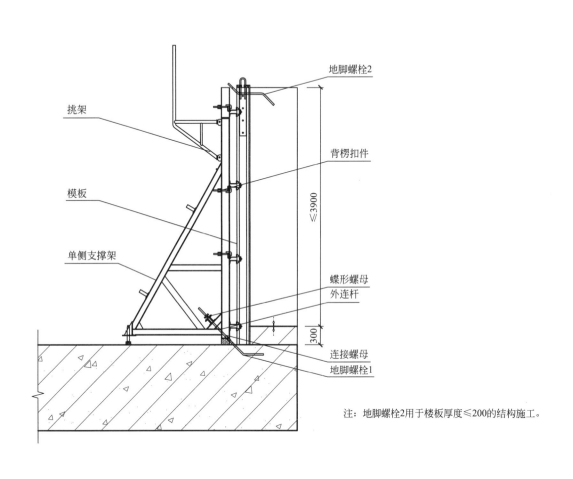

挑架

模板

单侧支撑架

地脚螺栓2

背楞扣件

≤3900

蝶形螺母

外连杆

300

连接螺母

地脚螺栓1

注：地脚螺栓2用于楼板厚度≤200的结构施工。

| 单侧墙体支撑架体图 | | | 图号 | 11.2.4 |
| 设计 | 王少冬 | 制图 | 王少冬 | 审核 | 李衔峰 |

265

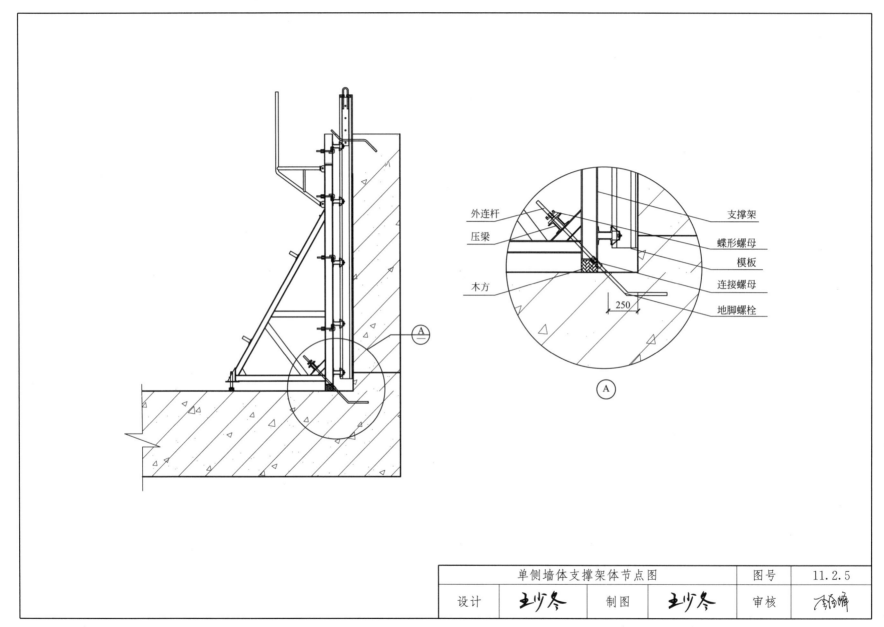

外连杆
压梁
木方
支撑架
蝶形螺母
模板
连接螺母
地脚螺栓
250
A

单侧墙体支撑架体节点图			图号	11.2.5
设计	王少冬	制图	王少冬	审核

第十二章

隧道工程模板台车

12.1 公路隧道工程模板台车

一、适用范围

适用于公路隧道二次衬砌施工。

一、技术要求

1. 模板台车设计

（1）衬砌台车应采用全液压自动行走整体式结构。

（2）台车支撑架应能承受所浇筑混凝土的重力、侧压力以及在施工中可能产生的各项荷载，台车支撑架刚度、强度应符合设计要求。

（3）台车支撑架下净空应能满足隧道施工所用的大型设备通行，各层平台的高度应能满足混凝土施工操作，并应在左右两侧设置送风管通道和供施工人员上下通行的爬梯。

（4）台车模板钢板厚度和支撑架应经过计算确定。模板钢板间接缝用齿口搭接或焊接打磨。

（5）台车的顶模板应设置注浆预留孔洞。

（6）台车模板上应设置工作窗口，要求布局合理、封闭平整、不漏浆，周边应做加强处理。

（7）台车长度应根据隧道的平面曲线半径及实际施工需要确定。

（8）为确保衬砌不侵入隧道建筑限界，在制作台车模板时，应进行计算。

2. 台车使用

（1）台车就位和行走

① 台车安装调试完毕后，对其检查验收。

② 确定台车工作位置的轨面标高正确后，保证轨道相对中心线对称，轨面平整。

③ 准备工作完成后，台车即可就位。就位前在模板外侧涂抹隔离剂，收回侧模板油缸，收回竖向油缸，旋回门架支撑千斤顶使其离开轨面，在电动机牵引下使台车自动行走到工作位置，然后锁定行走轮，旋出门架支撑千斤顶撑紧轨道。

（2）立模板

① 操作平移油缸，使模板中心线与隧道中心线重合。

② 操作竖向油缸，使顶模板达到施工要求。

③ 操作侧向油缸，使侧、边模板达到施工要求。

公路隧道工程模板台车说明（一）			图号	12.1.1
设计	郭锐阳	制图	郭锐阳	审核 杨树臣

④ 台车模板外形达到施工要求后，撑紧支撑架支撑千斤顶和侧向支撑千斤顶。

⑤ 进行预埋件安装、止水带安装、挡头板安装、台车加固。

（3）浇筑

① 利用混凝土运输车和混凝土输送泵配合作业，进行混凝土浇筑。

② 以附着式振捣为主，以人工振捣为辅进行混凝土振捣。

（4）脱离模板

满足设计或规范要求强度时，即可脱离模板。

三、注意事项

1. 台车在初次使用前，必须进行调试和检查验收，每辆台车完成 500～600m 衬砌混凝土后，应进行一次全面校验。

2. 每个循环完成后，要对台车的各部位进行检查，发现问题应及时处理。

3. 定期检查行走电动机、液压电动机的控制电路是否正常工作。

4. 每次立模时，要切实安装好所有撑地螺旋千斤顶，防止浇筑混凝土过程中模板变形或跑模。

5. 浇筑时，左右边模板应对称浇筑混凝土，保证台车受力平衡，两侧混凝土面高差不得大于 0.5m，且浇筑混凝土上升速度不能过快。

6. 用灌注口浇筑混凝土过程中，要随时观察混凝土是否注满，注满后要及时停止浇筑，防止造成模板的变形和跑模。顶模板封顶时，更要注意灌注泵的情况，注意是否灌满混凝土，防止挡头板跑模。

7. 顶模板封顶时，严禁只使用一个灌注口向整个衬砌长度灌注混凝土，必须按顺序依次使用每个灌注口浇筑，使顶模板合理受力。

8. 台车就位后、浇筑前，台车行走装置与轨道间必须固定牢固。

9. 衬砌混凝土浇筑过程中，要有专人检查各连接螺栓是否松动、各支撑千斤是否均匀受力，否则，要做必要的调整和紧固。

| 公路隧道工程模板台车说明（二） | | | 图号 | 12.1.2 |
| 设计 | 郭锐阳 | 制图 | 郭锐阳 | 审核 | 杨树辰 |

12.2 公路隧道工程液压模板

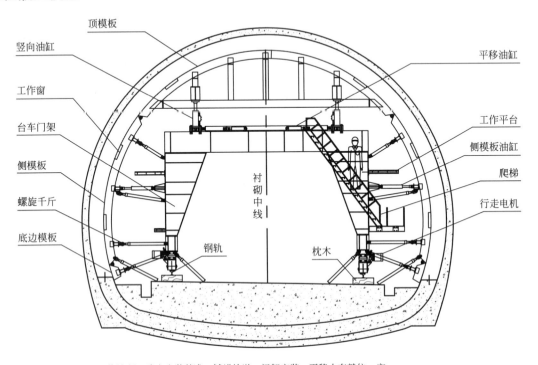

注: 1. 工作流程: 确定安装基准→铺设轨道→门架安装→平移小车就位→安装支撑架总成→安装模板总成→安装液压站及管道→检查验收。
2. 脱模流程: 撤除挡头板→收回侧向螺旋千金顶、油缸→收回边模板→收回竖向螺旋千金顶、油缸→脱下顶模板→清洗台车。
3. 底边模板也可根据实际需要与沟槽侧壁模板做成一体。

公路隧道工程液压模板台车正面图			图号	12.2.1
设计	郭锐阳	制图	郭锐阳	审核 杨国臣

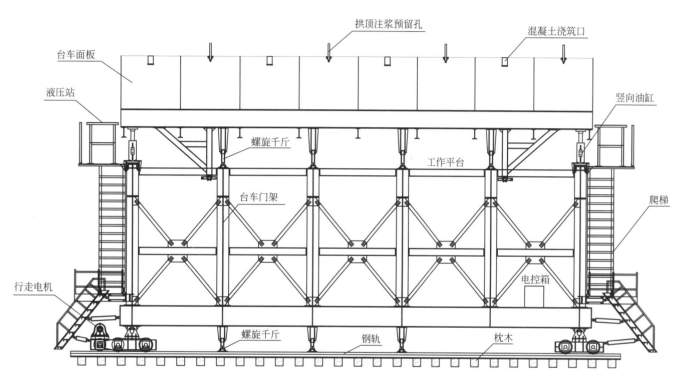

拱顶注浆预留孔

混凝土浇筑口

台车面板

液压站

竖向油缸

螺旋千斤

工作平台

台车门架

爬梯

行走电机

电控箱

螺旋千斤

钢轨

枕木

注：台车长度应根据隧道的平面曲线半径和实际施工需求确定，一般宜为9～12m。隧道平面线半径小于1200m时，台车长度不宜大于9m。

公路隧道工程液压模板台车侧面图				图号	12.2.2
设计	郭锐阳	制图	郭锐阳	审核	杨树臣

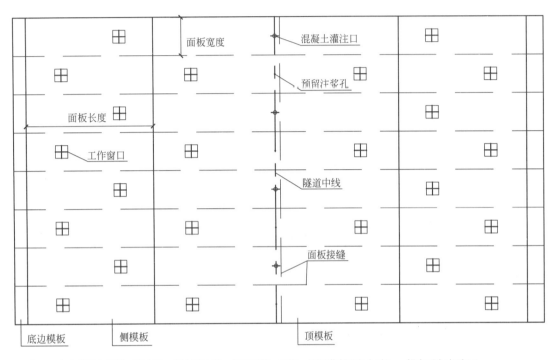

面板宽度

混凝土灌注口

预留注浆孔

面板长度

工作窗口

隧道中线

面板接缝

底边模板　　　　侧模板　　　　顶模板

注：1. 台车模板上设置工作窗口，要布局合理，封闭平整、严密，间距纵向不宜大于3m，横向不宜大于2.5m，
　　　窗口尺寸宜为50cm×50cm，周边应做加强处理。
　　2. 为减少二衬模板接缝处痕迹，外弧模板每块钢板宽度不应小于1.5m，板间接缝按齿口搭接或焊接打磨。
　　3. 台车模板上设置附着式振捣器(应根据型号、振捣范围合理布置)。

公路隧道工程液压模板台车展面图				图号	12.2.3
设计	郭锐阳	制图	郭锐阳	审核	杨国臣

第十三章

轨道交通工程模架

13.1 轨道交通工程模架

1. 适用于轨道交通工程的现浇钢筋混凝土结构模板及支撑架工程施工。

2. 包含轨道交通工程常用的明挖法、盖挖法、矿山法、盾构法和高架结构等的支撑架施工。

3. 轨道交通工程的其他现浇结构如建筑、挡土墙、涵洞等的支撑架见相应的建筑和市政模板图册的有关内容。

4. 支撑架选用盘扣式支撑架为主，具体要求应符合《建筑施工承插型盘扣式钢管脚手架安全技术标准》JGJ/T 231—2021 的有关规定。

5. 模板以钢模板为主，辅以竹木胶合板，施工应符合《组合钢模板技术规范》GB/T 50214—2013、《建筑工程大模板技术标准》JGJ/T 74—2017、《钢框胶合板模板技术规程》JGJ 96—2011。

6. 当采用扣件式、碗扣式、竹、木等支撑架时，应符合《建筑施工扣件式钢管脚手架安全技术规范》JGJ 130—2011、《建筑施工木脚手架安全技术规范》JGJ 164—2008、《建筑施工碗扣式钢管脚手架安全技术规范》JGJ 166—2016、《建筑施工竹脚手架安全技术规范》JGJ 254—2011 等的有关规定。

7. 现浇钢筋混凝土梁、板设计时，当跨度大于 4m，模板应起拱；当设计无具体要求时，起拱高度宜为全跨长度的 1/1000～3/1000。

8. 按照本图册要求组织施工时，应经计算复核。

	轨道交通工程模架说明		图号	13.1.1
设计	张鹏	制图	张继红	审核

13.2 明挖法车站模板

一、适用范围

适用于明挖法车站现浇混凝土工程的模板施工。

二、技术要求

1. 明挖法车站分流水段施工底板端头一般采用木胶合板模板，梁侧模板可采用木胶合板模板、组合钢模板、铝合金模板、塑料模板等。

2. 侧墙模板采用木胶合板模板、组合钢模板、钢大模板、钢木组合大模板、塑料模板等，车站墙体模板主要以单侧支模板为主，一般采用钢大模板进行支撑，内隔墙一般采用木胶合板进行支撑。

3. 中板、顶板及楼板梁模板选用木胶合板模板。用木（竹）胶合板模板，厚度一般为15～18，主次龙骨可选用方木、方钢管、几字梁、U形梁、工字梁等。各种材料的规格和数量均根据计算确定。模板竖向支撑系统一般采用碗扣式钢管支撑架、扣件式钢管支撑架、盘扣式钢管支撑架、门式架、独立钢支撑等，明挖车站一般选用盘扣式钢管支撑架。

4. 柱模板面板可采用胶合板、钢模板、玻璃钢模板等，应根据工程实际需要选用。明挖车站柱模板一般采用胶合板模板及钢模板。

三、注意事项

1. 底板端头模板施工前，应在底板混凝土垫层上预留锚筋，用于端头模板支撑固定。锚筋位置根据斜撑设置形式准确预埋，锚筋间距同斜撑间距。

2. 因地铁结构抗渗要求，底板端头模板一般不采用对拉螺栓进行支撑，当必须采用时，应当采用三节式止水对拉螺栓，并在拆除后对预留螺栓头进行防锈及止水处理。

3. 当底板存在下翻梁时，可采用砖模施工，砖模砌筑完成后，需分层进行开挖肥槽回填，回填材料宜选用粗砂或者含水量符合压实要求的黏性土，不可使用淤泥和淤泥质土，填土时，砖模内侧应设置支撑，避免填土压力造成砖模变形。

4. 单侧墙体模板高度大于等于层高，模板≥层高－板厚（含肋高度）＋30；柱模板高度应为：模板高度＝层高－顶板厚（或梁高）＋30。柱箍间距根据计算确定。

明挖法车站模板说明			图号		13.2.1
设计	张鹏	制图	张继红	审核	

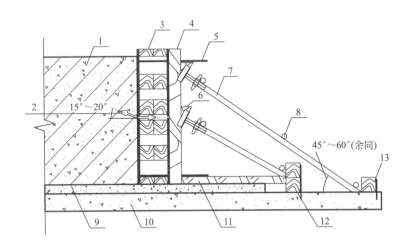

$15°\sim20°$

$45°\sim60°$(余同)

1-底板；2-止水带；3-方木盒；4-100×100方木；5-底板预留甩筋；
6-木楔；7-钢管斜撑；8-水平钢管；9-防水保护层；10-素混凝土垫层；
11-木方横撑；12-地锚钢筋；13-100×100方木。

注：1. 本图适用于底板模板端头模板支设，底板高度≤1200，施工缝
采用平璞型钢板止水带，变形缝采用中孔型钢板止水带。
2. 木方盒主要用于充当模板背楞和固定止水带，木方盒两侧设置
木模板，木模板应预留甩筋孔。
3. 木方主楞间距通常≤500，斜撑间距通常≤500。

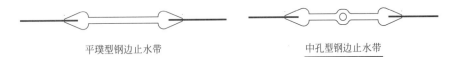

平璞型钢边止水带　　　　　　　　　中孔型钢边止水带

底板施工缝端头模板支设剖面图			图号	13.2.2
设计	张鹏卫	制图	张继红	审核

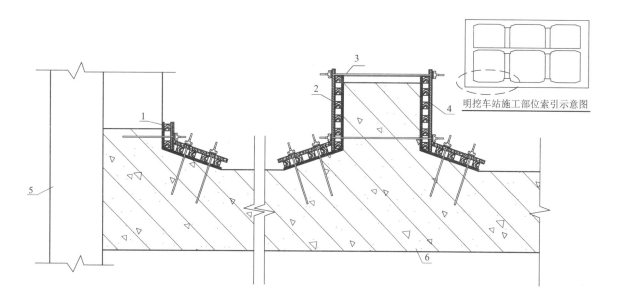

明挖车站施工部位索引示意图

1-15木胶合板；2-100×100木方次楞；3-对拉螺栓；4-φ48双钢管背楞；5-围护结构；6-垫层。

注：1. 适用于车站工程底板、中板、顶板上翻梁。
 2. 上翻梁通常每500高设置一道对拉螺栓，加腋单侧螺栓与底板钢筋可靠连接。
 3. 100×100木方次楞间距通常≤250，双钢管背楞及腋角对拉螺栓间距通常≤500。

端头模板立面图		图号	13.2.3
设计	制图	审核	

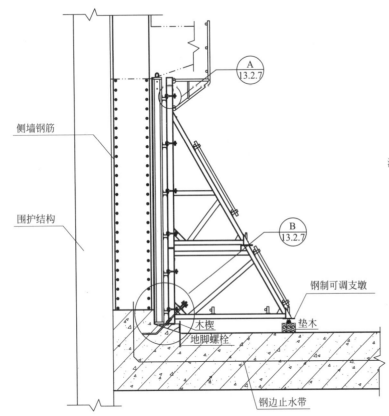

侧墙钢筋

围护结构

A
13.2.7

B
13.2.7

钢制可调支墩

木楔

垫木

地脚螺栓

钢边止水带

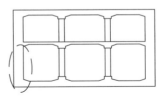

明挖车站施工部位索引示意图

注：1. 单侧墙体支撑架是一种用于墙体混凝土浇筑的模板支撑架，施工
　　　过程中不设对拉螺杆，适用于有围护结构的明挖车站结构。
　　2. 地脚螺栓间距≤300、支架间距≤600。
　　3. 地脚螺栓预埋前应对螺纹采取保护措施，用塑料布包裹、绑牢。
　　4. 地脚螺栓预埋后应保证螺纹全部裸露在外面，在同一直线上。
　　5. 本图适用于车站站台层侧墙，车站底板施工时，站台层侧墙应高
　　　出底板加腋上方至少300。
　　6. 地锚钢筋直径≥25。

墙体单侧模板搭设剖面图（一）		图号	13.2.4
设计	制图	审核	

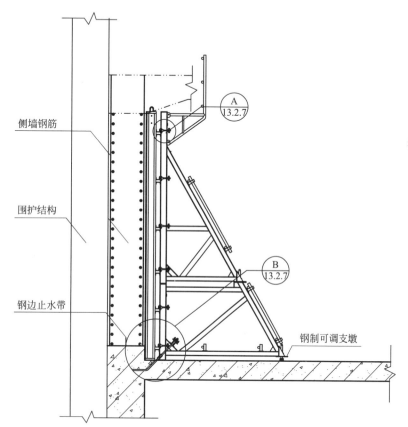

侧墙钢筋

围护结构

钢边止水带

A
13.2.7

B
13.2.7

钢制可调支墩

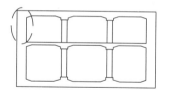

明挖车站施工部位索引示意图

注：1. 单侧墙体支撑架是一种用于墙体混凝土浇筑的模板支撑架。施工
过程中不设对拉螺杆。适用于有围护结构的明挖车站结构。承担
支撑架体的楼板需进行承载力校核计算。
2. 地脚螺栓间距≤300、支架间距≤600。
3. 地脚螺栓预埋前应对螺纹采取保护措施，用塑料布包裹、绑牢。
4. 地脚螺栓预埋后应保证螺纹全部裸露在外面，在同一直线上。
5. 本图适用于车站站厅层侧墙，车站中板施工时，站厅层侧墙应高
出中板至少300。

墙体单侧模板搭设剖面图（二）	图号	13.2.5
设计	制图	审核

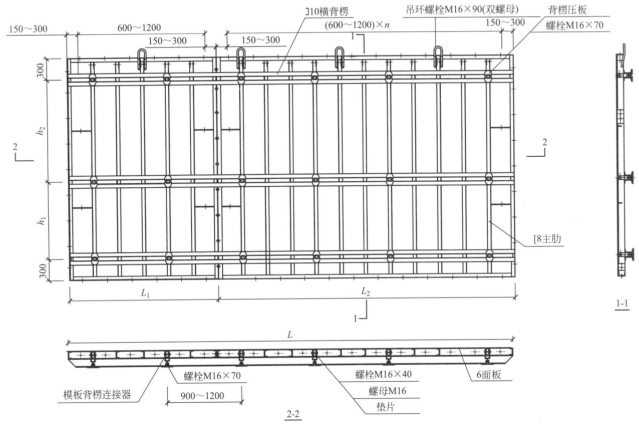

注：1. h_1、h_2、L_1、L_2尺寸根据计算确定。
　　2. 吊环根据模板尺寸、重量计算确定。
　　3. 本图尺寸以86系列钢大模板为例。
　　4. 当面板采用木胶合板时，可采用几字梁作为主楞。

墙体单侧模板组装图				图号	13.2.6
设计	张鹏D	制图	张郡栓	审核	

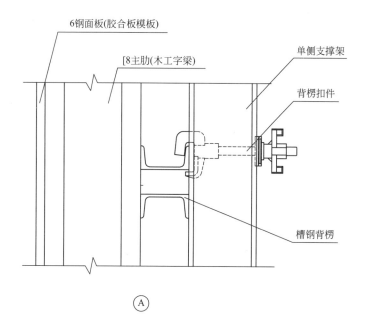

6钢面板(胶合板模板)

[8主肋(木工字梁)

单侧支撑架

背楞扣件

槽钢背楞

Ⓐ

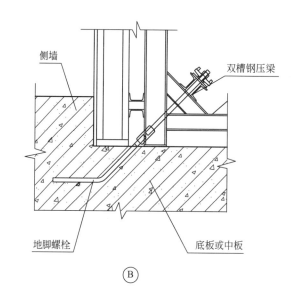

侧墙

双槽钢压梁

地脚螺栓

底板或中板

Ⓑ

墙体单侧支撑架体节点图		图号	13.2.7
设计	制图	审核	

281

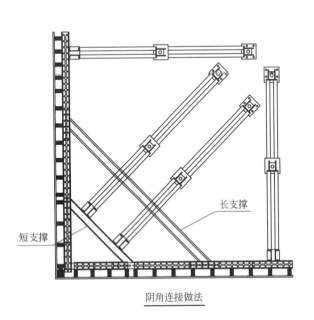

阴角连接做法

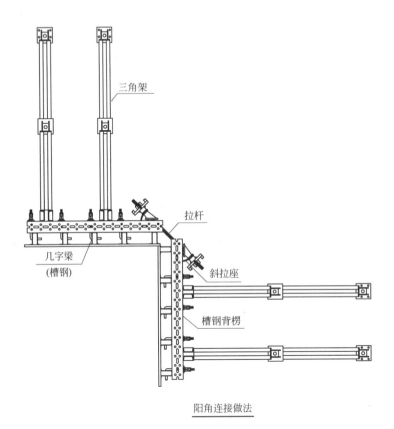

阳角连接做法

注：1.阴角连接采用长短两种支撑进行加固后，再用三角架支撑，
　　　与直墙连接部分可以直接连接成为一个体系。
　　2.阴角连接也可用阴角压槽做法，阴角压槽及钩头螺栓设置不
　　　得少于3道。
　　3.阳角连接做法采用斜拉座加固。

墙体单侧模板阴阳角模板支设图			图号	13.2.8
设计	张鹏	制图	张继红	审核

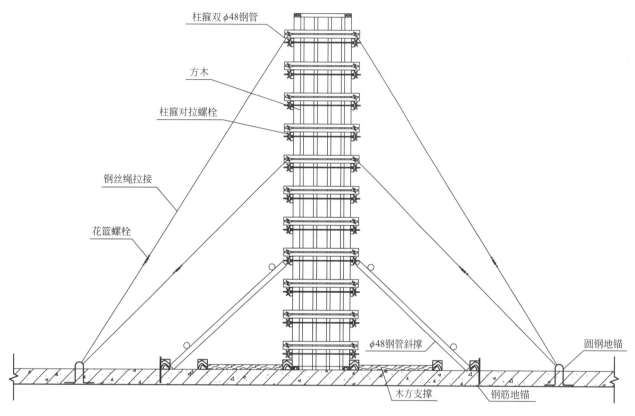

柱箍双 $\phi48$钢管

方木

柱箍对拉螺栓

钢丝绳拉接

花篮螺栓

$\phi48$钢管斜撑

圆钢地锚

木方支撑

钢筋地锚

注：1. 木方支撑间距≤300；地锚钢筋直径≥25。
　　2. 柱箍采用双钢管、方钢管、槽钢、方木、间距以设计计算为准。
　　3. 柱箍对拉螺栓规格以计算为准。
　　4. 钢丝绳及钢管斜撑角度为45°～60°。

矩形柱木模板组装图				图号	13.2.9
设计	张鹏	制图	张继杉	审核	

283

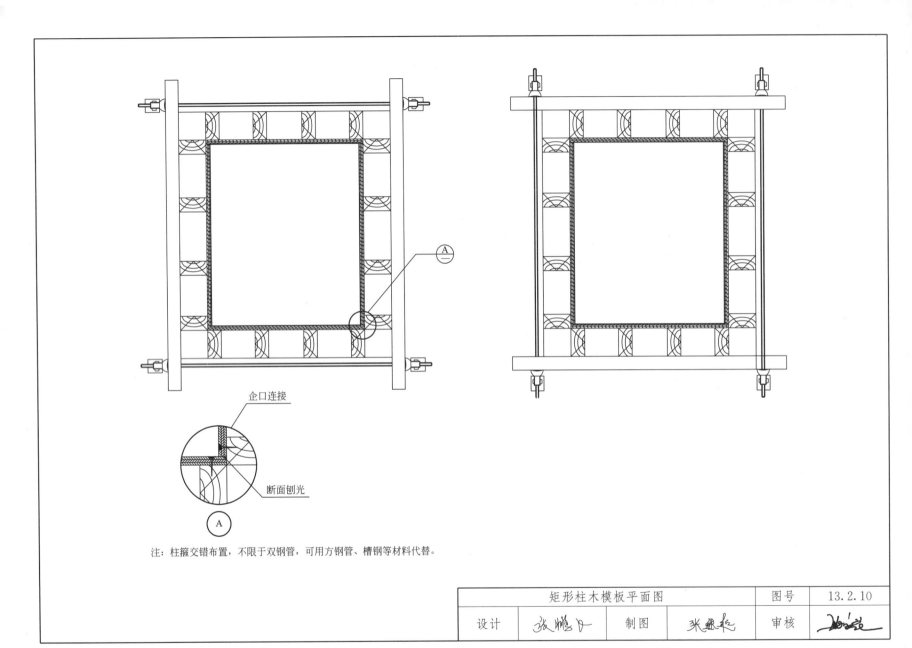

企口连接

断面刨光

A

注：柱箍交错布置，不限于双钢管，可用方钢管、槽钢等材料代替。

矩形柱木模板平面图				图号	13.2.10
设计	张鹏D	制图	张继红	审核	

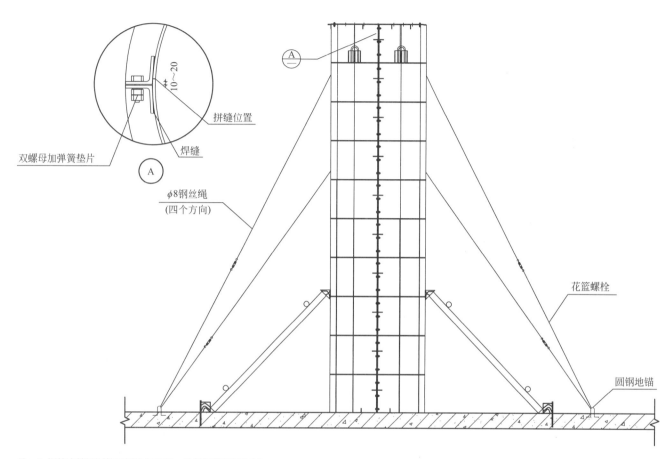

双螺母加弹簧垫片

拼缝位置

焊缝

10~20

A

φ8钢丝绳
(四个方向)

花篮螺栓

圆钢地锚

注：1. 钢管支撑沿圆柱四周均匀设置；地锚钢筋直径≥25。
　　2. 钢丝绳及钢管斜撑角度为45°～60°。
　　3. 钢模板底部用水泥砂浆找平。

圆柱钢模板组装图				图号	13.2.11
设计	张鹏⋀	制图	张继红	审核	

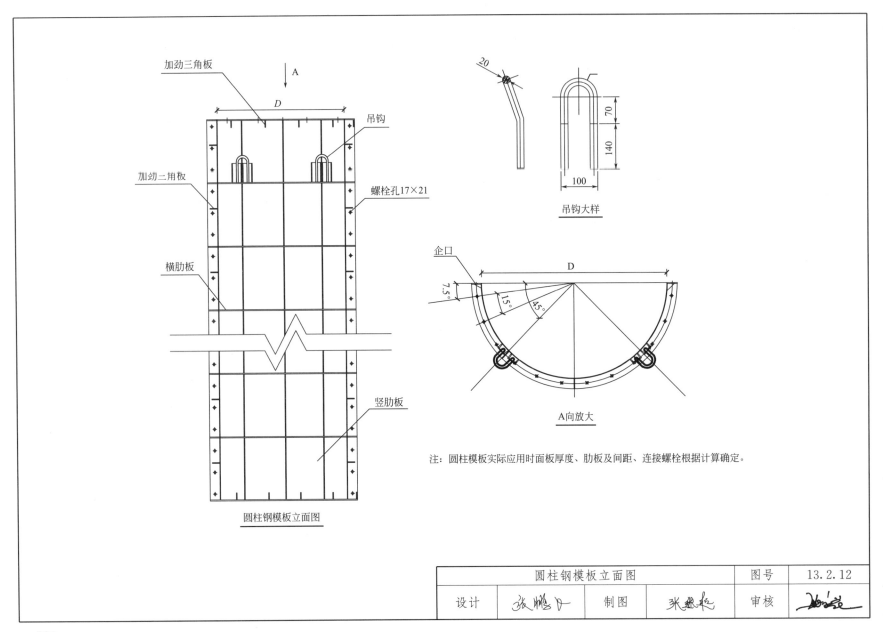

加劲三角板

A

吊钩

加劲二角板

螺栓孔17×21

横肋板

竖肋板

圆柱钢模板立面图

20

70

140

100

吊钩大样

企口

7.5°

15°

45°

D

A向放大

注：圆柱模板实际应用时面板厚度、肋板及间距、连接螺栓根据计算确定。

圆柱钢模板立面图				图号	13.2.12
设计	张鹏卫	制图	张进社	审核	

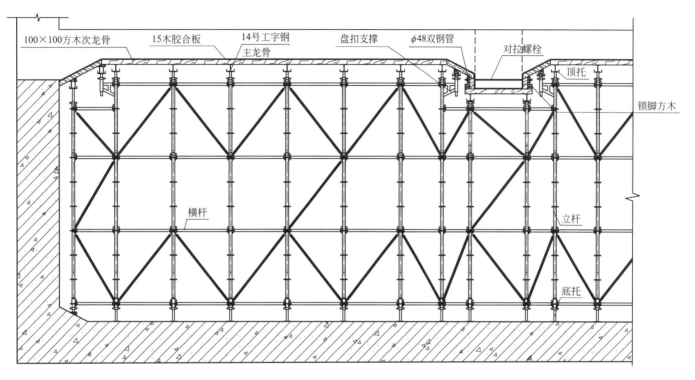

100×100方木次龙骨　　15木胶合板　　14号工字钢主龙骨　　盘扣支撑　　φ48双钢管　　对拉螺栓

顶托

锁脚方木

横杆

立杆

底托

注：1. 支撑参数由设计计算确定。
　　2. 可调托座伸出顶层水平杆的悬臂长度严禁超过650，丝杆外露长度严禁超过300，可调托座插入立杆长度不得少于150。
　　3. 支撑架步距不宜超过1.5m，支撑架体斜向及水平拉杆按构造要求设置。

中板含梁模板及支撑架搭设图				图号	13.2.13
设计	旅鹏口	制图	张继红	审核	

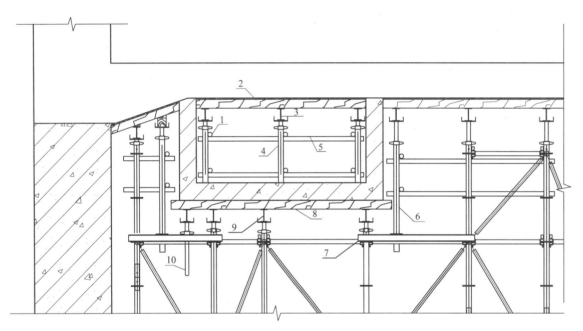

1-轨顶风道内中板支撑纵向钢管；2-轨顶风道内中板次龙骨；3-轨顶风道内中板主龙骨；4-轨顶风道内中板支撑立杆；
5-轨顶风道内中板支撑横向钢管；6-附加托梁立杆；7-双槽钢托梁；8-轨顶风道底板次龙骨；9-轨顶风道底板主龙骨；
10-轨顶风道底板可调托撑。

注：1. 轨道风道位置中板在轨顶风道完成后施工时，轨顶风道底板支撑设置与中板模板支撑体系参数相同。
　　2. 中板支撑其余控制参数及要求见图13.2.13。

中板模板及支撑架搭设图（轨顶风道）				图号	13.2.14
设计	张鹏口	制图	张继铭	审核	

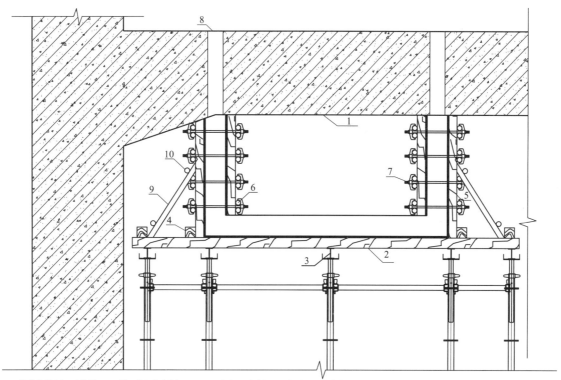

1-钢筋混凝土(已浇筑)；2-轨顶风道底板100×100木方次龙骨；3-轨顶风道底板10号工字钢主龙骨；4-100×100锁口方木；
5-轨顶风道侧壁40×80木方次楞；6-轨顶风道侧壁ϕ48双钢管主楞；7-M14对拉螺栓；8-ϕ200中板预留浇筑孔；
9-ϕ48钢管斜撑；10-ϕ48钢管水平横撑。

注：1. 本图适用于中板下轨顶风道在中板完成施工后进行施工时，轨顶风道底板及侧墙一次浇筑完成。
2. 轨顶风道底板支撑架体及侧墙模板支撑参数，须经计算确定，支撑架体斜向拉杆按构造设置。

中板下轨顶风道模板节点图			图号	13.2.15
设计	张鹏飞	制图	张继红	审核

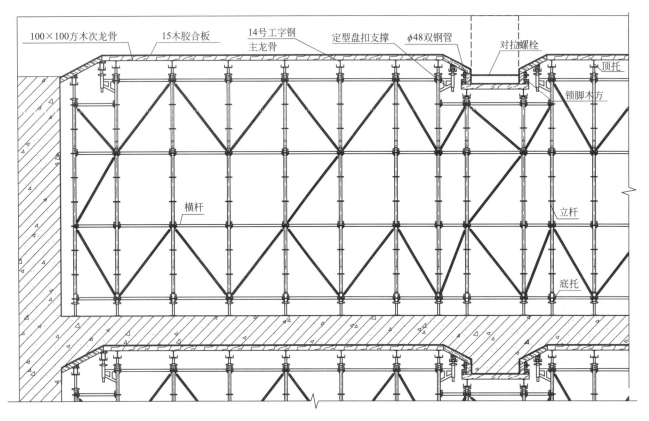

注：1.此图适用于顶板、梁模板盘扣式支撑体系。支撑参数以设计计算确定。
　　2.可调托座伸出顶层水平杆的悬臂长度严禁超过650，且丝杆外露长度严禁超过400，可调托座插入立杆长度不得少于150。
　　3.支撑架步距不宜超过1.5m，支撑架体斜向及水平拉杆按构造要求设置。

顶板含梁模板及支撑架搭设图		图号	13.2.16
设计	张鹏口	制图	张翟枝	审核	

13.3 明挖车站弧形顶板模架

一、适用范围

适用于明挖车站底弧形顶板模架施工。

二、技术要求

1. 模板采用钢木组合形式，两端小半径拱脚部位采用订制组合钢模板，中间大半径弧形部分采用胶合板模板＋方木次龙骨。

2. 按照模板承受荷载的最不利组合对模板进行设计计算，包括面板的强度、抗剪和挠度、背楞的强度和挠度等。

3. 主龙骨采用订制型钢拱架，型钢桁架采用 M20 高强度螺栓连接，各榀型钢拱架采用 $\phi 48$ 钢管纵向拉接固定，横向对顶支撑。

4. 架体应采用盘扣式或碗扣式满堂支撑架，根据计算确定杆件计算参数。

三、注意事项

1. 模板安装应保证混凝土结构各部分形状、尺寸和相对位置准确，并按照设计要求进行 1‰～3‰ 的起拱。

2. 在钢模板与木模板交界处需密排三根方木过渡，防止刚度变化时不均匀变形。

3. 架体搭设前应对基底进行清理，搭设时应按照规范要求设置相应的斜杆或剪刀撑。

4. 顶板混凝土浇筑时，需控制浇筑时间，分层进行浇筑，分层厚度不大于 50cm，在上一层混凝土初凝之前浇筑下一层混凝土。

5. 浇筑顶板混凝土时应严格控制混凝土坍落度在 160～180，便于顶板弧形收面。

明挖车站弧形顶板模架说明				图号	13.3.1
设计	王建宏	制图	王佩蕊	审核	

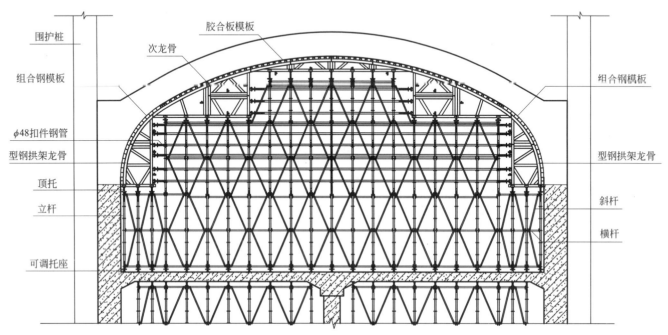

围护桩

组合钢模板

ϕ48扣件钢管

型钢拱架龙骨

顶托

立杆

可调托座

胶合板模板

次龙骨

组合钢模板

型钢拱架龙骨

斜杆

横杆

注：1. 面板采用订制组合钢模板+15厚胶合板模板；次龙骨采用100×100方木；主龙骨采用预制钢拱架，纵向间距750。
　　2. 支撑架采用盘扣式满堂支架，间距根据受力计算确定。支撑架安装时可调托座伸出顶层水平杆的悬臂长度严禁超过500，
　　　　且丝杆外露长度严禁超过400，可调托座插入立杆长度不得少于150。
　　3. 当架体高度超过8m时，竖向斜杆应满布设置，水平杆的步距不得大于1.5m，按规范设置水平剪刀撑。
　　4. 型钢拱架由多个分离拱架拼装而成，各拱架之间采用M20螺栓连接。
　　5. 拱架和模架支撑间距，须经计算确定。

明挖车站弧形顶板模架横断面图		图号	13.3.2
设计	王廷宏	制图	王佩超	审核	

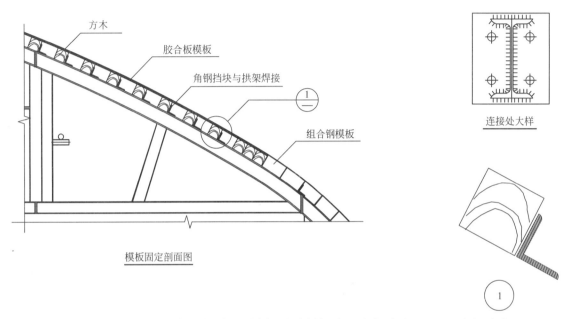

方木

胶合板模板

角钢挡块与拱架焊接

组合钢模板

①

模板固定剖面图

连接处大样

1

注：1. 组合钢模板面板及背肋采用4厚钢板弯制而成，尺寸根据现场实际情况确定，长度一般为1.2～1.8m，宽度一般为0.6～0.9m，
　　　　高度为胶合板模板与方木高度之和，采用U形扣件连接。
　　　2. 为防止方木及组合钢模板安装时滑移，可在拱架上方焊接角钢挡块用以固定方木。
　　　3. 组装时，自两侧向拱顶部位合拢，方木间距可根据顶板厚度计算，在组合钢模板与木胶合板模板交界处密排三根方木过渡。

明挖车站弧形顶板模板拼装图	图号	13.3.3
设计	制图	审核

13.4 明挖法区间模板

一、适用范围

适用于明挖法结构梁、板、侧墙等构件的模板及支撑架施工。

二、技术参数

1. 模板面板一般采用木（竹）胶合板，厚度一般为 12～18，主次龙骨可选用方木、方钢管、型钢等。各种材料的规格和数量均应根据设计计算选用。

2. 本图适用于采用承插型盘扣式钢管支撑架的搭设与使用。

三、注意事项

支撑架的构造要求需符合相关规范规定：

（1）应根据施工方案计算确立杆件间距和步距，并应进行立杆高度组合的设计。

（2）支撑架可调支撑伸出顶层水平杆或双槽钢托梁的悬臂长度严禁超过 650，丝杆外露长度严禁超过 400，可调支撑插入立杆或双槽钢托梁长度不得小于 150。

（3）支撑架可调底座调节丝杆外露长度不应大于 300，底层水平杆离地高度不应大于 550。

	明挖法区间模板说明	图号	13.4.1
设计	制图	审核	

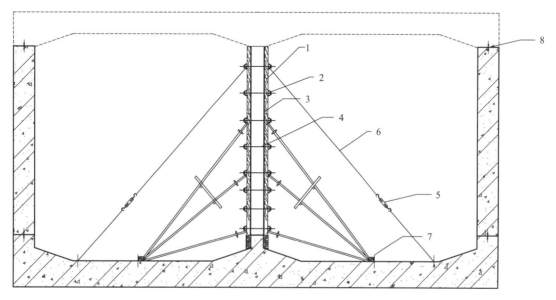

1-次龙骨(方木)；2-主龙骨(双钢管)；3-模板面板；4-对拉螺栓；5-花篮螺栓；6-钢丝绳；7-地锚；8-止水带。

注：1. 采用组合钢模板时，背楞可采用钢管或方钢管。
　　2. 采用竹木胶合板模板搭设时，背楞宜使用方木。

明挖法区间中隔墙胶合板模板支设示意图		图号	13.4.2
设计	制图	审核	

295

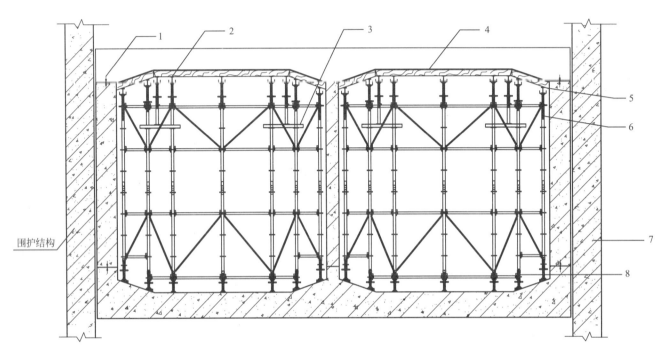

1-钢板止水带；2-主龙骨(型钢)；3-双槽钢托梁；4-木胶合板模板；5-次龙骨；6-可调支撑；7-围护结构；8-可调支座。

注：1. 模板体系立杆间距、水平杆步距由计算确定。
　　2. 模板支撑架的斜杆或剪刀撑设置应满足《建筑施工承插型盘扣式钢管脚手架安全技术标准》JGJ/T 231—2021的要求。

明挖法区间顶板模板及支撑架横断面图		图号	13.4.3
设计		制图	审核

13.5 盖挖逆筑法顶板、中板模板

一、适用范围

适用于盖挖逆筑法车站顶板、中板模板施工。

二、技术要求

1. 盖挖逆筑法车站顶板、中板模板通常采用地模。

2. 地模通常采用C15混凝土作为垫层，上铺设12～15厚胶合板作为底模板。

3. 如遇下翻梁，梁两侧模板应采用砖或加气块砌筑后安装。

4. 中板侧墙向下预留接驳器位置。应首先将接驳器做好保护，再回填砂子，砂子没过接头不小于5cm，上铺竹胶合板。

三、注意事项

1. 为保证顶板、中板底部平整，混凝土垫层务必平整，胶合板拼缝务必严密，有有效拼缝连接。

2. 预留接驳器位置务必做好接头保护。

盖挖逆筑法顶板、中板模板说明			图号	13.5.1
设计		制图	审核	

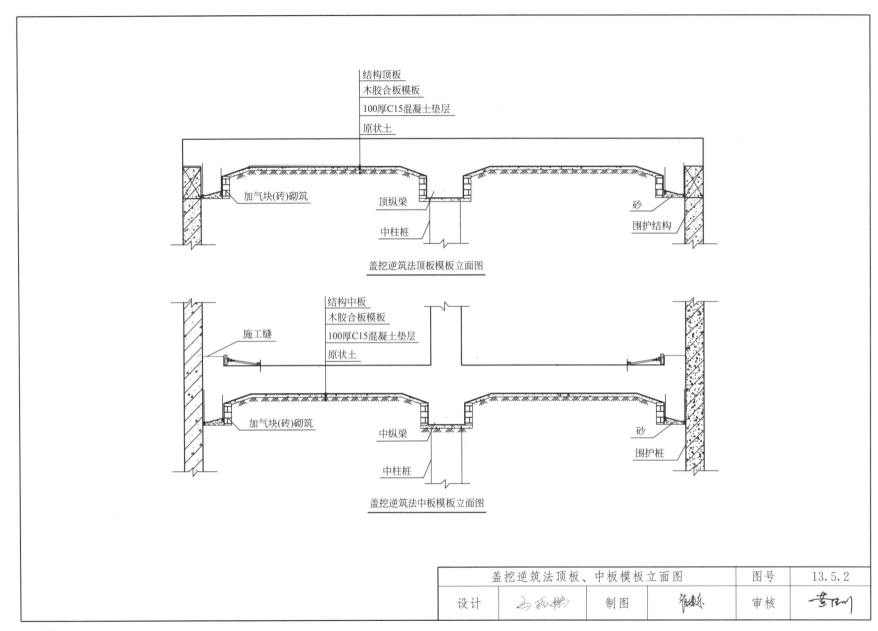

结构顶板
木胶合板模板
100厚C15混凝土垫层
原状土

加气块(砖)砌筑　　　顶纵梁　　　砂

中柱桩　　　围护结构

盖挖逆筑法顶板模板立面图

结构中板
木胶合板模板
100厚C15混凝土垫层
原状土

施工缝

加气块(砖)砌筑　　　中纵梁　　　砂

中柱桩　　　围护桩

盖挖逆筑法中板模板立面图

盖挖逆筑法顶板、中板模板立面图				图号	13.5.2
设计		制图		审核	

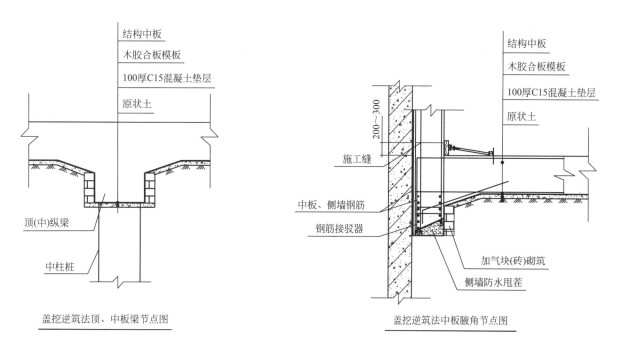

结构中板

木胶合板模板

100厚C15混凝土垫层

原状土

顶(中)纵梁

中柱桩

盖挖逆筑法顶、中板梁节点图

结构中板

木胶合板模板

100厚C15混凝土垫层

原状土

200～300

施工缝

中板、侧墙钢筋

钢筋接驳器

加气块(砖)砌筑

侧墙防水甩茬

盖挖逆筑法中板腋角节点图

注：1. 模板用胶合板亦可采用其他木质模板。
　　2. 顶板、中板下导墙截面应为斜截面，界面角15°，便于侧墙混凝土浇筑。
　　3. 中板上导墙、底板腋角及导墙模板参照明挖车站导墙及腋角模板做法。

| 盖挖逆筑法顶板、中板模板节点图 | 图号 | 13.5.3 |
| 设计　　　 | 制图　　　 | 审核　　　 |

13.6 矿山法车站模板

一、适用范围

适用于矿山法车站现浇混凝土工程的模板模架，本图册以 8 导洞施工为例进行编制。

二、技术要求

1. 根据工程实际需要，矿山法车站底纵梁模板一般采用木胶合板模板，顶纵梁模板一般采用钢模板，二衬扣拱模板一般采用钢模板或大钢模板台车，侧墙模板采用大钢模板，中板及中板梁采用木胶合板及地模体系。所采用的模板材质必须满足规范要求，模板及其支撑架应具有足够的承载力、刚度和稳定性。

2. 矿山法车站顶纵梁梁底支撑架采用 $\phi48$ 满堂扣件式钢管支撑架，梁侧采用工字钢梳形钢架；拱顶二衬支撑架采用工字钢钢架和 $\phi48$ 满堂扣件式钢管支撑架；侧墙支撑架采用定型三角支撑架。

三、注意事项

1. 二衬扣拱模板施工注意事项

（1）排架底托下应铺设 50 厚大板，防止底托局部受力，并保证荷载的扩散。

（2）为保证结构净空尺寸，二衬模板建议考虑外放。

（3）模板表面平整，施工之前均匀涂刷隔离剂，以确保模板拆除时不出现粘模板现象。

（4）模板背楞采用预制工字钢梳形钢架，安装前需实地放样，预拼装检查无误后再投入使用。

（5）支撑架立杆、水平杆、剪刀撑等其他构件材质需满足规范要求，搭设构造需符合规范要求。

2. 侧墙模板施工注意事项

（1）地脚螺栓预埋前应对螺纹采取保护措施，用塑料布包裹、绑牢。

（2）地脚螺栓预埋后应保证螺纹全部裸露在外面，并在同一直线上。

（3）为保证墙体单侧支模板的稳固性，增加附加钢管斜撑进行加固。

	矿山法车站模板说明	图号	13.6.1
设计	刘大鹏	制图 陈佳鑫	审核

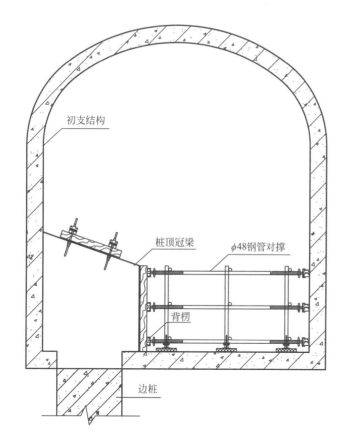

初支结构

桩顶冠梁

ϕ48钢管对撑

背楞

边桩

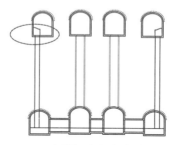

PBA车站施工部位索引示意图

注：1. 本图适用于矿山法车站桩顶冠梁高度≤2000模板施工。
　　2. 梁侧模板采用胶合板或组合钢模板，梁顶斜截面模板采用木胶合板模板，肋(次龙骨)采用100×100方木，背楞(主龙骨)采用双拼ϕ48钢管，梁侧模板采用ϕ48钢管对撑进行支顶，梁顶斜截面模板采用两道M16拉接螺栓与斜截面主筋拉接。
　　3. 梁顶斜截面模板和梁侧模板肋(次龙骨)间距≤300，背楞(主龙骨)间距≤600，梁顶拉接螺栓和梁侧模板ϕ48钢管对撑纵向间距≤600。

矿山法车站冠梁模板立面图		图号	13.6.2
设计	刻大鹏	制图	陈佳鑫	审核	黄伟川

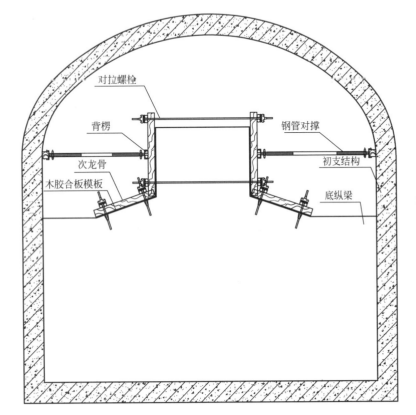

対拉螺栓

背楞

次龙骨

木胶合板模板

钢管对撑

初支结构

底纵梁

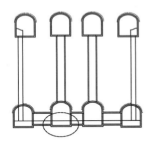

PBA车站施工部位索引示意图

注：1. 本图适用于矿山法车站(8导洞PBA法)上翻梁高度≤1200底
纵梁模板施工。
2. 底纵梁模板面板采用木胶合板模板，肋采用100×100方木，
背楞采用双拼φ48钢管；对拉螺栓配合"山"形卡扣进行加
固，上翻梁两侧中部采用φ48钢管对撑进行支顶。
3. 腋角处拉接螺栓与加腋处加强钢筋焊接固定。
4. 上翻梁100×100木方间距≤300，对拉螺栓纵向间距≤600，
对撑间距同对拉螺栓间距。

| 矿山法车站底纵梁模板立面图 | | | 图号 | 13.6.3 |
| 设计 | 刻大鹏 | 制图 | 陈佳鑫 | 审核 | 李佳川 |

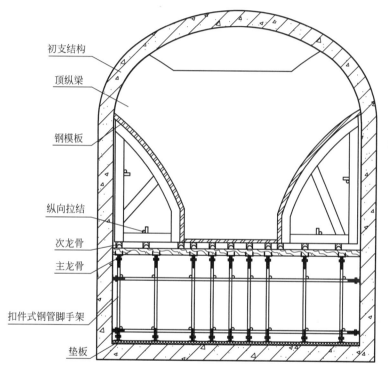

初支结构

顶纵梁

钢模板

纵向拉结

次龙骨

主龙骨

扣件式钢管脚手架

垫板

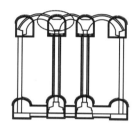

PBA车站施工部位索引示意图

注：1. 本图适用于矿山车站顶纵梁高度≤3000模板施工。
　　2. 梁底模板采用组合钢模板(圆形钢管柱周边采用木胶合板模板)，主、次龙骨采用100×100方木，支撑架采用φ48扣件式钢管脚手架；梁侧模板和倒角面板采用钢模板，背楞采用14号工字钢预制的梳形钢架，纵向采用φ48钢管和直角扣件进行连接加固。
　　3. 顶纵梁为100×100方木，次楞间距≤300，主楞间距≤600，梁侧梳形钢架纵向间距≤600。
　　4. 模架施工顺序：梁底支撑架、梁底模板、梁筋绑扎、侧墙模板、顶纵梁插筋、混凝土浇筑、回填上部混凝土。
　　5. 按相关规范要求，增加斜杆和剪刀撑。
　　6. 梳形架采用14号工字钢焊接制作，工字钢间满焊连接，焊缝高度不小于10。
　　7. 工字钢梳形架每增高600，增设一根横撑，横撑间距不得大于600。

矿山法车站顶纵梁模架立面图				图号	13.6.4
设计	刘大鹏	制图	陈佳鑫	审核	黄佳川

13.7 车站拱顶二衬模板

一、适用范围

适用于矿山法车站拱顶二衬模板施工。

二、技术要求

1. 矿山法车站拱顶二衬模板采用台车施工时，边墙、拱部模板及支撑体系采用整体模板台车，根据初支拆除长度，台车纵向模板长度≤6m。台车的拱模板、侧模板、底模板均采用液压缸伸缩整体模板。台车面板采用厚度为8的钢板，台车拱模板纵梁及行走纵梁上设置活动钢支撑，以防止台车上浮及向内位移，台车采用钢轨行走。

2. 矿山法车站拱部二衬模板采用钢模板时，背楞采用梳形钢架，钢架采用14号工字钢焊接制作而成，各榀梳形钢架采用 ϕ48 钢管拉接固定，主、次龙骨采用100×100方木，支撑架采用扣件式钢管架。

三、注意事项

1. 为保证结构净空尺寸，二衬模板建议考虑外放。

2. 模板表面平整，施工前均匀涂刷隔离剂，以确保模板拆除时不出现粘模现象。

3. 模板背楞采用预制工字钢梳形钢架，安装前需实地放样，预拼装检查无误后再投入使用。

	车站拱顶二衬模板说明	图号	13.7.1
设计	刘大鹏	制图 陈佳鑫	审核

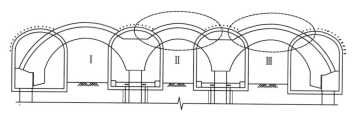

PBA车站施工部位索引示意图

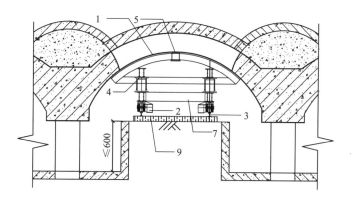

二衬中扣拱(Ⅱ序)台车立面图

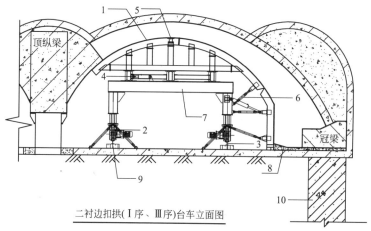

二衬边扣拱(Ⅰ序、Ⅲ序)台车立面图

注：1. 本图适用于矿山法车站二衬扣拱厚度≤900的台车模板体系施工。
    2. 模板每节之间采用螺栓连接，中间设置两层可调试对口撑；模板
       底端与钢模底角预埋钢筋焊接牢固。

1-钢模板；2-行走轮架；3-轨道；4-丝杠千斤顶；
5-进料孔；6-双向丝杠；7-横梁；8-施工缝；
9-方木；10-边桩。

车站拱顶二衬台车模板示意图			图号	13.7.2	
设计	刘大鹏	制图	陈佳鑫	审核	黄伟川

305

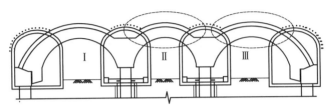

PBA车站施工部位索引示意图

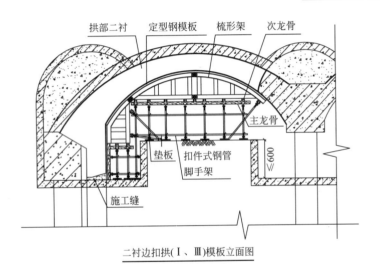

二衬边扣拱(Ⅰ、Ⅲ)模板立面图

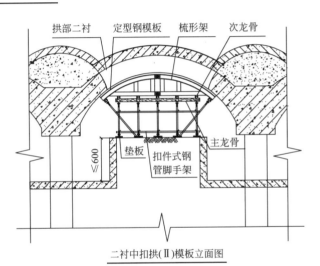

二衬中扣拱(Ⅱ)模板立面图

注：1. 本图适用于矿山法车站二衬扣拱厚度≤900的模板施工。
　　2. 二衬扣拱和侧墙模板采用钢模板，次龙骨采用梳形钢架，钢架采用14号工字钢加工而成，
　　　 主龙骨采用100×100方木，支撑架采用扣件式钢管脚手架。
　　3. 梳形钢架纵向间距≤600，主楞间距≤600，扣件式钢管脚手架间距为600(纵距)×900(横距)。

车站拱顶二衬扣拱模板立面图	图号	13.7.3
设计　刘大鹏	制图　陈佳鑫	审核　黄仁川

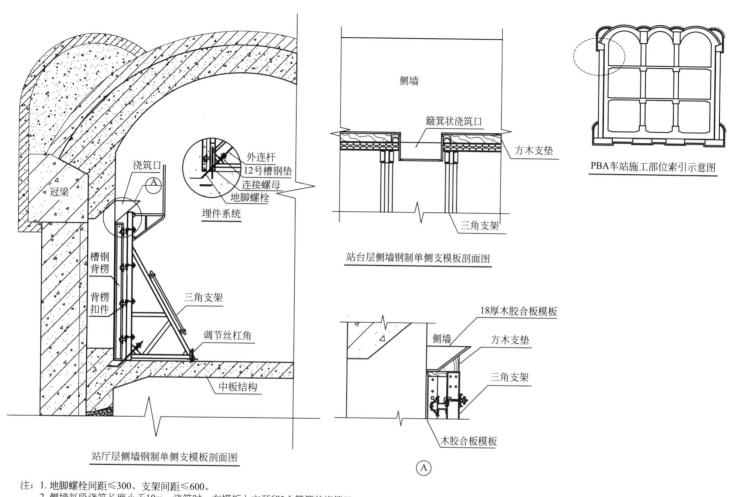

外连杆
12号槽钢垫
连接螺母
地脚螺栓
埋件系统

浇筑口

冠梁

槽钢背楞

背楞扣件

三角支架

调节丝杠角

中板结构

站厅层侧墙钢制单侧支模板剖面图

侧墙

簸箕状浇筑口

方木支垫

三角支架

站台层侧墙钢制单侧支模板剖面图

PBA车站施工部位索引示意图

18厚木胶合板模板

侧墙

方木支垫

三角支架

木胶合板模板

Ⓐ

注：1. 地脚螺栓间距≤300、支架间距≤600。
　　2. 侧墙每段浇筑长度小于10m，浇筑时，在模板上方预留3个簸箕状浇筑口。

车站侧墙模板立面图			图号	13.7.4
设计	刘大鹏	制图 陈佳鑫	审核	黄作川

13.8 矿山法区间模板

一、适用范围

适用于矿山法施工隧道的仰拱、侧墙、拱顶等二衬混凝土构件的模板及支撑架工程施工。

二、技术参数

1. 矿山法区间模板底板仰拱采用人工抹面和倒角模板相结合的方式，底板两侧模板采用弧形钢模板，其长度根据衬砌台车施工的长度确定，采用两道横向钢管支撑。

2. 二衬模板采用模板台车施工时，边墙及拱部模板及撑体系采用整体模板台车，台车纵向模板长度为 9～12m。台车的拱模板、侧模板、底模板均采用液压缸伸缩整体模板，并满足正洞直线和曲线不同断面的要求。台车面板采用 8 厚钢板，台车拱模纵梁及行走纵梁上设置活动钢支撑，防止台车上浮及向内位移，台车采用轨道行走。

3. 二衬模板采用组合钢模板施工时

（1）边墙及拱部组合模板体系，由型钢拱架、纵梁、型钢内支撑及钢模板组成。拱顶处设置 2 个灌注混凝土孔，两侧分别布设观测孔。

（2）型钢拱架分两片用螺栓连接成整体作为背衬。工字钢支撑横向及竖向均采用工字钢，纵向连接采用角钢，与钢拱架连接，模板主龙骨采用定型 16 号工字钢，次龙骨采用角钢与主龙骨连接。

三、注意事项

1. 排架底托下铺设 50 厚大板，防止底托局部受力，并保证荷载的扩散。

2. 为保证结构净空尺寸，二衬模板建议考虑外放。

3. 模板表面应光滑，施工前均匀涂刷隔离剂，确保模板拆除时无粘模。

4. 模板背楞采用预制工字钢梳形钢架，安装前需实地放样，预拼装检查无误后再投入使用。

5. 支撑架立杆、水平杆、剪刀撑等其他构件材质需满足规范要求，搭设构造需符合规范要求。

6. 暗挖二衬施工顺序应符合设计图纸要求。

		矿山法区间模板说明		图号		13.8.1
设计		制图		审核		

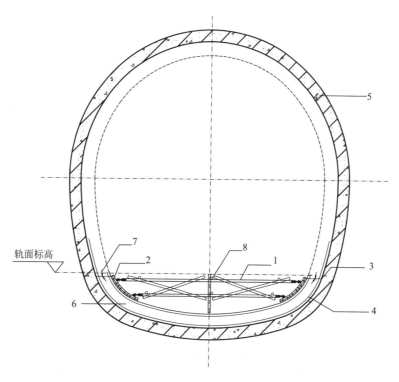

轨面标高

1-φ48钢管对撑；2-组合钢模板；3-施工缝；4-二衬钢筋；
5-初衬结构；6-二衬结构；7-止水带；8-纵向连接钢管。

注：1. 模板采用组合钢模板，每节模板之间用螺栓连接，中间设置两层可调试对撑。
  2. 模板底端与钢模板底角预埋钢筋焊接牢固。

矿山法区间仰拱模板支设示意图		图号	13.8.2
设计	制图	审核	

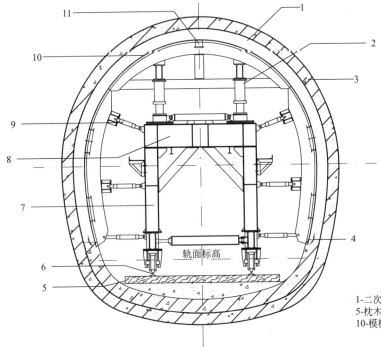

注：1. 边墙及拱部模板及支撑体系采用整体模板台车的拱模板、侧模板、底模板均采用液压油缸伸缩模板，以适用正洞直线和曲线不同断面。
2. 模板台车面板采用8厚钢板，台车拱模板纵梁及行走纵梁上设置活动钢支撑。
3. 模板台车上设置纵向、环向灌注口；拱顶的灌注口设置灌注管，便于和混凝土输送管连接。
4. 在仰拱达到设计强度后，在洞内组装模板台车，同时进行隧道净空测量，放出中线及控制标高点。

1-二次衬砌；2-丝杠千斤顶；3-初期支护；4-施工缝；
5-枕木；6-轨道；7-立柱；8-横梁；9-双向丝杠；
10-模板；11-进料孔。

矿山法区间标准断面模板台车示意图	图号	13.8.3
设计	制图	审核

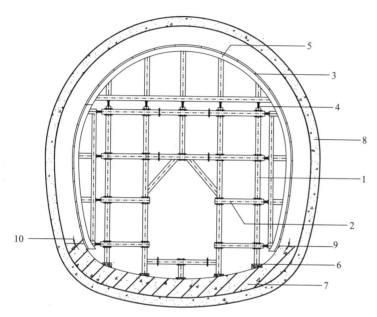

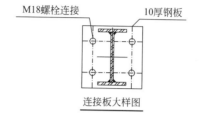

M18螺栓连接　　　　　10厚钢板

连接板大样图

注：1. 底板仰拱采用人工抹面和倒角模板相结合的方式，底板两侧模板
       采用定型弧形钢模板。
    2. 边墙及拱部组合模板体系，由型钢拱架、纵梁、型钢内支撑及钢
       模板组成。拱顶处设置两个灌注孔，两侧分别布设观测孔。
    3. 型钢拱架分两片用螺栓连接成整体作为背衬。
    4. 横向及竖向支撑均采用工字钢，纵向采用角钢与钢拱架连接，保
       证支撑体系的整体性及稳定性。模板主龙骨采用定型工字钢，次
       龙骨采用角钢与主龙骨连接。
    5. 型钢支撑架间使用配套纵向连接杆件。
    6. 每榀型钢模架间距约1.2m。
    7. 模架施工沿人防段整体搭设，不得留置施工缝。

1-竖向支撑(工字钢)；2-横向支撑(工字钢)；3-定型钢模板；
4-可调支撑；5-型钢拱架(工字钢)；6-垫板；7-初期支护；
8-二衬仰拱；9-施工缝；10-止水带。

矿山法区间人防断面钢模板剖面图		图号	13.8.4
设计	制图	审核	

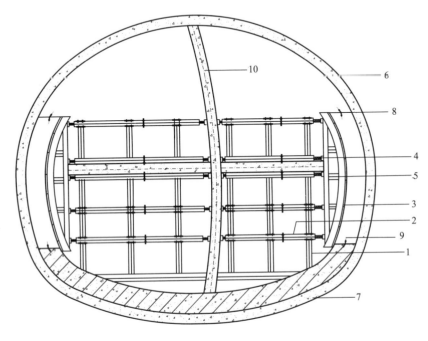

注：同图13.8.4注1.~注4.内容。型钢拱架、
　　连接板大样图见图13.8.4。

1-竖向支撑(工字钢)；2-横向支撑(工字钢)；3-定型钢模板；
4-可调杆撑；5-型钢拱架(工字钢)；6-初期支护；7-二衬仰拱；
8-施工缝；9-止水带；10-临时中隔壁。

矿山法区间CRD断面施工模板及支撑架图（一）				图号	13.8.5
设计	高志	制图	刘珙	审核	黄俊川

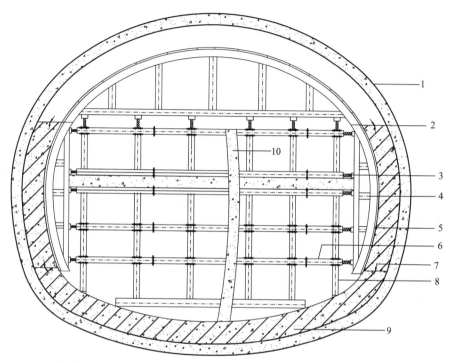

注：同图13.8.4注1.～注4.内容。

1-初期支护；2-施工缝；3-可调丝托；4-型钢拱架(工字钢)；
5-定型钢模板；6-横向支撑(工字钢)；7-止水带；
8-竖向支撑(工字钢)；9-初期支护；10-临时中隔壁。

矿山法区间CRD断面施工模板及支撑架图（二）		图号	13.8.6
设计	制图	审核	

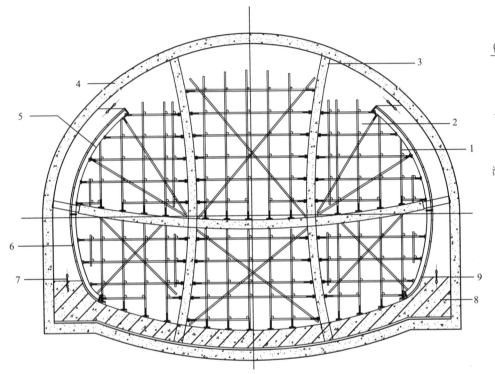

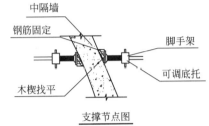

中隔墙

钢筋固定

脚手架

木楔找平

可调底托

支撑节点图

注：同图13.8.4注1.～注4.内容。双侧壁导坑拆撑长度
不得大于6m。立杆顶部自由端不大于500。

1-φ48钢管支撑架；2-剪刀撑；3-临时中隔壁；4-初期支护；5-型钢拱架(工字钢)；
6-定型钢模板；7-施工缝；8-二衬仰拱；9-止水带。

| 矿山法区间双侧壁导坑断面模板图（一） | | | | 图号 | 13.8.7 | |
| 设计 | 高志 | 制图 | 刘珏琪 | 审核 | 曹佑川 | |

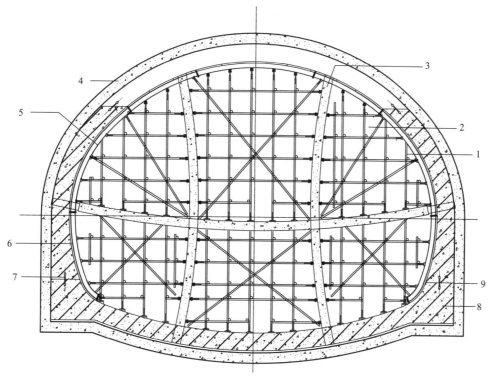

注：同图13.8.7注的内容。

1-φ48钢管支撑架；2-剪刀撑；3-临时中隔壁；4-初期支护；5-型钢拱架(工字钢)；
6-定型钢模板；7-施工缝；8-二衬仰拱；9-止水带。

矿山法区间双侧壁导坑断面模板图（二）		图号	13.8.8
设计	制图	审核	

13.9 高架结构模板

一、适用范围

适用于轨道交通高架车站和高架区间混凝土结构工程的模架施工。

二、技术要求

1. 高架车站结构柱、梁、板优先采用胶合板模板；桥梁下部结构承台、墩台、标准梁和异形结构优先采用定型可调组合钢模板。

2. 车站和区间结构推荐采用承插型盘扣式钢管脚手架支撑体系，混凝土工程所采用的模板及其支撑架体系必须具有足够的强度、刚度和稳定性。

3. 根据混凝土结构的施工工艺、构件截面尺寸和季节性施工措施等，确定模板构造和所承受的荷载，绘制配板设计图、支撑加固设计布置图、细部构造节点详图。

三、注意事项

1. 按照实际模板承受荷载的最不利组合对模板进行设计计算。

2. 高大模架体系优先选用 $\phi 60$ 重型支撑架，一般模架可选用 $\phi 48$ 标准型支撑架。

3. 混凝土模板对拉螺栓应做专项设计。

高架结构模板说明			图号	13.9.1
设计	潘振时	制图	彭海中	审核	丁志坚

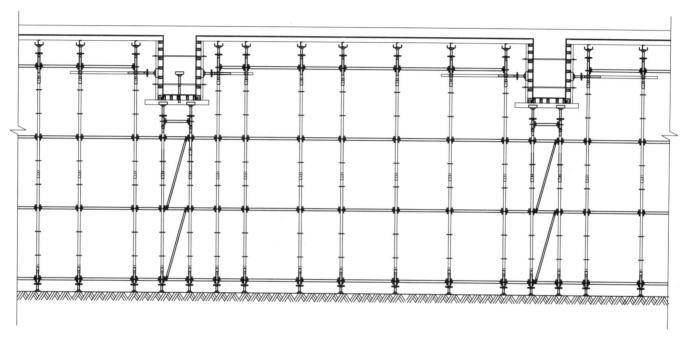

注：1. 适用于轨道交通高架车站结构模板施工。
2. 混凝土模板采用胶合板模板，支架采用盘扣式承插体系。
3. 按照模板承受荷载的最不利组合对模板进行设计验算，包括面板的强度、抗剪和挠度、
内、外侧背楞或主、次龙骨的强度和挠度、对拉螺栓的强度等。

高架结构车站模架横剖面图		图号	13.9.2
设计	潘振河	制图	彭海中	审核	丁志坚

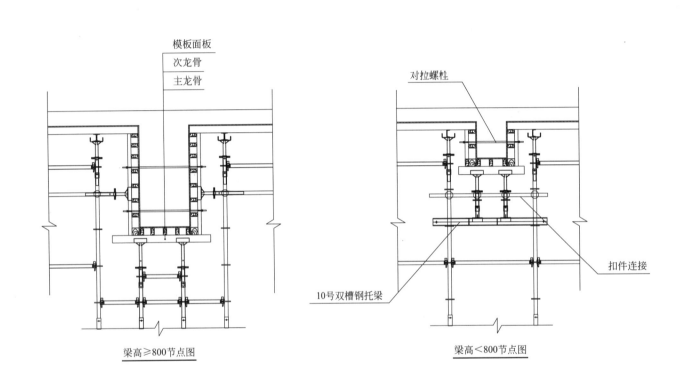

模板面板

次龙骨

主龙骨

对拉螺栓

扣件连接

10号双槽钢托梁

梁高≥800节点图

梁高＜800节点图

高架结构车站梁模板节点图	图号	13.9.3
设计 潘花丽	制图 彭海中	审核 丁志坚

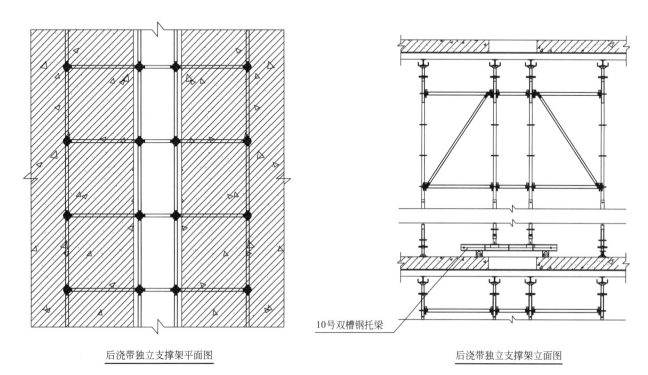

后浇带独立支撑架平面图

后浇带独立支撑架立面图

10号双槽钢托梁

注：1. 适用于高架车站楼板变形缝宽800～1000。
　　2. 变形缝两侧模板与整体同步搭设，拆除模架时，悬臂板下各保留两排立杆。

高架结构车站后浇带节点图		图号	13.9.4
设计	潘振海	制图	彭海中	审核	丁志坚

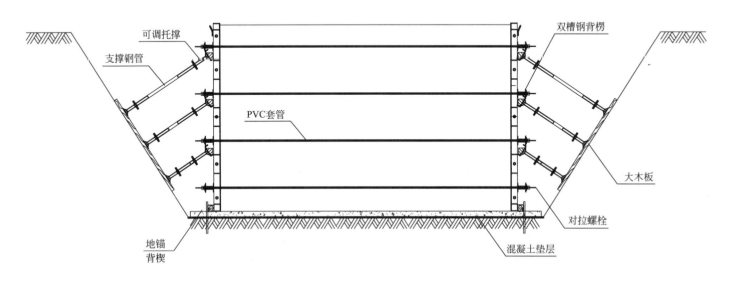

注：1. 对拉螺栓采用 $\phi 20 \sim \phi 28$ 螺栓。
　　2. 吊环采用未经冷拉的HPB钢材，直径根据模板重量计算确定。
　　3. 背撑采用 $\phi 48$ 钢管加固模板，保证整体稳定性。
　　4. 基坑放坡需符合规范要求，并设置排水沟和集水坑。

高架结构桥梁承台钢模板安装图				图号	13.9.5
设计	潘振海	制图	彭过中	审核	丁志坚

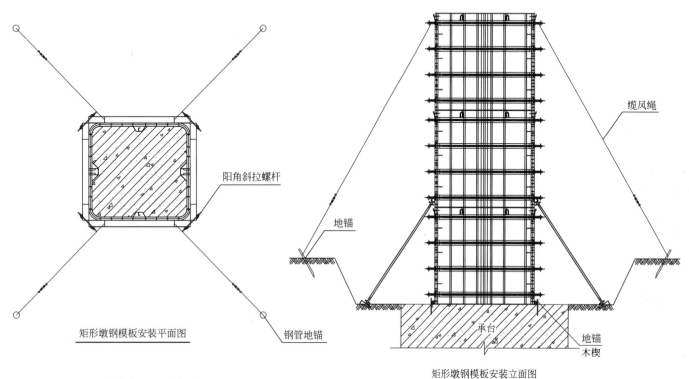

矩形墩钢模板安装平面图

阳角斜拉螺杆

钢管地锚

缆风绳

地锚

承台

地锚

木楔

矩形墩钢模板安装立面图

注：1. 适用于高度在9m以下的桥墩。
　　2. 钢模板背楞采用双拼槽钢。
　　3. 角部对拉丝杆采用 $\phi22\sim\phi28$ 螺杆。
　　4. 钢管支撑与缆风绳间距为3m。

高架结构桥梁矩形墩钢模板安装图				图号	13.9.6
设计	潘花雨	制图	彭海中	审核	丁志坚

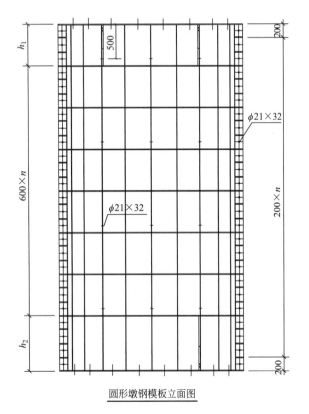

圆形墩钢模板立面图

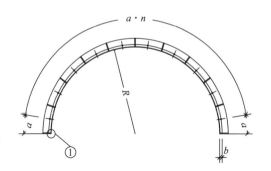

圆形墩钢模板平剖图

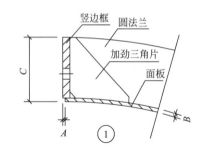

圆形墩钢模板节点图

注：模板安装与支撑加固方法参照13.9.6。

图中A为模板搭接错茬宽度，B为模板厚度，C为竖边框宽度，a为竖向肋板环向间距，
b为螺栓孔模板外边距，n为肋板标准个数，h_1、h_2为条件高度。

高架结构桥梁圆形墩钢模板组装图				图号	13.9.7
设计	潘振海	制图	彭海中	审核	丁志坚

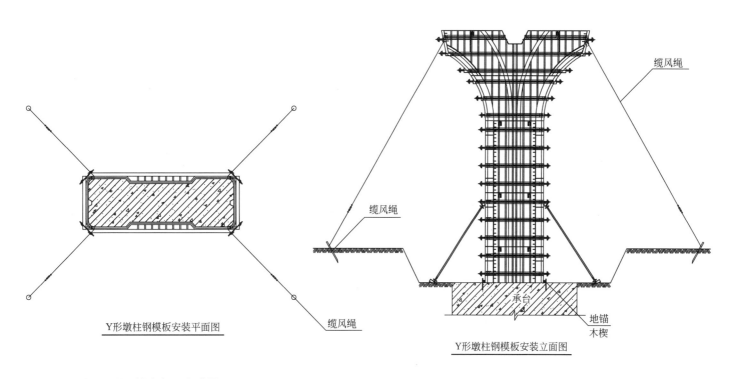

Y形墩柱钢模板安装平面图

缆风绳

缆风绳

承台

地锚
木楔

Y形墩柱钢模板安装立面图

注：1. 适用于高度在9m以下桥墩。
　　2. 钢模板背楞分别采用8、14号槽钢。
　　3. 角部对拉丝杠采用$\phi22$～$\phi28$螺栓。
　　4. 钢管支撑与风缆间距为3m。

高架结构桥梁Y形墩柱钢模板安装图		图号	13.9.8
设计	潘拓闻	制图	彭逸中	审核	丁志坚

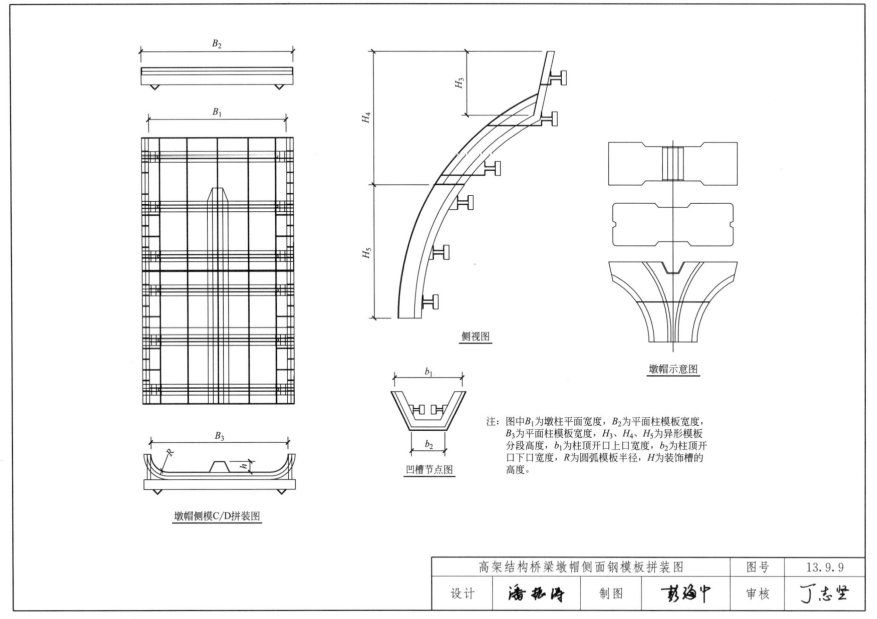

B_2

B_1

B_3

R

h

墩帽侧模C/D拼装图

H_3

H_4

H_5

侧视图

b_1

b_2

凹槽节点图

墩帽示意图

注：图中B_1为墩柱平面宽度，B_2为平面柱模板宽度，
B_3为平面柱模板宽度，H_3、H_4、H_5为异形模板
分段高度，b_1为柱顶开口上口宽度，b_2为柱顶开
口下口宽度，R为圆弧模板半径，H为装饰槽的
高度。

高架结构桥梁墩帽侧面钢模板拼装图			图号	13.9.9
设计	潘拓冯	制图	彭海中	审核	丁志坚

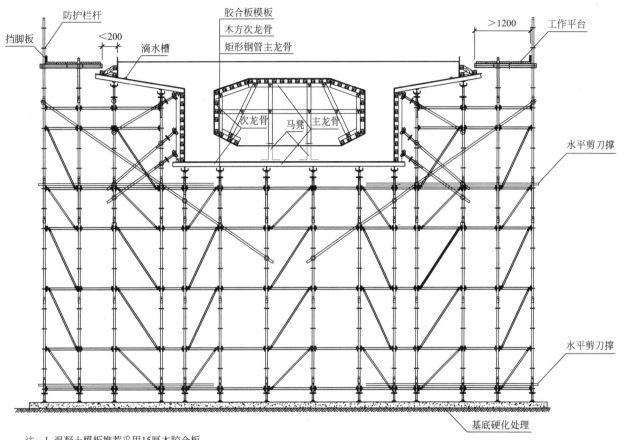

注：1. 混凝土模板推荐采用15厚木胶合板。
　　2. 梁底建议采用矩形钢管主龙骨，支撑架采用A型钢管立杆。

高架结构现浇箱梁支模架图				图号	13.9.10
设计	潘拓时	制图	彭海中	审核	丁志坚

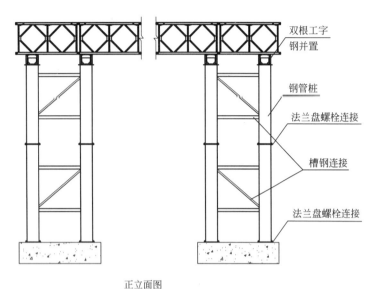

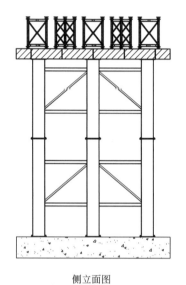

正立面图

侧立面图

注：1. 适用于轨道交通高架现浇梁结构及防护设施门洞施工。
2. 本图为桁架结构门洞示意图，门洞净空不小于4.5m。
3. 门洞支撑选用钢管柱加钢围楞形式，钢管柱推荐 ϕ609型。钢围楞为双拼45b工字钢。钢管柱用14号槽钢拉结。
4. 钢管柱每节采用法兰盘螺栓进行连接。
5. 支墩基底承载力不小于200kPa。
6. 支墩基础为钢筋混凝土结构，混凝土强度等级不小于C25。

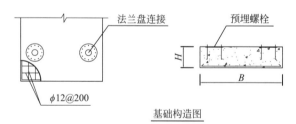

基础构造图

高架结构桥梁桁架门洞布设图		图号	13.9.11
设计	潘拓阿	制图	彭海中	审核	丁志坚

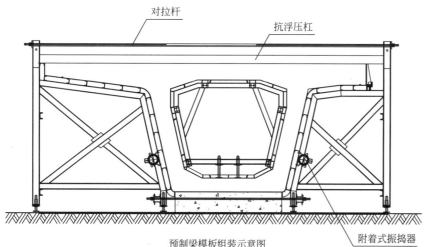

对拉杆

抗浮压杠

预制梁模板组装示意图

附着式振捣器

箱内模板组装示意图

预制梁模板横肋布置图

注：1. 本图为高架结构预制箱梁模板断面图。
  2. 外模采用6～8面板、8号槽钢横肋，12号、10号槽钢支架。
  3. 内模板面板为4厚钢板，横肋为5厚钢板，边框为6厚钢板，
     内模架为8号槽钢。
  4. 内模架和模板之间采用M12螺栓连接。

高架结构预制箱梁钢模板组装图		图号	13.9.12
设计	潘抗洋 制图 彭海中	审核	丁志坚

13.10 细部、大样、其他模板

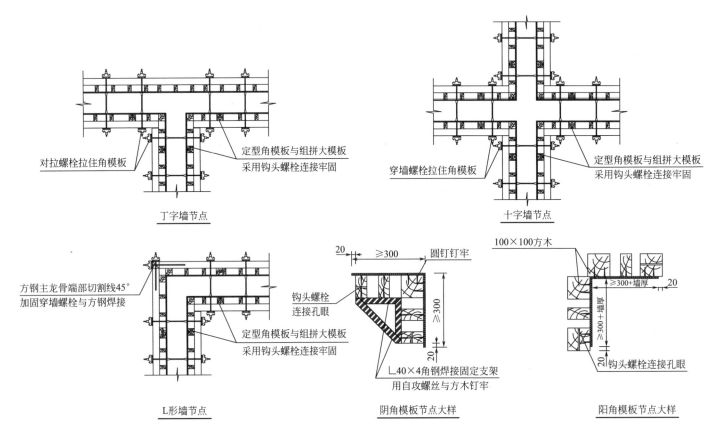

对拉螺栓拉住角模板

定型角模板与组拼大模板
采用钩头螺栓连接牢固

丁字墙节点

穿墙螺栓拉住角模板

定型角模板与组拼大模板
采用钩头螺栓连接牢固

十字墙节点

方钢主龙骨端部切割线45°
加固穿墙螺栓与方钢焊接

定型角模板与组拼大模板
采用钩头螺栓连接牢固

L形墙节点

20 ≥300 圆钉钉牢

钩头螺栓
连接孔眼

≥300

20

∟40×4角钢焊接固定支架
用自攻螺丝与方木钉牢

阴角模板节点大样

100×100方木

≥300+墙厚 20

≥300+墙厚

20 钩头螺栓连接孔眼

阳角模板节点大样

注：1. 墙体模板拆除顺序是先拆阳角模板，后拆平板，最后拆阴角模板。
　　2. 阴角的角钢固定支架间距通常为600～800，同时要错开横向龙骨。

十字墙、丁字墙、转角、阴阳角模板		图号	13.10.1
设计	制图	审核	

328

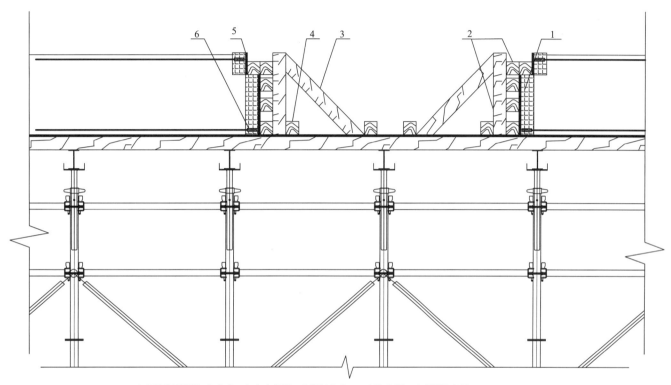

1-100厚聚苯板；2-方木；3-方木斜撑；4-锁口方木；5-木胶合板；6-直螺纹套筒。

注：1. 方木斜撑设置角度宜为45°，每背楞背后设置一道，当预留洞口尺寸较小时，也可水平设置对顶支撑。
　　2. 洞口钢筋预留一级直螺纹套筒，用于后期洞口封堵时钢筋连接，套筒埋应超过先浇混凝土边线20。

顶板或中板预留洞口模板搭设图		图号	13.10.2
设计	制图	审核	

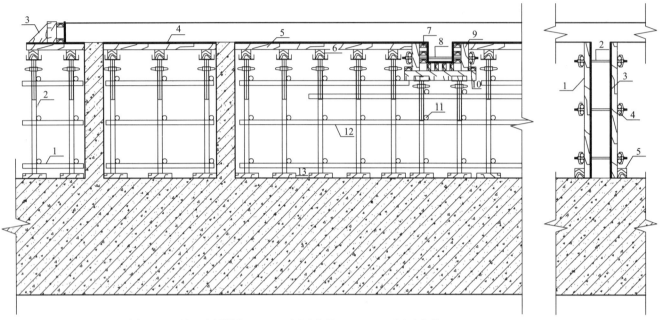

1-扫地杆；2-立杆；3-定型背楞；4-15厚木胶合板模板；5-40×80木方次龙骨；6-100×100木方主龙骨；
7-40×80木方次肋；8-M14对拉螺栓；9-40×80木方主肋；10-φ48双钢管背楞；11-纵向水平杆；
12-横向水平杆；13-250厚垫板。

1-40×80木方主肋；
2-M14对拉螺栓；
3-15厚木胶合板模板；
4-φ48双钢管背楞；
5-100×100锁脚方木。

站台板下墙体模板

站台板模板

注：1. 车站站台施工时，进行板下墙体模板搭设及钢筋混凝土施工，再进行站台板模板搭设及钢筋混凝土施工。
　　2. 站台板下墙体主肋间距宜为300，背楞及对拉螺栓横纵间距宜为500。
　　3. 站台板支撑立杆横纵间距宜为900，次龙骨间距宜为300，主龙骨间距宜为900。
　　4. 站台板上梁底支撑立杆不得少于两根，梁底主次龙骨间距同站台板设置，两侧次龙骨间距宜为300，φ48
　　　双钢管背楞设置一道，纵向间距宜为500。

站台板模板				图号	13.10.3
设计	张鹏口	制图	张继起	审核	

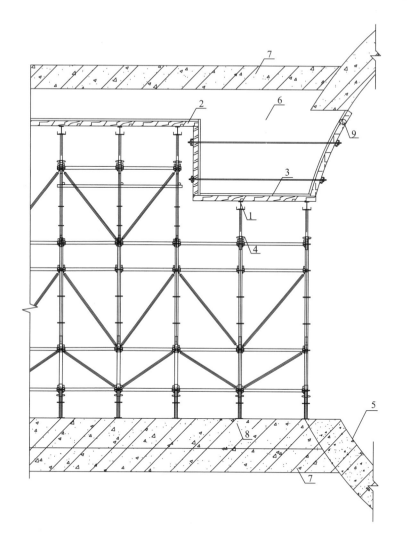

1-主龙骨；2-次龙骨；3-拉胶合板模板；
4-可调顶托；5-钢筋混凝土环片；6-二衬；
7-初支；8-底板；9-浇筑孔。

盾构隧道联络通道洞口模架示意图				图号	13.10.4
设计		制图		审核	

331

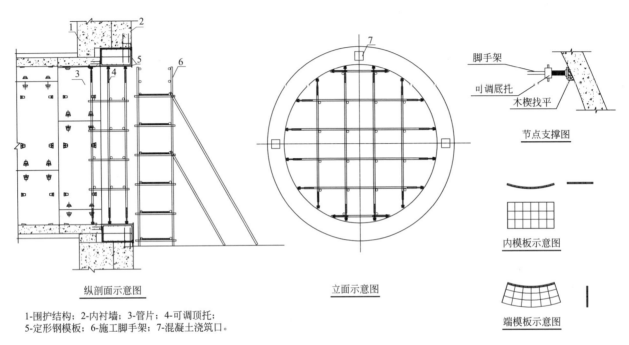

脚手架
可调底托
木楔找平

节点支撑图

纵剖面示意图

立面示意图

内模板示意图

端模板示意图

1-围护结构；2-内衬墙；3-管片；4-可调顶托；
5-定形钢模板；6-施工脚手架；7-混凝土浇筑口。

注：1. 环梁浇筑，预留3个浇筑口，分别位于3、9和12点钟位置。
　　2. 洞门环梁采用定形钢模板施工，内模板与端模板、模板与模板之间均采用螺栓连接固
　　　　定。环梁浇筑混凝土内膜板，以内支撑加固为主。径向模板支撑采用48×3.5钢管脚手
　　　　架及十字扣件，配合顶托调节长度；隧道线路方向采用钢筋与管片螺栓拉紧防止外移；
　　　　端头模板采用洞门钢环面焊接拉杆固定。

盾构洞门环梁模架示意图					图号	13.10.5
设计	*戈印*	制图	*后瀚仪*	审核		

第十四章

城市综合管廊模架

14.1 城市综合管廊模架

一、适用范围

现浇或预制叠合式城市综合管廊的模架工程施工。

二、技术要求

1. 城市综合管廊（以下均简称管廊）通常由顶板、墙体、底板构成。在管廊的外墙同底板、顶板相交处均设置45°角，在入廊管道转折或者进出结构的位置，通常设置高舱，为后续管道安装设置的投料口处一般也设置高舱。通常每隔30m设置一道伸缩缝，根据管廊净空的不同，每隔一定长度设置集水坑。

2. 现浇管廊为底板、侧墙、顶板组合而成，模板体系采用面板加主次梁及支撑体系。模板面板可以采用胶合板、塑料、铝合金等材质，支撑体系可以采取扣件式钢管脚手架、碗扣式钢管脚手架、盘扣式脚手架等支撑体系，根据现场实际选择。本章图中示例模板面板为胶合板模板，主次龙骨为方木，支撑体系为扣件式钢管脚手架。

3. 预制管廊为现浇底板、预制叠合式侧墙（双皮板）、预制叠合式顶板（单皮板）组合而成。侧墙支撑体系采用钢制斜撑，通过螺栓与预埋螺母进行连接。顶板支撑体系选用扣件式钢管脚手架或碗扣式钢管脚手架支撑体系，采用方木做主龙骨。

4. 顶板模板面板厚度应≤15，次龙骨宜用≤50×50方木、主龙骨宜用≤100×100方木。支撑体系根据实际选择，并满足相应规范的要求。

三、注意事项

本章图中未标注的尺寸通过计算确定，同时满足相应规范中最高限值的要求。当遇到断面较大、高宽比超过规范要求时，应设置剪刀撑。

城市综合管廊模架说明			图号	14.1.1
设计	张礼礼	制图	晁志然	审核	姜传库

14.2 管廊模板

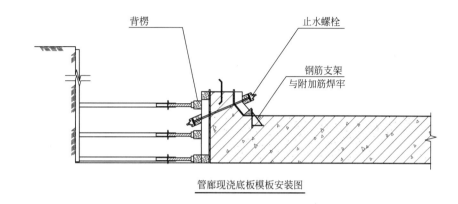

背楞　　止水螺栓

钢筋支架
与附加筋焊牢

管廊现浇底板模板安装图

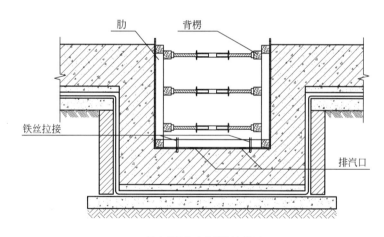

肋　　背楞

铁丝拉接

排汽口

管廊现浇集水坑模板安装图

注：1. 当集水坑深度较深时，宜采取抗浮措施。
　　2. 排气孔间距不宜大于800，具体应由浇筑面积确定。

管廊现浇底板、集水坑模板安装图		图号	14.2.1
设计	制图	审核	

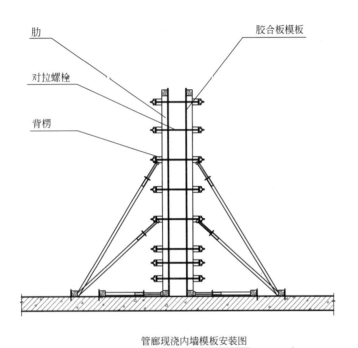

管廊现浇内墙模板安装图

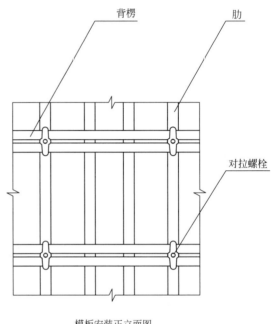

模板安装正立面图

注：肋一般采用50×100方木，背楞宜采用100×100方木或型钢。

管廊现浇内墙模板安装图				图号	14.2.2
设计	张礼样	制图	吕然	审核	姜怡华

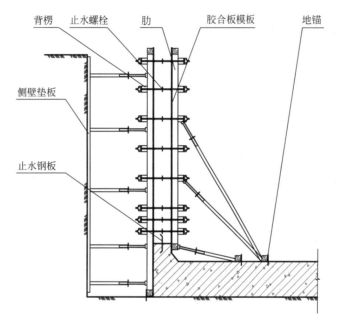

背楞　止水螺栓　肋　胶合板模板　地锚

侧壁垫板

止水钢板

注：肋一般采用50×100方木，背楞宜采用100×100方木或型钢。

管廊现浇外墙模板安装图		图号	14.2.3
设计	制图	审核	

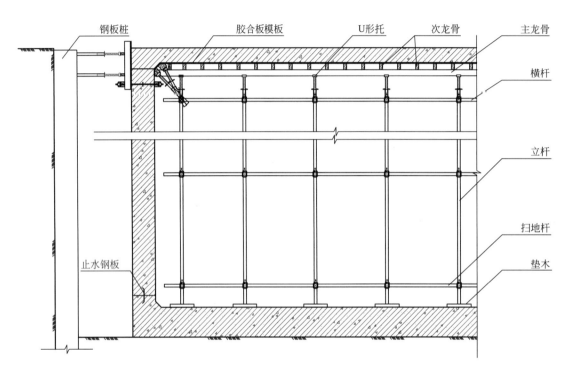

钢板桩　　胶合板模板　　U形托　　次龙骨　　主龙骨

横杆

立杆

扫地杆

垫木

止水钢板

注：1. 龙骨可以采取方木、钢管、型钢等多种形式，截面的尺寸应通过计算确定。
　　2. 支撑体系可以选用碗扣钢管、扣件式钢管、工具式脚手架等，具体根据工况确定。
　　　　支撑脚手架的排距、间距、步距通过计算确定。

管廊现浇顶板模板安装图		图号	14.2.4
设计	制图	审核	

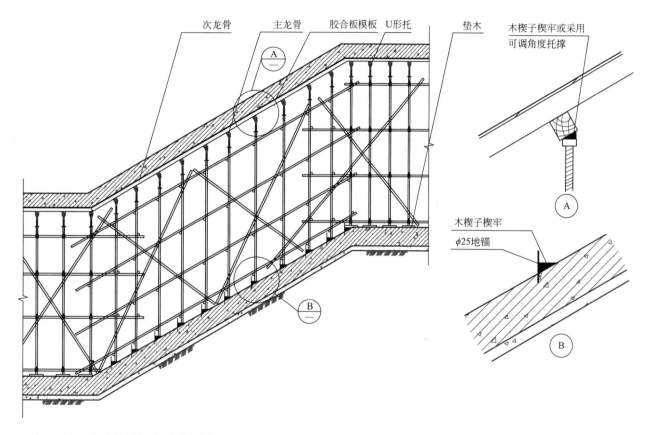

次龙骨　主龙骨　胶合板模板　U形托　垫木

木楔子楔牢或采用
可调角度托撑

A

木楔子楔牢
$\phi25$地锚

B

注：1. 支撑体系可采用碗扣式、扣件式钢管脚手架，工具式脚手架根据实际情况选用。
　　2. 当宽高比超过其对应体系规范规定的限值时，按相应规范要求设置剪刀撑。

倒虹段模板安装剖面图		图号	14.2.5
设计	制图	审核	

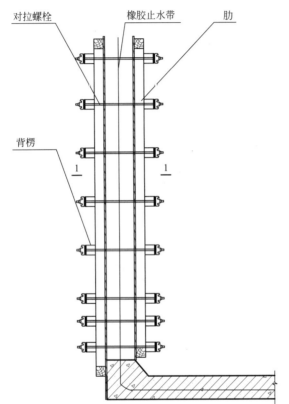

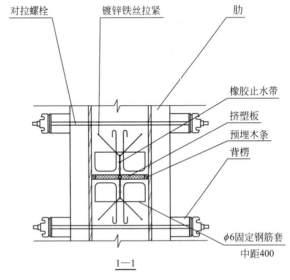

对拉螺栓　橡胶止水带　肋

背楞

1　1

对拉螺栓　镀锌铁丝拉紧　肋

橡胶止水带

挤塑板

预埋木条

背楞

φ6固定钢筋套
中距400

1—1

管廊变形缝处模板安装图		图号	14.2.6
设计	制图	审核	

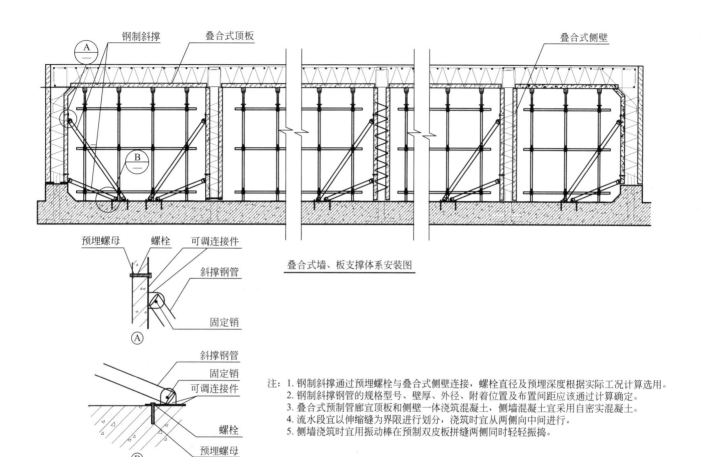

钢制斜撑　叠合式顶板　叠合式侧壁

叠合式墙、板支撑体系安装图

预埋螺母　螺栓　可调连接件

斜撑钢管

固定销

Ⓐ

斜撑钢管

固定销

可调连接件

螺栓

预埋螺母

Ⓑ

注：1. 钢制斜撑通过预埋螺栓与叠合式侧壁连接，螺栓直径及预埋深度根据实际工况计算选用。
　　2. 钢制斜撑钢管的规格型号、壁厚、外径、附着位置及布置间距应该通过计算确定。
　　3. 叠合式预制管廊宜顶板和侧壁一体浇筑混凝土，侧墙混凝土宜采用自密实混凝土。
　　4. 流水段宜以伸缩缝为界限进行划分，浇筑时宜从两侧向中间进行。
　　5. 侧墙浇筑时宜用振动棒在预制双皮板拼缝两侧同时轻轻振捣。

叠合式墙、板支撑体系安装图		图号	14.2.7
设计	制图	审核	

341

第十五章

其他市政工程模架

15.1 市政排水工程模板

一、适用范围

适用于开槽法施工采用混凝土基础的室外埋地重力流无压混凝土排水管道施工及现浇混凝土检查井的基础、墙体模板施工。结构断面由设计确定，本图中均为示意。

二、技术要求

1. 根据工程实际情况需要，排水管道混凝土基础、检查井墙体模板一般采用胶合板模板。对模板及支撑架，应进行设计。模板及支撑架应具有足够的承载力、刚度和稳定性，应能可靠地承受施工过程中所产生的各类荷载。

2. 模板支撑架体系一般采用方木、型钢或其组合形式，也可以采用其他材料，确保支撑体系的稳定。

3. 根据混凝土构件截面尺寸、荷载大小、地基情况确定模板及支撑架的形式和构造。绘制模板及支撑架施工图、细部节点详图。

4. 根据模板及支撑架施工图，按照模板承受荷载的最不利组合对模板、支撑架、对拉螺栓进行抗弯强度、抗剪强度、挠度等验算，确定模板面板的厚度，确定支撑架、对拉螺栓的规格、间距。

5. 模板按施工图进行加工、制作。

6. 模板面板背楞的截面高度宜统一，模板制作安装时面板接缝应严密。

7. 符合施工方案的要求，竖向模板、支撑架宜安装在垫层或基础上，如安装在土层上时，应铺设不小于200宽、50厚的通长垫板，也可采取其他措施，确保基底具有足够强度和支撑面积。

8. 支撑架的竖向斜撑与水平斜撑应与支撑架同步搭设，钢管支撑架的竖向斜撑与水平斜撑的搭设应符合现行钢管脚手架标准的规定。

三、注意事项

模板的规格、尺寸，支撑架杆件的规格、壁厚，对拉螺栓的规格、间距根据计算确定。

	市政排水工程模板总说明		图号	15.1.1
设计	*(签名)*	制图 *(签名)*	审核	*(签名)*

343

15.2 市政排水工程模板

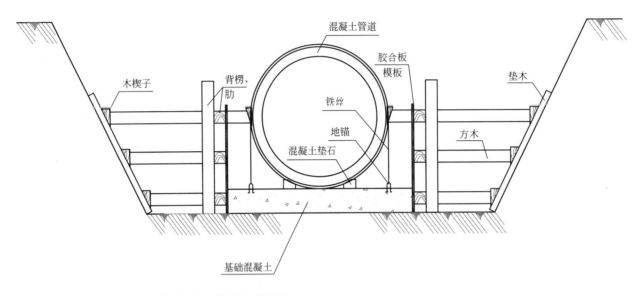

注：1. 模板内侧支撑间距根据计算确定，随混凝土浇筑拆除。
　　2. 每根管采用2根铁丝固定。
　　3. 模板面板一般采用15～20的胶合板，背楞、肋采用100×100或50×100的方木，间距根据计算确定。

现浇混凝土管基半包模板图					图号	15.2.1
设计	张西成	制图	张西成	审核	姜传水	

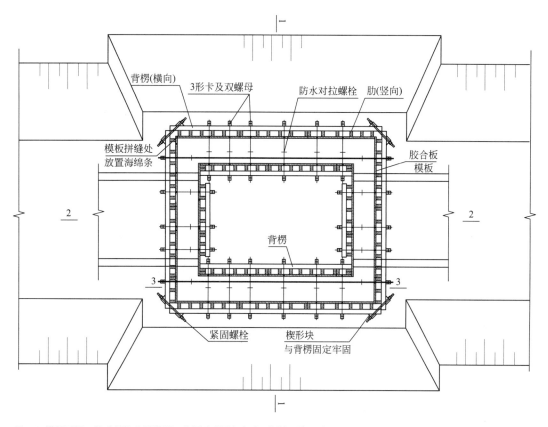

背楞(横向)　3形卡及双螺母　防水对拉螺栓　肋(竖向)

模板拼缝处
放置海绵条

胶合板
模板

2

2

背楞

3　　　　3

紧固螺栓　楔形块
与背楞固定牢固

注：1. 模板面板一般采用胶合板模板，背楞可采用方木或双钢管，肋可采用方木，也可采用
　　　其他材料，具体规格、间距依据计算确定。
　　2. 对拉螺栓直径应符合施工方案要求，直径一般为12～16，纵、横间距依据计算确定。

现浇混凝土检查井模板平面图				图号	15.2.2
设计	王凯	制图	王凯	审核	黄业华

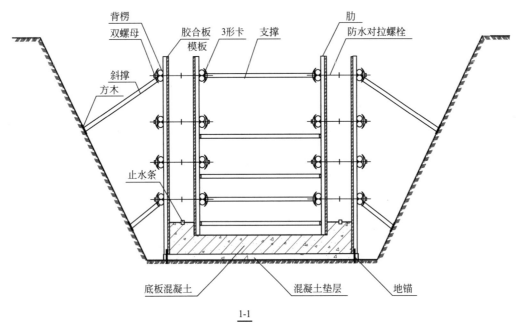

背楞
双螺母
胶合板模板
3形卡
支撑
肋
防水对拉螺栓
斜撑
方木
止水条
底板混凝土
混凝土垫层
地锚

1-1

注：1. 井室模板设置对顶支撑及斜撑，确保模板刚度及整体稳定性。
　　2. 井室侧墙施工缝处设置止水条。

现浇混凝土检查井模板剖面图（一）			图号	15.2.3	
设计	王凯	制图	王凯	审核	

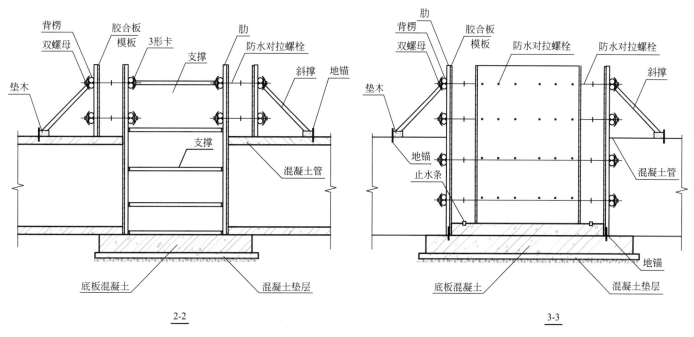

2-2

3-3

注：在井室底部基础及混凝土管内设置地锚，确保模板定位准确且满足稳定性要求。

现浇混凝土检查井模板剖面图（二）			图号	15.2.4
设计	王凯	制图	王凯	审核

15.3 热力隧道模架

一、适用范围

适用于暗挖隧道二衬结构模架施工。结构断面根据设计确定，本图均为示意图，不标注具体尺寸。

二、技术要求

1. 一般采用扣件式钢管、型钢或其组合形式，也可以采用其他材料，确保支撑体系的稳定。

2. 根据模板及支撑架施工图，按照模板承受荷载的最不利组合对模板、支撑架进行抗弯强度、抗剪强度、挠度等验算，确定模板面板的厚度，确定支撑架、对拉螺栓的规格、间距。

3. 隧道模板通常采用定型钢模板，拱顶模板根据隧道拱顶弧度预制钢模板。模板表面光滑、无凸凹状，背肋及钢板无腐蚀现象。

4. 混凝土注入孔焊接环向加强板，一般情况一舱模板长度 25m 左右，一舱设至少 2 处混凝土注入口。隧道侧墙和拱顶模板在底板混凝土浇筑完成后进行，支搭顺序：先墙体模板，再拱顶两侧模板，拱顶对接。隧道墙顶模板支撑根据模板尺寸设计支撑架间距，一般为 900，混凝土注入孔支撑架间距一般为 500。

5. 15.3.2 为小断面模板模架图（跨度小于 2.3m），拱顶为整体钢模板或为对称两块拱形模板，采用钢管支撑。

6. 15.3.3 为标准断面模板图及隧道渐变段模板模架图。型钢立柱采用 16 号槽钢或 18 号工字钢。拱形桁架采用 10 号槽钢或工字钢。

7. 隧道二衬变形缝模板采用 $\phi16$ 螺栓一侧与二衬钢筋单面焊，一侧螺母固定，间距 500。

三、注意事项

1. 模板表面应平整，支撑架杆件应平直。模板安装应保证混凝土结构各部分形状、尺寸和相对位置准确，支撑架处模板采用钢模板与胶合板模板拼接时，表面应平整，加固牢固，并防止漏浆。

2. 混凝土注入口四周立杆间距加密。混凝土泵管加固牢固。

	热力隧道模架说明		图号	15.3.1
设计	*郭西成*	制图	*郭西成*	审核	*姜北平*

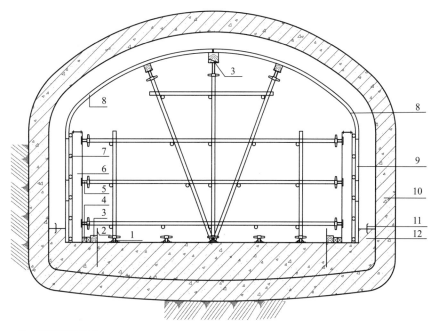

注：隧道断面≤2.3m。
1-可调底座；2-地锚；3-方木；4-木楔子；5-可调托撑；6-工18a背楞；7-φ48钢管；
8-半拱钢模板；9-墙体钢模板；10-初衬混凝土；11-止水钢板；12-二衬混凝土。

热力隧道模架图（钢管支撑）	图号	15.3.2
设计	制图	审核

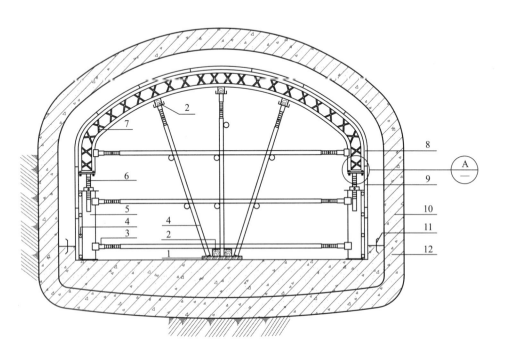

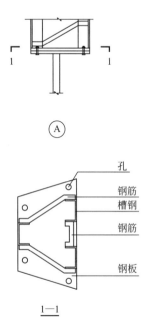

$\bigcirc\!\!\!A$

1—1

注：1-底座；2-方木；3-水平顶撑；4-钢管ϕ48；5-型钢立柱；6-顶丝；7-拱形支撑桁架；
8-拱形模板；9-墙体模板；10-初衬混凝土；11-止水钢板；12-二衬混凝土。

热力隧道模架图（异形支撑）		图号	15.3.3
设计	制图	审核	

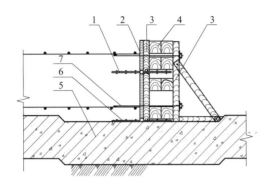

隧道二衬底板伸缩缝支模板图

注：1-中埋式止水带；2-嵌缝板；3-20厚木板；4-方木；5-底板初衬混凝土；
6-背贴式止水带；7-拉接钢筋(外侧套丝，内侧与钢筋焊接)；
8-扣件式钢管脚手架；9-二衬混凝土；10-拱顶初衬混凝土。

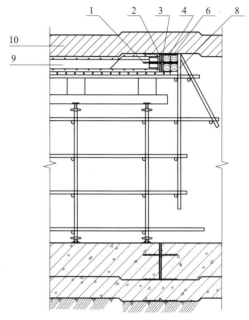

隧道二衬拱墙伸缩缝支模板图

隧道二衬结构伸缩缝模板图				图号		15.3.4
设计	郑西成	制图	郑西成	审核	巷世军

第三部分

桥梁工程

第十六章

下部结构

16.1 承台模架

一、适用范围

适用于陆地桥梁承台模架施工。

二、技术要求

1. 模板可采用胶合板模板和组合钢模板，模板的强度、刚度应满足规范要求。

2. 胶合板模板面板采用 12～15 厚胶合板模板，主肋采用 50×100 方木，背楞采用 100×100 方木或槽钢。

3. 组合钢模板，主肋采用 ϕ48 钢管或矩形钢管，背楞采用槽钢或矩形钢管。

4. 当承台高度 $H \geqslant 1.5$m 时，需要同时设置对拉螺栓和外侧支撑。

5. 当承台高度 $H < 1.5$m 时，采用外侧支撑。

三、注意事项

1. 为防止模板上浮，可埋设地锚，通过钢丝绳拉接固定。

2. 主肋、背楞和对拉螺栓间距要根据模板选型及实际工况计算确定。

承台模架说明				图号	16.1.1
设计	王吾陵	制图	王吾陵	审核	杨树辰

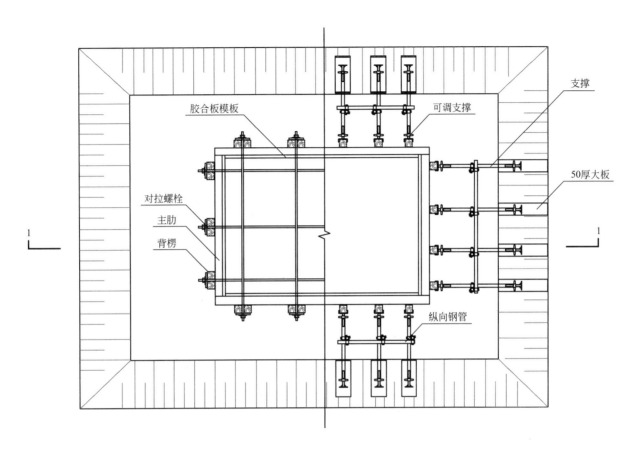

胶合板模板

可调支撑

支撑

50厚大板

对拉螺栓

主肋

背楞

1

1

纵向钢管

注：1. 当承台高度H≥1.5m时，需要同时设置对拉螺栓和外侧支撑；当承台
高度H＜1.5m时，采用外侧支撑加固。
2. 图示右半图示意采用支撑进行加固的剖面图做法，左半图示意采用对
拉螺栓进行加固的剖面图做法，右侧与左侧相同。

承台模架平面图				图号	16.1.2
设计	王名陂	制图	王名陂	审核	杨国辰

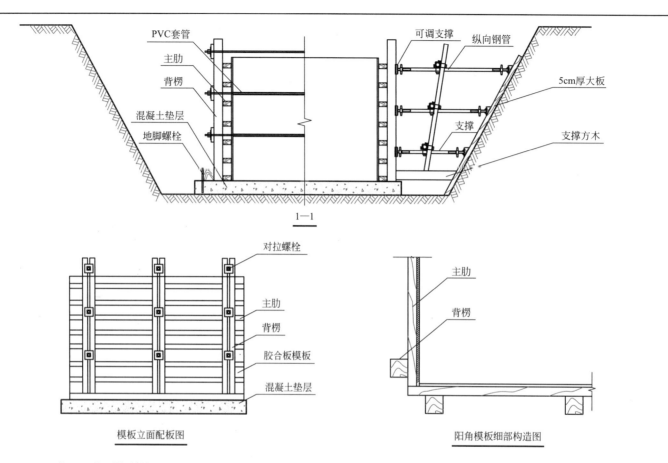

模板立面配板图

阳角模板细部构造图

注：1. 适用于陆地桥梁矩形承台。
　　(1) 当承台高度$H \geqslant 1.5m$时，需要同时设置对拉螺栓和外侧支撑。当承台高度$H < 1.5m$时，
　　　　采用外侧支撑加固，间距不大于600。
　　(2) 右半图示意采用支撑进行加固的剖面图做法，左半图示意采用对拉螺栓进行加固的剖
　　　　面图做法，右侧与左侧相同。
　　2. 模板背楞可采用方木或槽钢，主肋采用方木，侧壁支撑可采用钢管或方木。
　　3. 主肋、背楞间距、对拉螺栓间距根据模板选型及实际工况计算得出。

承台木模板图				图号	16.1.3
设计	王芸陂	制图	王芸陂	审核	杨国臣

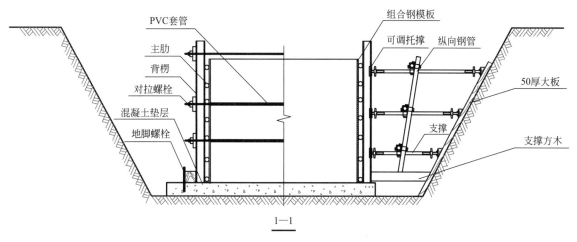

1—1

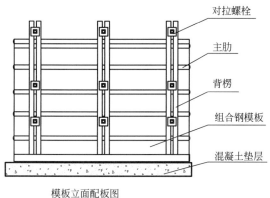

模板立面配板图

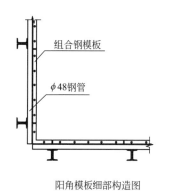

阳角模板细部构造图

注：1. 适用于陆地桥梁矩形承台。
   (1) 当承台高度$H \geqslant 1.5m$时，需要同时设置对拉螺栓和外侧支撑。当承台
       高度$H < 1.5m$时，采用外侧支撑加固。
   (2) 图示右半图示意采用支撑进行加固的剖面图做法，左半图示意采用对
       拉螺栓进行加固剖面图做法，右侧与左侧相同。
   2. 模板背楞采用槽钢，主肋采用圆钢管或矩形方钢，侧壁支撑可采用钢
      管结构或方木结构。
   3. 背楞、主肋、对拉螺栓间距根据模板选型及实际工况计算得出。

承台钢模板图				图号	16.1.4
设计	王名陂	制图	王名陂	审核	杨国臣

16.2 U形桥台模架

一、适用范围

适用于桥梁U形桥台模架施工。

二、技术要求

桥台模板采用胶合板模板。面板采用厚12～15胶合板模板，主肋采用5cm×10cm方木，背楞采用10cm×10cm方木或槽钢。由对拉螺栓进行对拉加固。模板及其支撑架应进行受力计算，其强度、刚度及稳定性应满足规范要求。

三、注意事项

1. 当桥台高度<4m时，采用钢管对模板进行稳定性加固。

2. 当桥台高度≥4m时，采用缆风绳调整模板的垂直度，并保证模板的稳定性。

3. 主肋、背楞和对拉螺栓间距要根据实际工况计算确定。

U形桥台模架说明				图号	16.2.1
设计	王志陵	制图	王志陵	审核	杨国辰

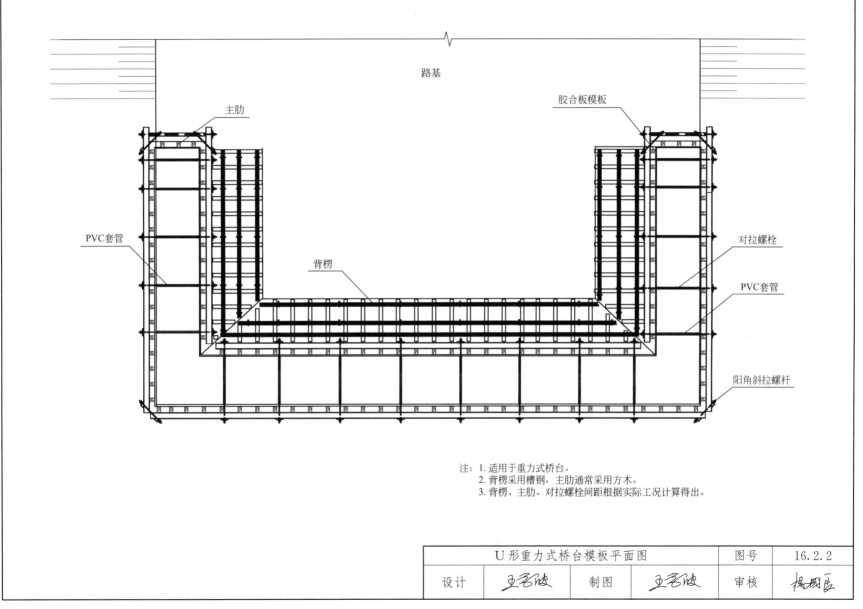

路基

主肋

胶合板模板

PVC套管

背楞

对拉螺栓

PVC套管

阳角斜拉螺杆

注：1.适用于重力式桥台。
　　2.背楞采用槽钢，主肋通常采用方木。
　　3.背楞、主肋、对拉螺栓间距根据实际工况计算得出。

| U形重力式桥台模板平面图 | | | | 图号 | 16.2.2 |
| 设计 | 王名波 | 制图 | 王名波 | 审核 | 杨枫辰 |

361

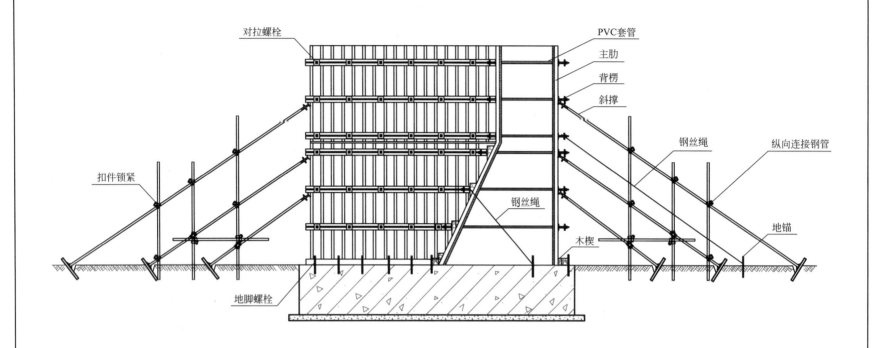

注：1. 适用于重力式桥台。
  (1) 当桥台高度<4m时，可采用钢管支撑体系。
  (2) 当桥台高度≥4m时，可采用缆风绳保证模板稳定性。
2. 背楞可采用方木或槽钢，主肋通常采用方木。
3. 背楞、主肋间距、对拉螺栓间距根据实际工况计算得出。

U形重力式桥台侧墙模板图		图号	16.2.3
设计	王名陵 制图 王名陵	审核	杨国臣

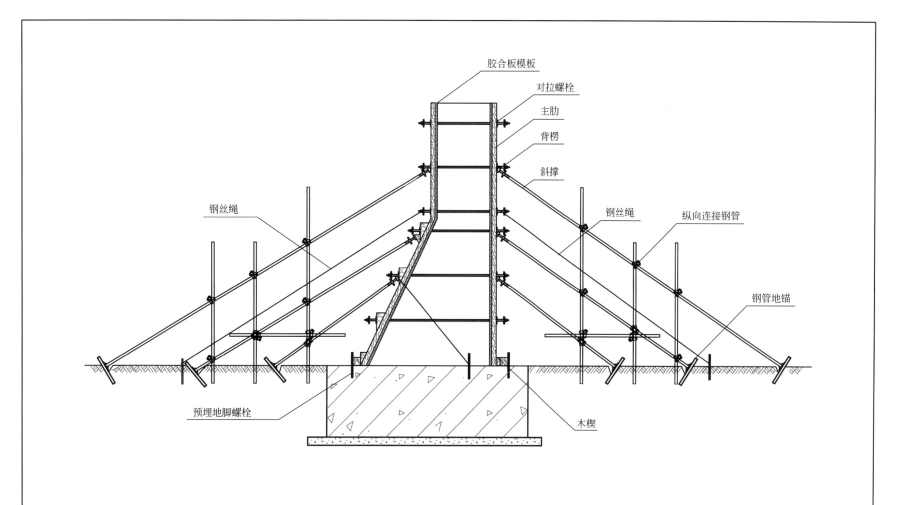

胶合板模板
对拉螺栓
主肋
背楞
斜撑
钢丝绳
钢丝绳
纵向连接钢管
钢管地锚
预埋地脚螺栓
木楔

| U形重力式桥台台背模板图 | | | 图号 | | 16.2.4 |
| 设计 | 王名波 | 制图 | 王名波 | 审核 | 杨枫臣 |

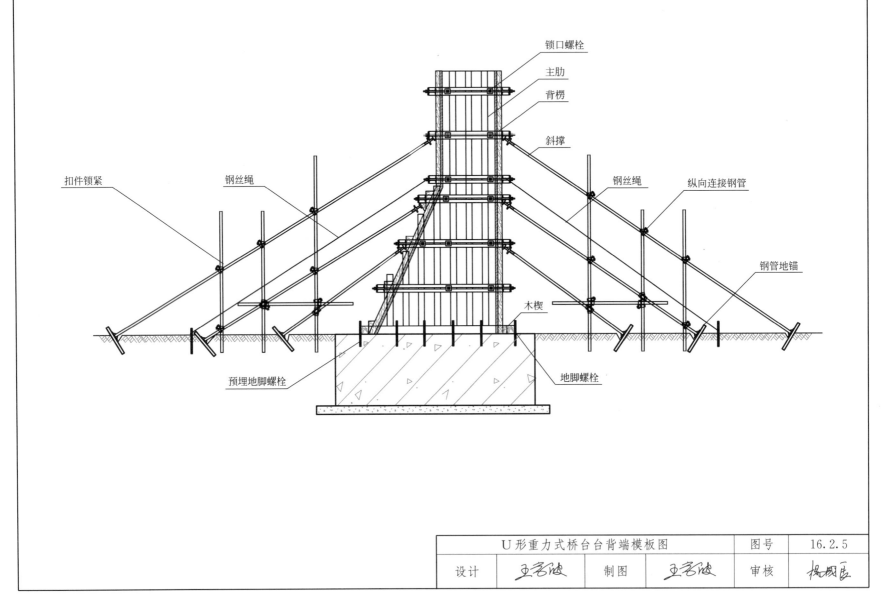

锁口螺栓

主肋

背楞

斜撑

钢丝绳

纵向连接钢管

钢管地锚

扣件锁紧

钢丝绳

木楔

预埋地脚螺栓

地脚螺栓

U形重力式桥台台背端模板图		图号	16.2.5
设计	王召陵	制图	王召陵	审核	杨国辰

16.3 墩柱模架

一、适用范围

适用于桥梁墩柱模架施工。

二、技术要求

1. 圆柱、矩形墩柱、花瓶墩柱、异形四棱体墩柱模板采用钢模板，模板的强度、刚度满足规范及施工要求。

2. 薄壁空心墩采用倒模施工工艺，每次拆除时，保留上面一节，作为下一次支模的支撑。

三、注意事项

1. 墩柱模板采用钢管斜撑和缆风绳调整竖直度，并保证墩柱的稳定性。

2. 薄壁空心墩内模板拆除时，先撤背楞，然后松撑管，两侧模板以转销为中心同时转动，模板即可脱离。

3. 柱箍和对拉螺栓间距要根据实际工况计算确定。

墩柱模架说明				图号	16.3.1
设计	王云波	制图	王云波	审核	杨国臣

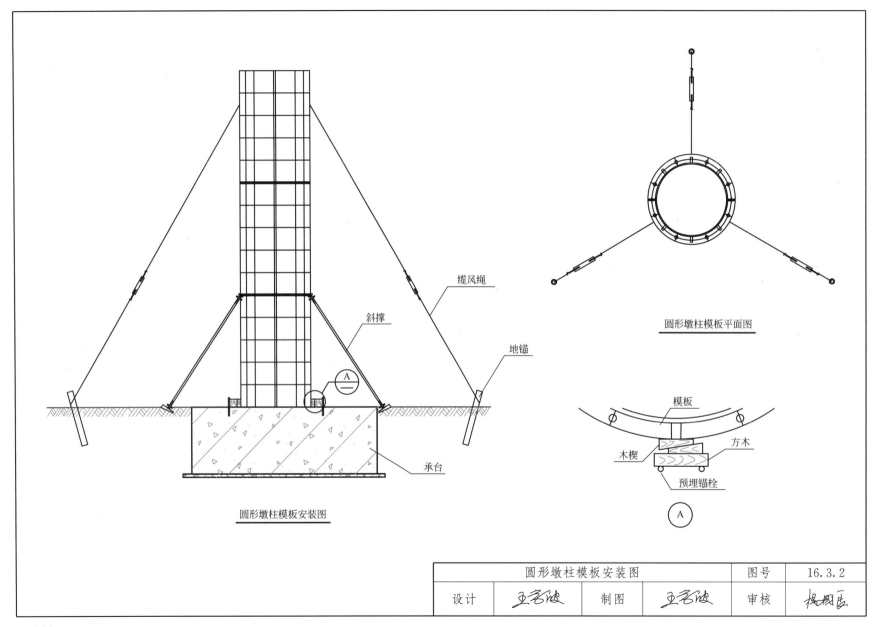

缆风绳

斜撑

地锚

圆形墩柱模板平面图

圆形墩柱模板安装图

承台

模板

木楔

方木

预埋锚栓

Ⓐ

圆形墩柱模板安装图				图号	16.3.2
设计	王名陵	制图	王名陵	审核	杨国辰

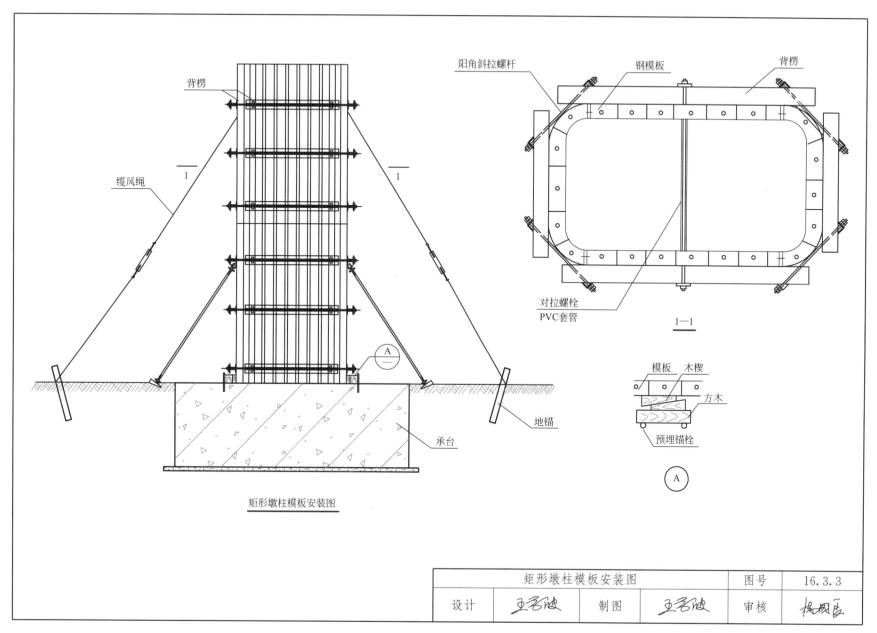

背楞

缆风绳

1

1

A
—

地锚

承台

矩形墩柱模板安装图

阳角斜拉螺杆

钢模板

背楞

对拉螺栓
PVC套管

1—1

模板　木楔

方木

预埋锚栓

A

| 矩形墩柱模板安装图 | | | 图号 | 16.3.3 |
| 设计 | 王军波 | 制图 | 王军波 | 审核 | 杨国良 |

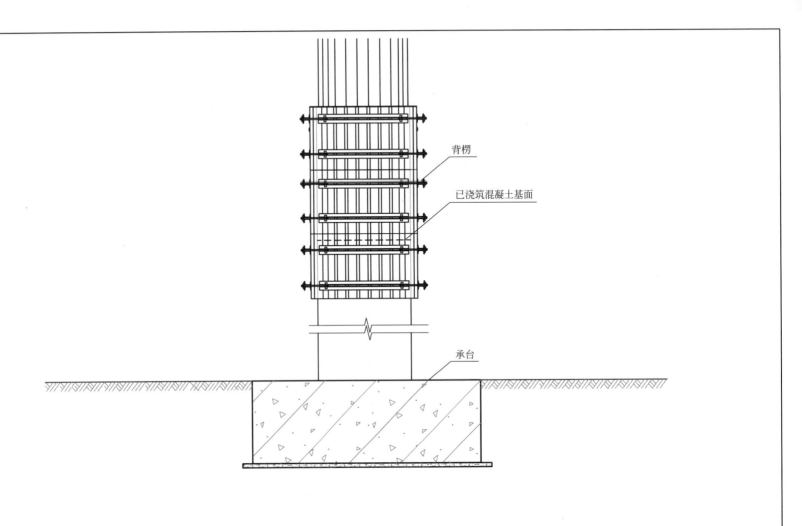

背楞

已浇筑混凝土基面

承台

注：1.本图柱模板为倒模板施工工艺。
　　2.本图中为三段模板，每次拆模时上面一段模板被保留，
　　　作为下一次支模板的托撑。
　　3.可在保留的模板上焊接平台，作为施工平台。
　　4.翻模板时，按设计要求保留模板搭接高度。

薄壁空心墩模板安装图（翻模法）				图号	16.3.4
设计	王名陵	制图	王名陵	审核	杨国辰

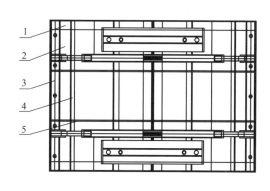

内角模板立面图

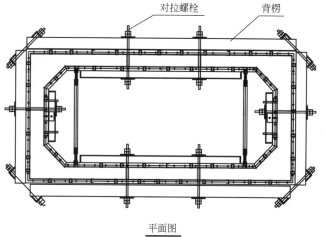

对拉螺栓　　背楞

平面图

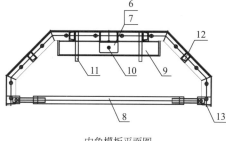

内角模板平面图

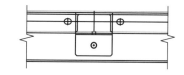

转销大样图

构件编号说明：
1-连接角钢；2-面板；3-连接角钢；4-竖向槽钢；5-横向筋板；6-耳板1；7-耳板2；
8-撑管；9-背楞；10-转销；11-圆钢；12-封槽板；13-横向连接板。

注：拆除内模板时，先拆侧模板，再拆角模板。首先，将侧模板背楞拆下，脱离侧模
　　板；然后，将角模板背楞拆下，再松撑管，两侧模板以转销为中心同时转动，角
　　模板即可脱模板。

薄壁空心墩柱模板图			图号	16.3.5
设计	王名陂	制图	王名陂	审核	杨国臣

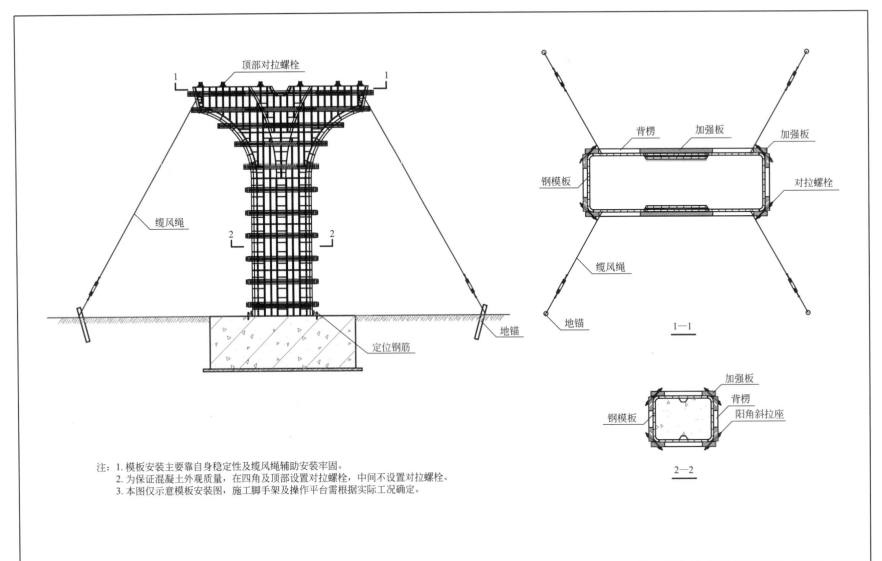

顶部对拉螺栓

缆风绳

地锚

定位钢筋

背楞　　加强板　　加强板

钢模板　　　　　　　　　　　　对拉螺栓

缆风绳

地锚

1—1

加强板

背楞

钢模板　　　　阳角斜拉座

2—2

注：1. 模板安装主要靠自身稳定性及缆风绳辅助安装牢固。
　　2. 为保证混凝土外观质量，在四角及顶部设置对拉螺栓，中间不设置对拉螺栓。
　　3. 本图仅示意模板安装图，施工脚手架及操作平台需根据实际工况确定。

花瓶式墩柱模板安装图				图号	16.3.6
设计	苏靖	制图	苏靖	审核	杨国辰

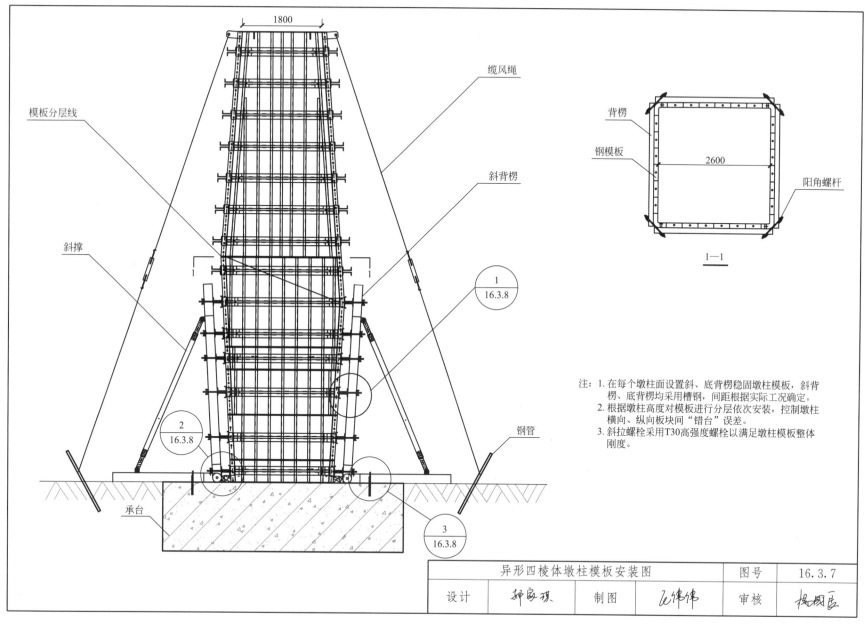

1800

缆风绳

模板分层线

斜背楞

背楞

钢模板

2600

阳角螺杆

斜撑

1—1

1
16.3.8

2
16.3.8

钢管

3
16.3.8

承台

注：1. 在每个墩柱面设置斜、底背楞稳固墩柱模板，斜背楞、底背楞均采用槽钢，间距根据实际工况确定。
2. 根据墩柱高度对模板进行分层依次安装，控制墩柱横向、纵向板块间"错台"误差。
3. 斜拉螺栓采用T30高强度螺栓以满足墩柱模板整体刚度。

异形四棱体墩柱模板安装图				图号	16.3.7
设计	种家琪	制图	飞伟伟	审核	杨树臣

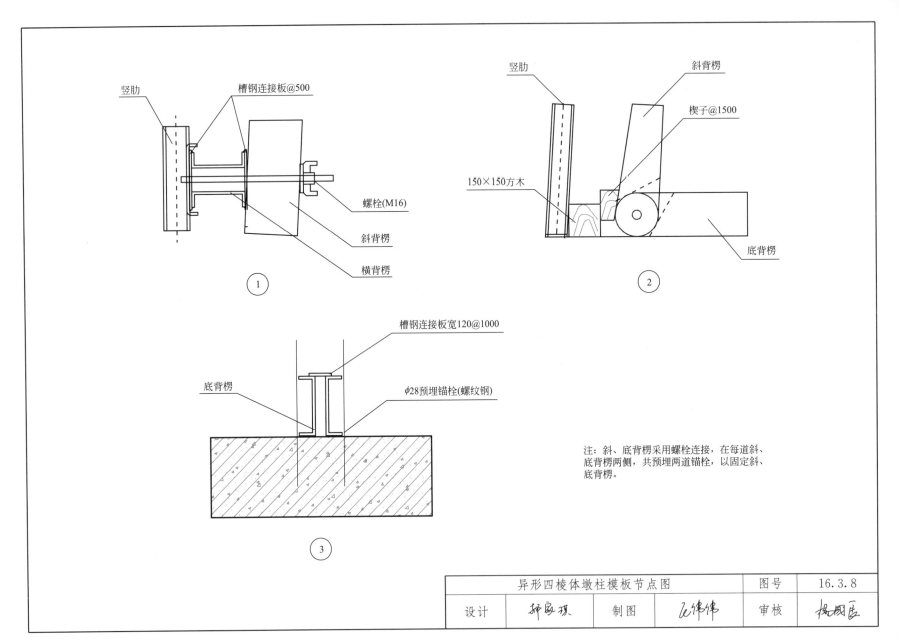

竖肋

槽钢连接板@500

螺栓(M16)

斜背楞

横背楞

①

竖肋

斜背楞

楔子@1500

150×150方木

底背楞

②

槽钢连接板宽120@1000

底背楞

φ28预埋锚栓(螺纹钢)

③

注：斜、底背楞采用螺栓连接，在每道斜、底背楞两侧，共预埋两道锚栓，以固定斜、底背楞。

异形四棱体墩柱模板节点图					图号	16.3.8
设计		制图		审核		

16.4 满堂支撑架法盖梁模架

一、适用范围

适用支撑架法盖梁模架施工。

二、技术要求

1. 根据工程条件和实际情况，盖梁模板采用胶合板模板、定型钢模板和组合钢模板。模板及其支撑架应进行受力计算，其强度、刚度及稳定性应满足规范要求。

2. 侧模板采用胶合板模板时，面板采用 12～15 厚胶合板，主肋采用 5cm×10cm 方木，背楞采用 10cm×10cm 方木或槽钢，通过对拉螺栓连接。

3. 侧模板采用钢模板体系时，采用定型钢模板，背楞采用槽钢或矩形钢管，相互连接形成整体，并通过对拉螺栓进行加固固定。

4. 底模板采用胶合板模板时，面板采用 12～15 厚胶合板模板，次龙骨采用 5cm×10cm 方木，主龙骨采用 12cm×15cm 方木或槽钢。

5. 底模板采用钢模板时采用定型钢模板，主龙骨采用槽钢或工字钢，相互连接形成整体。

6. 排架采用盘扣式或碗扣式钢管脚手架，盖梁下部支撑架间距为 60～90cm，两侧操作平台立杆间距为 90～20cm。根据实际工况进行荷载计算确定。

三、注意事项

1. 盖梁排架基础应进行硬化处理，地基承载力应满足施工荷载要求。

2. 排架底托之下应铺设大板，防止底托局部受力，并保证荷载的扩散。

3. 排架基础周边做好排水设施，确保基础的排水要求。

4. 排架应设置横、纵向剪刀撑，剪刀撑间距应符合规范要求。

满堂支撑架法盖梁模架说明				图号	16.4.1
设计	王云波	制图	天献	审核	杨国臣

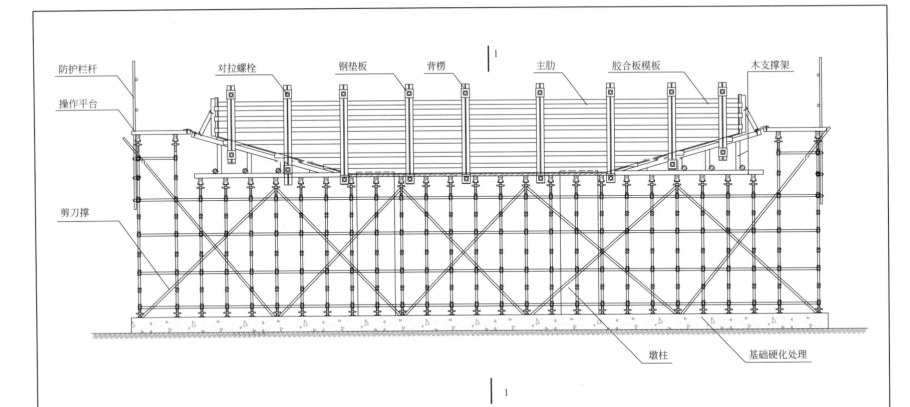

防护栏杆　　操作平台　　对拉螺栓　　钢垫板　　背楞　　主肋　　胶合板模板　　木支撑架　　剪刀撑　　墩柱　　基础硬化处理

注：1.适用于地基承载力较高的盖梁施工。
　　2.搭设排架前需对排架范围内的地基进行硬化或换填处理。
　　3.排架横纵向立杆间距、对拉螺栓间距，根据实际工况计算确定。
　　4.背楞可采用10cm×10cm方木。

盖梁模架立面图（全木模）				图号	16.4.2
设计	王彩波	制图	Kang	审核	杨树臣

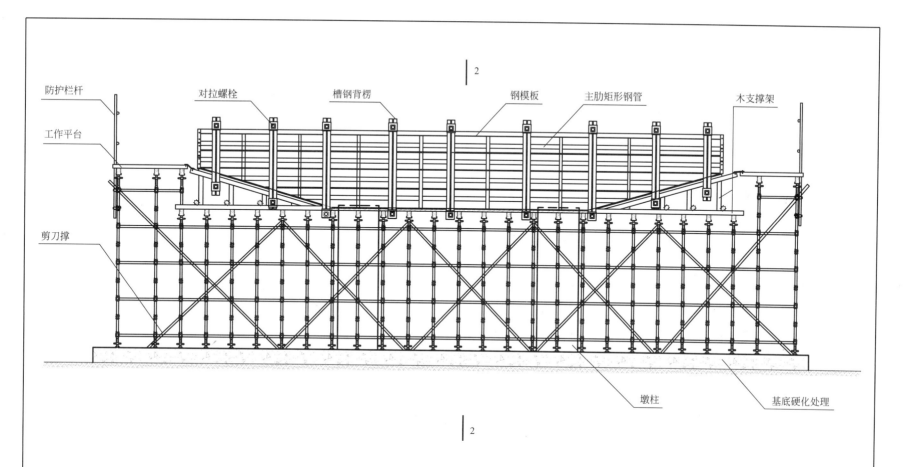

防护栏杆

对拉螺栓

槽钢背楞

钢模板

主肋矩形钢管

木支撑架

工作平台

剪刀撑

墩柱

基底硬化处理

2

2

注：1. 适用于地基承载力较高的盖梁施工。
　　2. 搭设排架前需对排架范围内的地基进行硬化或换填处理。
　　3. 排架横纵向立杆间距、对拉螺栓间距，根据实际工况计算确定。

盖梁模架立面图（侧模板为钢模板、底模板为木模板）		图号	16.4.3
设计	王名波	制图	审核 杨国臣

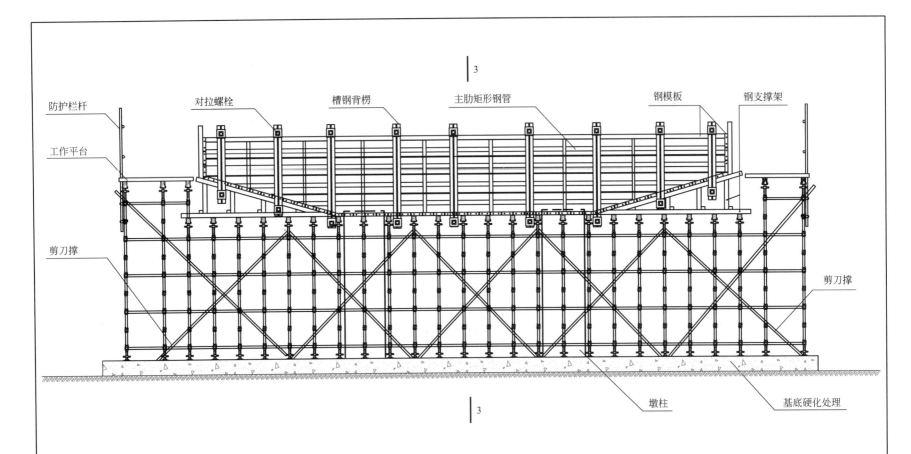

防护栏杆　　工作平台　　对拉螺栓　　槽钢背楞　　主肋矩形钢管　　钢模板　　钢支撑架

剪刀撑

剪刀撑

墩柱　　基底硬化处理

注：1. 适用于地基承载力较高的盖梁施工。
　　2. 搭设排架前需对排架范围内的地基进行硬化或换填处理。
　　3. 排架横纵立杆间距、对拉螺栓间距，根据实际工况计算确定。

盖梁模架图（全钢模板）				图号	16.4.4
设计	王芳波	制图		审核	杨国民

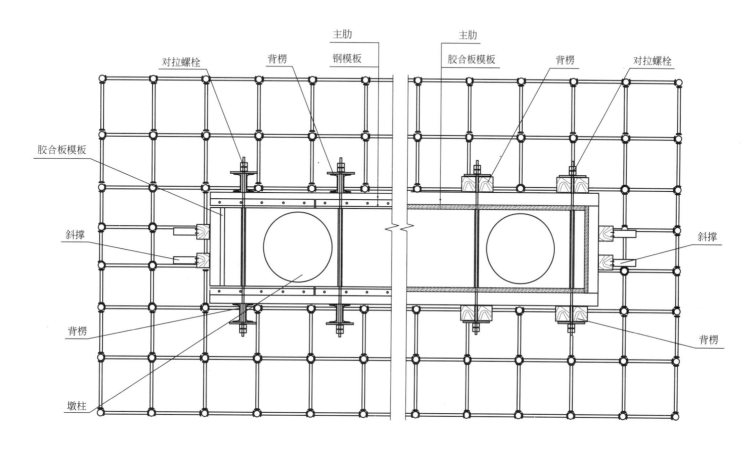

対拉螺栓　背楞　钢模板　主肋　主肋　胶合板模板　背楞　对拉螺栓

胶合板模板

斜撑

背楞

墩柱

斜撑

背楞

注：左半图为全钢模板盖梁模架，右半图为木模板盖梁模架。

盖梁模板平面图				图号	16.4.5
设计	王书陞	制图	王术	审核	杨树民

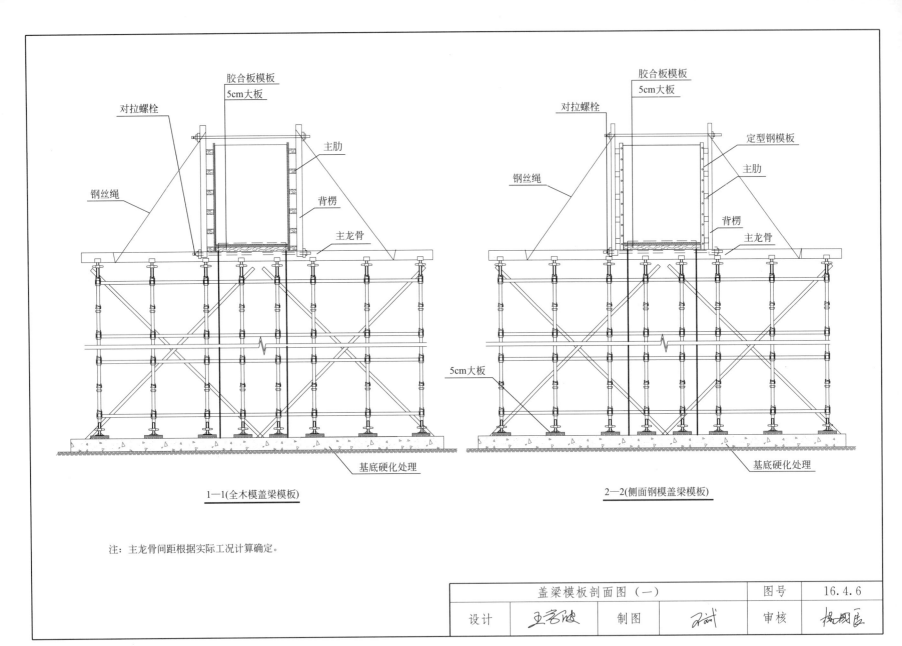

盖梁模板剖面图（一）

1—1(全木模盖梁模板)

2—2(侧面钢模盖梁模板)

注：主龙骨间距根据实际工况计算确定。

盖梁模板剖面图（一）				图号	16.4.6
设计	王吉波	制图	乙武	审核	杨树臣

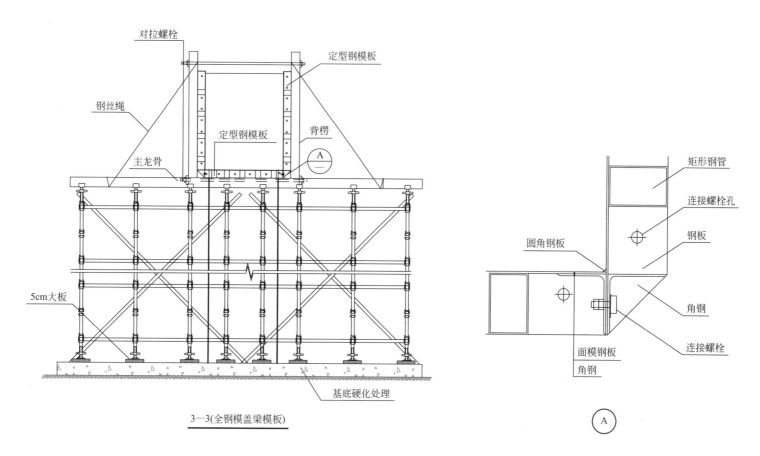

対拉螺栓

钢丝绳

定型钢模板

定型钢模板

背楞

主龙骨

A
一

5cm大板

基底硬化处理

3—3(全钢模盖梁模板)

矩形钢管

连接螺栓孔

钢板

圆角钢板

角钢

面模钢板

角钢

连接螺栓

A

注：主龙骨间距根据实际工况计算确定。

盖梁模板剖面图（二）		图号	16.4.7
设计	制图	审核	

16.5　抱箍法盖梁模架

一、适用范围

适用于盖梁下方不适宜搭设排架或者盖梁距地面较高的模架施工。

二、技术要求

1. 对抱箍与墩柱间的摩擦力进行计算，确保抱箍在盖梁自重荷载和施工荷载作用下不产生位移现象。

2. 抱箍与墩柱间设置橡胶垫圈，确保抱箍与墩柱的摩擦力，并保证抱箍与墩柱均匀接触受力。

3. 工字钢的型号应根据实际工况计算确定，工字钢变形挠度应满足规范要求。

4. 盖梁模板要求与排架法施工相同。

三、注意事项

抱箍安装时，螺栓一定要拧紧，确保与墩柱的摩擦力大于施工荷载。

抱箍法盖梁模架说明				图号	16.5.1
设计	王吾陂	制图	王吾陂	审核	杨国臣

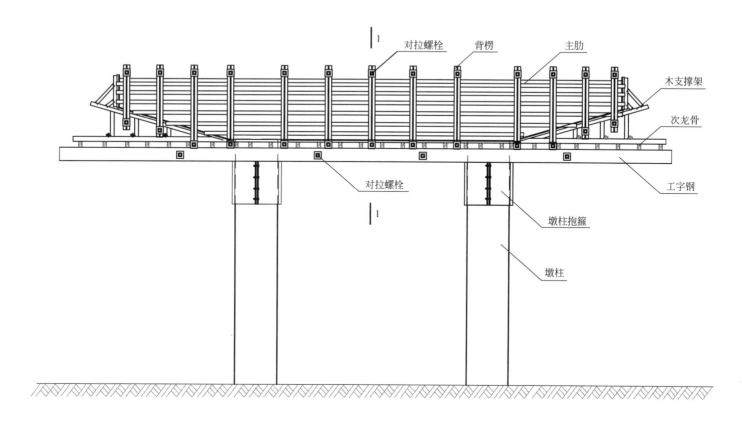

注：1. 适用于盖梁下方不宜搭设排架或盖梁距离地面净空较高。
2. 抱箍与墩柱的摩擦力，工字钢型号、对拉螺栓间距及底模主龙骨间距，
   需根据实际工况计算确定。
3. 木支撑架与模板、工字钢相互固定，以防止模架发生侧滑。

抱箍法盖梁模架图				图号	16.5.2
设计	王名陵	制图	王名陵	审核	杨国臣

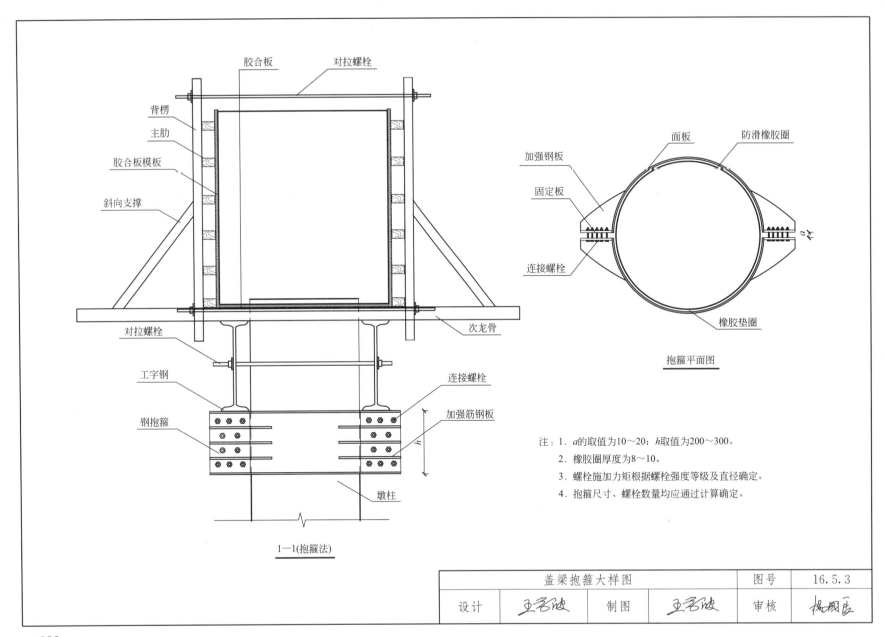

盖梁抱箍大样图

胶合板　对拉螺栓

背楞

主肋

胶合板模板

斜向支撑

对拉螺栓

工字钢

钢抱箍

连接螺栓

加强筋钢板

次龙骨

墩柱

1—1(抱箍法)

面板　防滑橡胶圈

加强钢板

固定板

连接螺栓

橡胶垫圈

抱箍平面图

注：1. a的取值为10～20；h取值为200～300。
　　2. 橡胶圈厚度为8～10。
　　3. 螺栓施加力矩根据螺栓强度等级及直径确定。
　　4. 抱箍尺寸、螺栓数量均应通过计算确定。

盖梁抱箍大样图				图号	16.5.3
设计	王志波	制图	王志波	审核	杨国臣

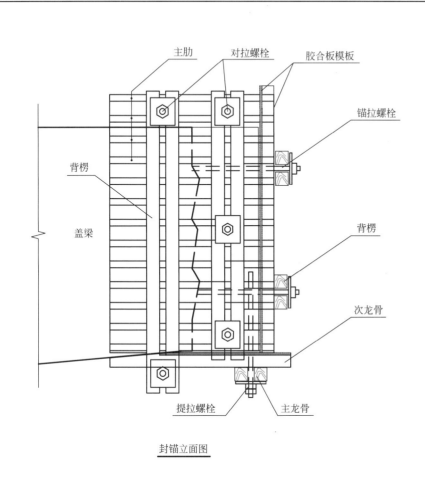

主肋　对拉螺栓　胶合板模板

锚拉螺栓

背楞

盖梁

背楞

次龙骨

提拉螺栓　主龙骨

封锚立面图

主肋　PVC套管　胶合板模板

主肋

对拉螺栓

背楞

背楞

封锚剖面图

注：底部及端头面对拉螺栓与封锚区钢筋焊接牢固。

盖梁封锚端模板图				图号	16.5.4
设计	王云波	制图	王云波	审核	杨国臣

第十七章

上部结构

17.1 箱梁碗扣式钢管支撑架模板

一、适用范围

适用于现浇箱梁模架施工。

二、技术要求

1. 箱梁模板采用胶合板模板。箱梁侧模板采用12~15厚胶合板模板,次龙骨采用10cm×10cm方木,主龙骨采用10cm×10cm方木。

2. 底模板采用15厚胶合板模板,次龙骨采用10cm×10cm方木,主龙骨采用10cm×15cm方木或槽钢。

3. 支撑架采用碗扣式钢管脚手架,在箱梁腹板和横隔梁部位立杆间距加密为60cm,箱室及翼缘板处立杆间距为90cm;纵桥向立杆间距一般采用90cm;水平杆标准间距为120cm,顶部调整为60cm。

4. 立杆间距应根据实际工况计算得出。

三、注意事项

1. 箱梁支撑架基础应进行硬化或换填处理,换填宽度比支撑架略宽,地基承载力应满足施工荷载要求。

2. 支撑架底座铺设大板,防止底座集中受力。如基础采用混凝土硬化,底托下可不设置大板。

3. 支撑架周边做好排水设施,确保支撑架基础的排水要求。

4. 立杆顶部自由端长度不得超过65cm。

5. 支撑架应设置横、纵向剪刀撑,剪刀撑间距应符合规范要求。高度大于4.8m时,顶部和底部要设置水平剪刀撑,中间水平剪刀撑设置间距不大于4.8m。

6. 箱梁混凝土整体浇筑时,应采取措施防止芯模上浮。

箱梁碗扣式钢管支撑架模板说明			图号	17.1.1
设计	苏靖	制图	苏靖	审核	杨国辰

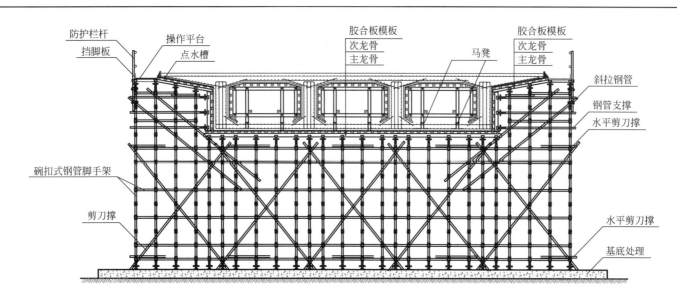

箱梁模架横断面图

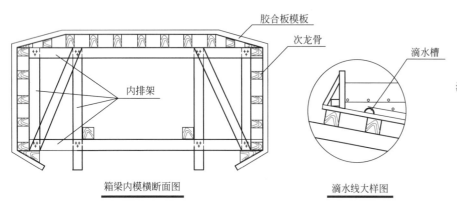

箱梁内模横断面图

滴水线大样图

注：1. 箱梁模架多采用碗扣式支架作为支撑体系。支架搭设前须对基础进行处理，以满足地基承载力及沉降要求。
2. 模板主龙骨多采用15cm×10cm方木，次龙骨多采用10cm×10cm方木。龙骨布置应满足刚度、强度要求。
3. 箱梁内支撑可选用钢管或木方排架。
4. 滴水线可采用预制木滴水线条。

箱梁模架横断面图（整体浇筑法）			图号	17.1.2
设计	苏静	制图	苏静	审核	杨国臣

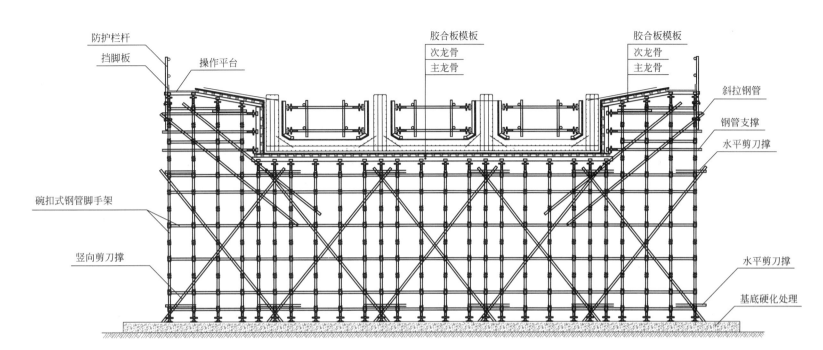

箱梁底板、腹板混凝土浇筑模架横断面图

防护栏杆
挡脚板
操作平台
胶合板模板
次龙骨
主龙骨
胶合板模板
次龙骨
主龙骨
斜拉钢管
钢管支撑
水平剪刀撑
碗扣式钢管脚手架
竖向剪刀撑
水平剪刀撑
基底硬化处理

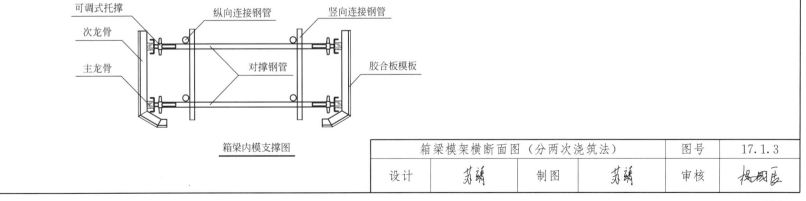

可调式托撑
纵向连接钢管
竖向连接钢管
次龙骨
对撑钢管
胶合板模板
主龙骨

箱梁内模支撑图

箱梁模架横断面图（分两次浇筑法）		图号	17.1.3
设计	制图	审核	

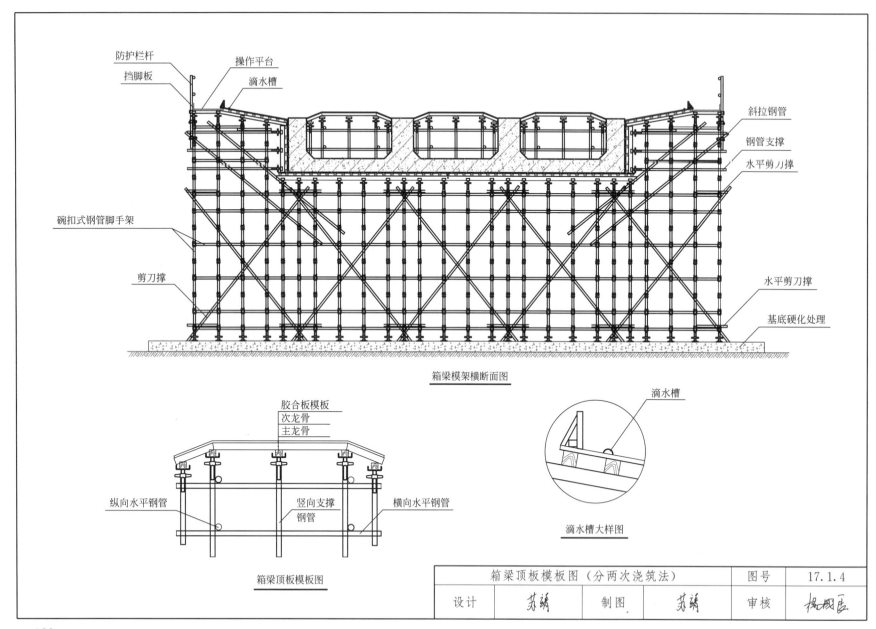

防护栏杆
操作平台
挡脚板
滴水槽
斜拉钢管
钢管支撑
水平剪刀撑
碗扣式钢管脚手架
剪刀撑
水平剪刀撑
基底硬化处理

箱梁模架横断面图

胶合板模板
次龙骨
主龙骨

滴水槽

纵向水平钢管
竖向支撑钢管
横向水平钢管

滴水槽大样图

箱梁顶板模板图

箱梁顶板模板图（分两次浇筑法）			图号	17.1.4
设计	苏靖	制图	苏靖	审核	杨国臣

17.2 箱梁盘扣式钢管支撑架模板

一、适用范围

适用于现浇箱梁模架施工。

二、技术要求

1. 箱梁模板采用胶合板模板；侧模采用 12～15 厚胶合板模板，次龙骨采用 10cm×10cm 方木，主龙骨采用 10cm×10cm 方木。

2. 底模采用 15 厚胶合板模板，次龙骨采用 10cm×10cm 方木或钢包木，主龙骨采用 10cm×15cm 方木或槽钢。

3. 支撑架采用盘扣式钢管支撑架，在箱梁腹板和横隔梁部位立杆间距加密为 90cm，箱室及翼缘板处立杆为 120～150cm，水平杆间距为 150cm。纵向立杆间距宜采用 120～150cm。

4. 立杆间距应根据实际工况计算得出。

三、注意事项

1. 箱梁支撑架基础应进行处理，地基承载力应满足施工荷载要求。

2. 支撑架底座下面应铺设大板，防止底座集中受力。如基础采用混凝土硬化，底座下可不设置大板。

3. 支撑架周边做好排水设施，确保支撑架基础的排水要求。

4. 可调顶托伸出最上一排横杆上端的长度不得超过 65cm。

5. 支撑架斜杆设置应符合规范要求。当架体高度不超过 4 个步距时，不设置顶层水平斜杆；架体高度超过 4 个步距时，设置顶层水平斜杆。支撑架超过 8m 时，沿高度每隔 6 个标准步距应设置水平层斜杆。

6. 箱梁混凝土整体浇筑时，应采取措施防止芯模上浮。

箱梁盘扣式钢管模架说明				图号	17.2.1
设计	苏靖	制图	苏靖	审核	杨国军

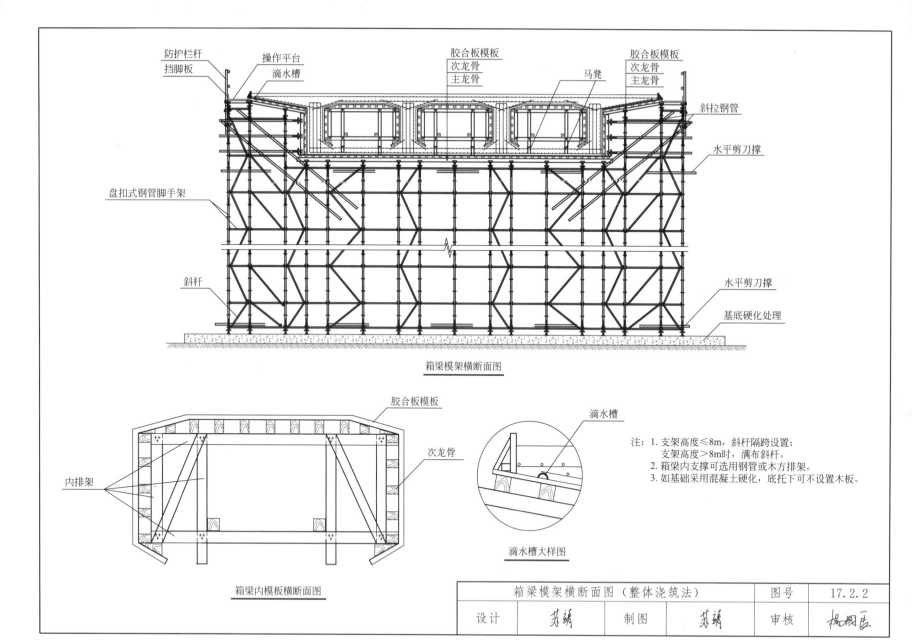

防护栏杆
挡脚板
操作平台
滴水槽
胶合板模板
次龙骨
主龙骨
马凳
胶合板模板
次龙骨
主龙骨
斜拉钢管
水平剪刀撑
盘扣式钢管脚手架
斜杆
水平剪刀撑
基底硬化处理

箱梁模架横断面图

胶合板模板
滴水槽
内排架
次龙骨

注：1. 支架高度≤8m，斜杆隔跨设置；
　　　支架高度>8m时，满布斜杆。
　　2. 箱梁内支撑可选用钢管或木方排架。
　　3. 如基础采用混凝土硬化，底托下可不设置木板。

箱梁内模板横断面图

滴水槽大样图

箱梁模架横断面图（整体浇筑法）		图号	17.2.2
设计	制图	审核	

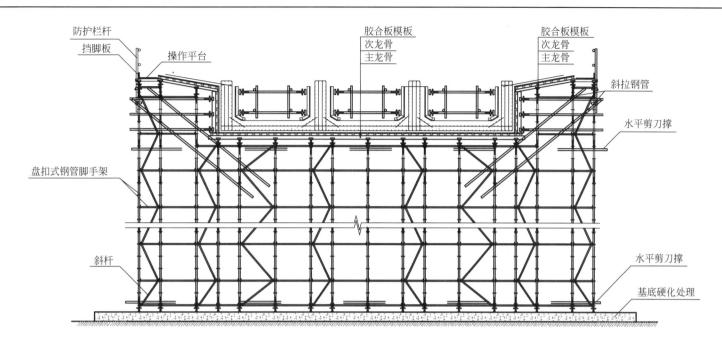

防护栏杆
挡脚板
操作平台
胶合板模板
次龙骨
主龙骨
胶合板模板
次龙骨
主龙骨
斜拉钢管
水平剪刀撑
盘扣式钢管脚手架
斜杆
水平剪刀撑
基底硬化处理

箱梁底板、腹板混凝土浇筑模架横断面图

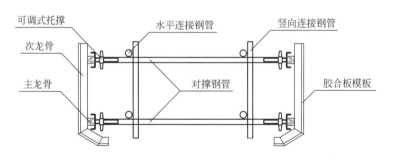

可调式托撑
水平连接钢管
竖向连接钢管
次龙骨
对撑钢管
胶合板模板
主龙骨

箱梁内模板支撑图

注：1. 支架高度≤8m，斜杆隔跨设置；
    支架高度>8m时，满布斜杆。
   2. 如基础采用混凝土硬化，底托下可不设置大板。

箱梁模架横断面图（分两次浇筑法）			图号	17.2.3
设计	苏镜	制图	苏镜	审核	杨树臣

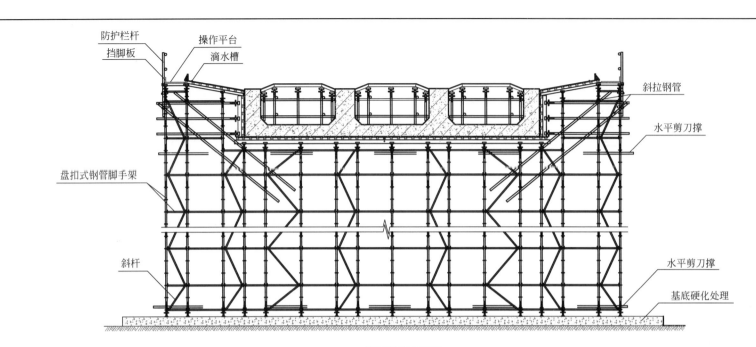

防护栏杆　操作平台

挡脚板　滴水槽

斜拉钢管

水平剪刀撑

盘扣式钢管脚手架

斜杆

水平剪刀撑

基底硬化处理

箱梁模架横断面图

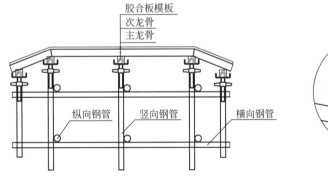

胶合板模板

次龙骨

主龙骨

纵向钢管　竖向钢管　横向钢管

箱梁顶板模板图

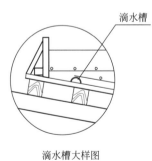

滴水槽

滴水槽大样图

注：1. 支撑架高度≤8m，斜杆隔跨设置；高度＞8m时，
满布斜杆。
2. 顶板模板支撑体系采用钢管。
3. 模板主龙骨多采用10cm×10cm方木，次龙骨多
采用10cm×10cm方木。龙骨布置应满足刚度、
强度要求。

箱梁模架顶板模板图（分两次浇筑法）		图号	17.2.4
设计	制图	审核	

17.3 现浇箱梁门洞支撑架

一、适用范围

适用于现浇箱梁满堂红支撑架跨路施工。

二、技术要求

1. 门洞宽度≤5m，可采用碗扣式钢管支撑架或盘扣式钢管支撑架作为门洞边墩，采用工字钢作为顶部承重梁，支撑架步距、工字钢型号及间距根据计算确定。

2. 门洞宽度＞5m，宜采用钢管柱作为门洞边墩，采用贝雷梁作为顶部承重梁，钢管型号小及间距、贝雷梁间距根据计算确定。

3. 门洞高度应根据施工需要设定，一般不小于4.5m。

4. 门洞体系要与现浇箱梁支撑架体系应连为一体。

三、注意事项

1. 门洞基础地基承载力应满足施工荷载要求。

2. 门洞基础周边应做好排水措施，确保基础不被雨水浸泡。

3. 门洞上部设置密目安全网，防止上部物件坠落。

4. 门洞两侧应设置轮廓提示灯（重点加强夜间灯光提示）、防撞桶等安全设施。

现浇箱梁门洞支撑架说明				图号	17.3.1
设计	苏蒨	制图	苏蒨	审核	杨枫臣

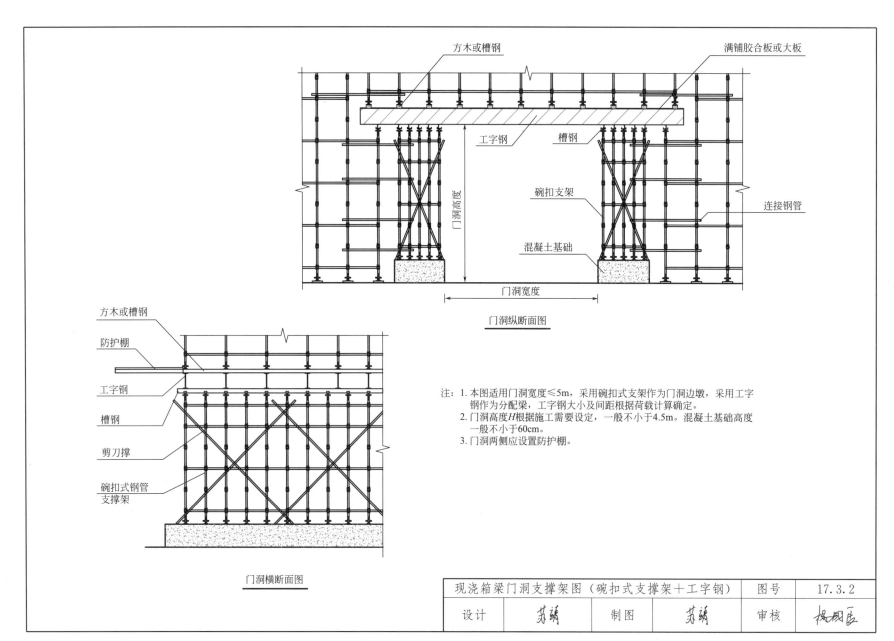

门洞纵断面图

方木或槽钢

满铺胶合板或大板

工字钢

槽钢

碗扣支架

混凝土基础

连接钢管

门洞高度

门洞宽度

方木或槽钢

防护棚

工字钢

槽钢

剪刀撑

碗扣式钢管
支撑架

门洞横断面图

注：1. 本图适用门洞宽度≤5m，采用碗扣式支架作为门洞边墩，采用工字
　　　钢作为分配梁，工字钢大小及间距根据荷载计算确定。
　　2. 门洞高度 H 根据施工需要设定，一般不小于4.5m。混凝土基础高度
　　　一般不小于60cm。
　　3. 门洞两侧应设置防护棚。

现浇箱梁门洞支撑架图（碗扣式支撑架＋工字钢）		图号	17.3.2
设计	苏荐	制图	苏荐	审核	杨成臣

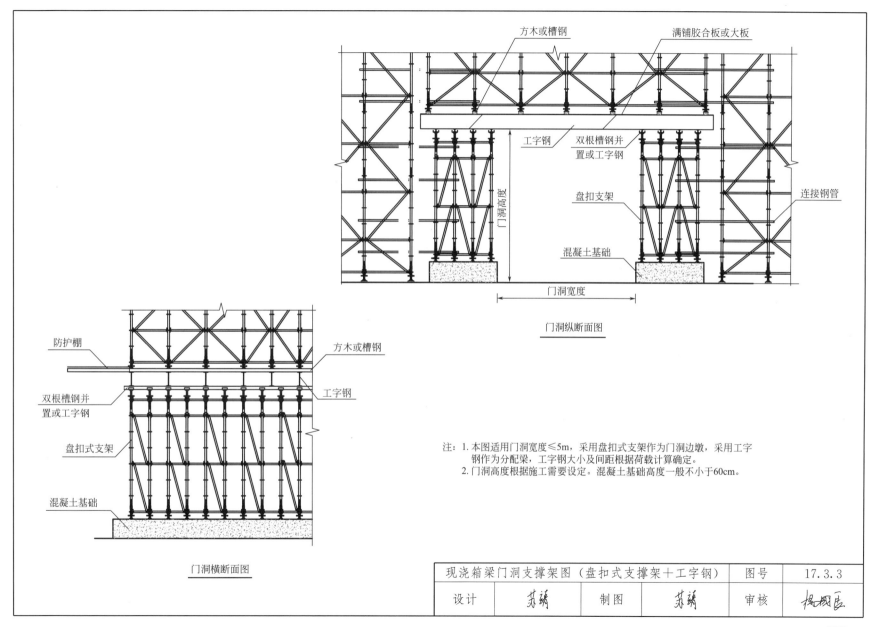

方木或槽钢　　　满铺胶合板或大板

工字钢

双根槽钢并置或工字钢

盘扣支架

混凝土基础

连接钢管

门洞高度

门洞宽度

门洞纵断面图

防护棚

方木或槽钢

工字钢

双根槽钢并置或工字钢

盘扣式支架

混凝土基础

门洞横断面图

注：1. 本图适用门洞宽度≤5m，采用盘扣式支架作为门洞边墩，采用工字钢作为分配梁，工字钢大小及间距根据荷载计算确定。
2. 门洞高度根据施工需要设定。混凝土基础高度一般不小于60cm。

现浇箱梁门洞支撑架图（盘扣式支撑架＋工字钢）	图号	17.3.3
设计	制图	审核

395

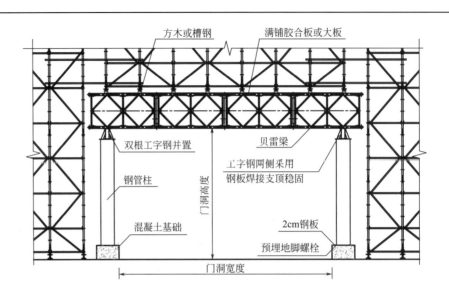

方木或槽钢　满铺胶合板或大板

双根工字钢并置　贝雷梁

工字钢两侧采用
钢板焊接支顶稳固

钢管柱

门洞高度

混凝土基础　2cm钢板

预埋地脚螺栓

门洞宽度

门洞纵断面图

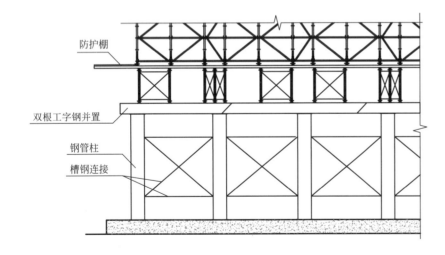

防护棚

双根工字钢并置

钢管柱

槽钢连接

门洞横断面图

注：1. 本图适用门洞宽度＞5m，采用钢管柱作为门洞边墩，钢管柱、工字钢及贝雷梁型号及间距根据工况计算确定。
　　2. 门洞高度根据施工需要设定。混凝土基础高度一般不小于60cm。

现浇箱梁门洞支撑架图（钢管柱＋贝雷梁）		图号	17.3.4
设计	制图	审核	

17.4 现浇板拱桥模架

一、适用范围

适用于现浇板拱桥模架施工，特别适用于河道内有泄洪需求的现浇板拱桥模架施工。

二、技术要求

1. 模板采用胶合板模板，模板及其支撑架应进行受力计算，其强度、刚度及稳定性应满足规范要求。

2. 模板底模采用胶合板模板，面板采用 1.2～1.5cm 厚胶合板，主龙骨采用直径 48 微弯双钢管，次龙骨采用 10cm×10cm 方木。

3. 模板侧模采用胶合板模板，面板宜采用 1.5cm 厚胶合板，主龙骨采用 10cm×15cm 方木，次龙骨采用 10cm×10cm 方木。

4. 拱圈内模采用胶合板模板，面板宜采用 1.5cm 厚胶合板，主龙骨采用 10cm×10cm 方木，次龙骨采用 5cm×10cm 方木。

5. 排架采用碗扣式支撑架，施工时，在板拱腹板和横隔梁部位立杆间距加密为 60cm，正常箱室处立杆为 60～90cm，水平杆步距为 120cm，立杆间距根据实际工况计算。

6. 泄洪通道采用直径 630 钢管柱，钢管柱与基础间采用法兰盘进行连接，钢管柱间以槽钢作为横连。钢管柱顶部设双拼工字钢作为枕梁。工字钢上纵向架设贝雷梁，相邻两组贝雷梁间采用槽钢连接。

三、注意事项

1. 板拱排架基础应进行硬化或换填处理，换填宽度比排架略宽，地基承载力应满足施工要求。

2. 排架底托下面应铺设大板，防止底托局部受力，并保证荷载的扩散。

3. 排架周边做好排水设施，确保排架基础的排水要求。

4. 可调顶托伸出最上一排横杆上端的长度不得超过 65cm。

5. 排架应设置纵、横向剪刀撑，剪刀撑间距应符合规范要求。

6. 板拱混凝土分两次浇筑进行，可使用对拉螺栓防止芯模上浮。

7. 微弯双钢管应在出厂前进行预弯，并按节段编号，现场施工时按编号进行安装。

现浇板拱桥模架说明			图号	17.4.1
设计	*(签名)*	制图	*(签名)*	审核	*(签名)*

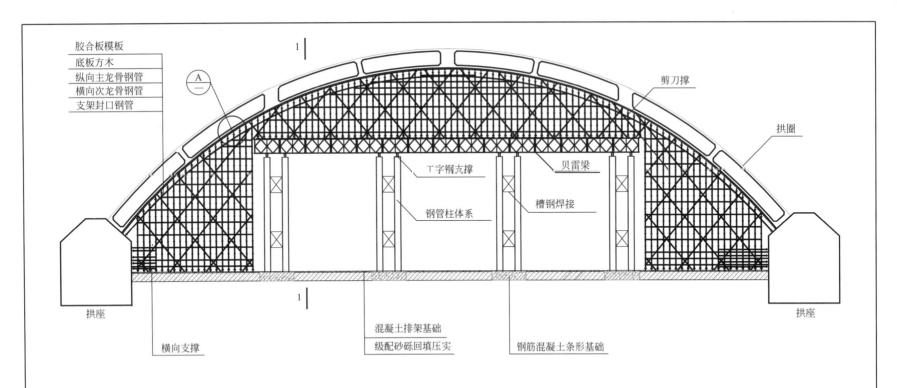

胶合板模板
底板方木
纵向主龙骨钢管
横向次龙骨钢管
支架封口钢管

剪刀撑

拱圈

丁字钢支撑

贝雷梁

钢管柱体系

槽钢焊接

横向支撑

混凝土排架基础

级配砂砾回填压实

钢筋混凝土条形基础

拱座

拱座

注：1. A节点中底板方木宜采用10cm×10cm或15cm×15cm规格、纵向主
    龙骨钢管、横向次龙骨钢管宜采用ϕ48，具体尺寸规格及间距以工
    程的实际计算结果为准。
   2. 图中碗扣式脚手架立杆、工字钢、钢管柱、贝雷梁距等型号及间距
    以实际工况的计算确定。
   3. 图中钢筋混凝土条形基础根据实际工况确定混凝土型号、尺寸、钢
    筋型号、布局等参数。

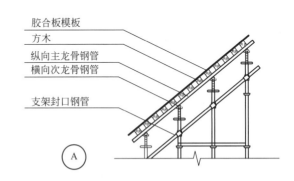

胶合板模板
方木
纵向主龙骨钢管
横向次龙骨钢管
支架封口钢管

A

现浇板拱桥拱圈纵断面图		图号	17.4.2
设计	制图	审核	

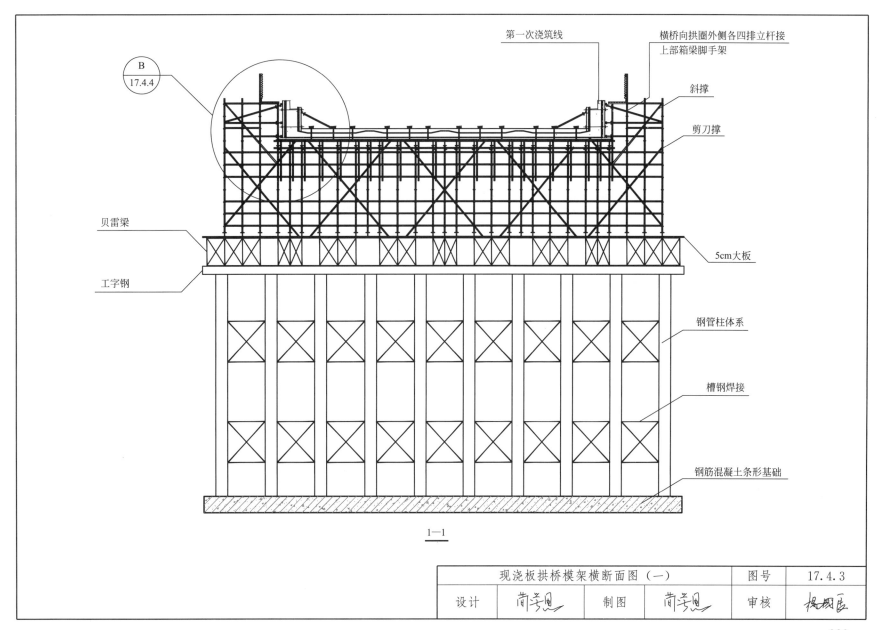

第一次浇筑线

横桥向拱圈外侧各四排立杆接上部箱梁脚手架

B
17.4.4

斜撑

剪刀撑

贝雷梁

5cm大板

工字钢

钢管柱体系

槽钢焊接

钢筋混凝土条形基础

1—1

现浇板拱桥模架横断面图（一）	图号	17.4.3
设计	制图	审核

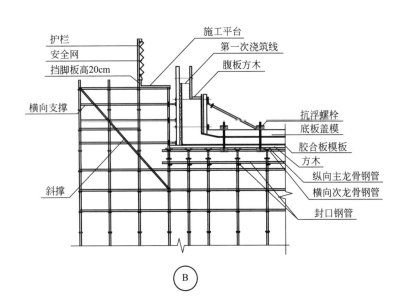

护栏
安全网
挡脚板高20cm
横向支撑
斜撑

施工平台
第一次浇筑线
腹板方木

抗浮螺栓
底板盖模
胶合板模板
方木
纵向主龙骨钢管
横向次龙骨钢管
封口钢管

B

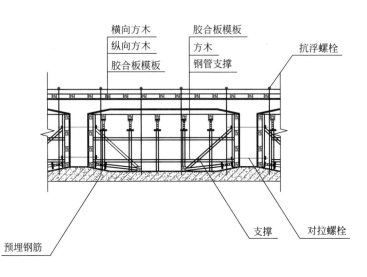

横向方木
纵向方木
胶合板模板

胶合板模板
方木
钢管支撑

抗浮螺栓

预埋钢筋
支撑
对拉螺栓

中间段第二次浇筑顶板及中间腹板部分加固体系

注：1. B节点方木宜采用10cm×10cm或15cm×15cm规格，纵向主龙骨钢管、横向次龙骨宜采用φ48钢管，具体尺寸规格及间距以工程的实际计算结果为准。
 2. 图中碗扣式脚手架立杆、工字钢、钢管柱、贝雷梁等型号及间距根据实际工况计算确定。
 3. 图中钢筋混凝土条形基础根据实际工况确定混凝土型号、尺寸、钢筋型号、布局等参数。
 4. B节点中第一次浇筑线位置处台阶形式模板的搭设，是为了将浇筑缝位置预留在翼板与板拱连接处，保证混凝土浇筑完成后板拱外形美观，实际施工时可根据实际工况自行确定是否采用该设计。

现浇板拱桥模架横断面图（二）			图号	17.4.4
设计	简苦思	制图	简苦思	审核	杨树民

17.5 弧形翼缘板模架

一、适用范围

适用于城市桥梁工程弧形翼缘板模架体系。

二、技术要求

1. 翼缘板模板采用胶合板，主龙骨宜采用 185 铝梁，次龙骨宜采用 10cm×10cm 方木，定型钢架宜采用 8 号槽钢及 $\phi48$ 钢管制作。

2. 根据工程实际情况，箱梁支撑架宜采用盘扣式钢管支撑架或碗扣式钢管支撑架。支撑架立杆纵、横间距及横杆步距根据计算确定。

3. 安装过程中根据设计要求调节顶托，保证翼缘板角度符合要求。

三、注意事项

1. 翼缘板模板与箱梁底模板接缝严密、支撑牢固。

2. 模架体系安装完成之后，调整可调支撑，用钢管扣件将定型钢架与箱梁支撑架连为一体。

	弧形翼缘板模架说明			图号	17.5.1
设计	种彩旗	制图	毛律律	审核	杨国臣

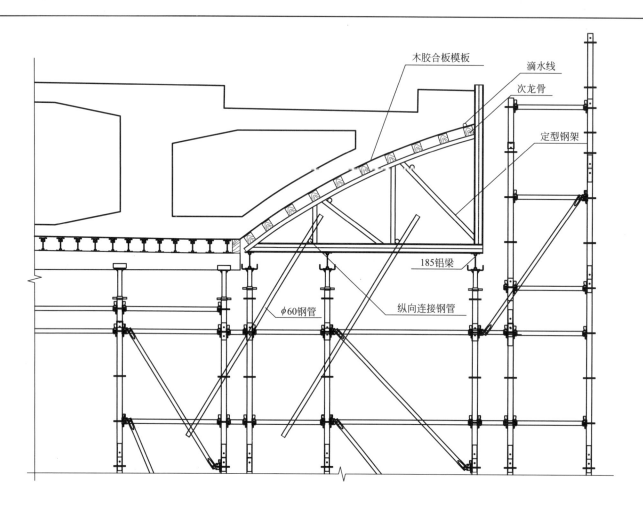

木胶合板模板
滴水线
次龙骨
定型钢架
185铝梁
纵向连接钢管
$\phi 60$钢管

注：1. 定型钢架间距与立杆纵距一致。
2. 定型钢架采用纵向连接(至少三点)。
3. 定型钢架采用钢管与底模板支撑体系进行连接。

弧形翼缘板定型钢架模架图				图号	17.5.2
设计	钟嘉琪	制图	飞婷婷	审核	杨国辰

17.6 弧形翼缘板微弯双钢管模架

一、适用范围

适用于城市桥梁工程弧形翼缘板模架体系。

二、技术要求

1. 根据工程实际情况选用碗扣式钢管支撑架或承插型盘扣式钢管支撑架。

2. 翼缘板模板选用 1.5cm 厚胶合板模板。

3. 主龙骨为两根弯制 $\phi 48$ 钢管，次龙骨采用 $10cm \times 10cm$ 方木。

4. 微弯钢管间采用纵向连接钢管连接。

三、注意事项

1. 模架体系安装完成之后，调整可调支撑，确保支撑稳固。

2. 微弯钢管接头错开，不在同一平面。

3. 微弯钢管连接采用对接。

4. 纵向连接钢管与微弯钢管之间采用扣件连接。

弧形翼缘板微弯双钢管模架说明				图号	17.6.1
设计	张煜祯	制图	张煜祯	审核	杨成臣

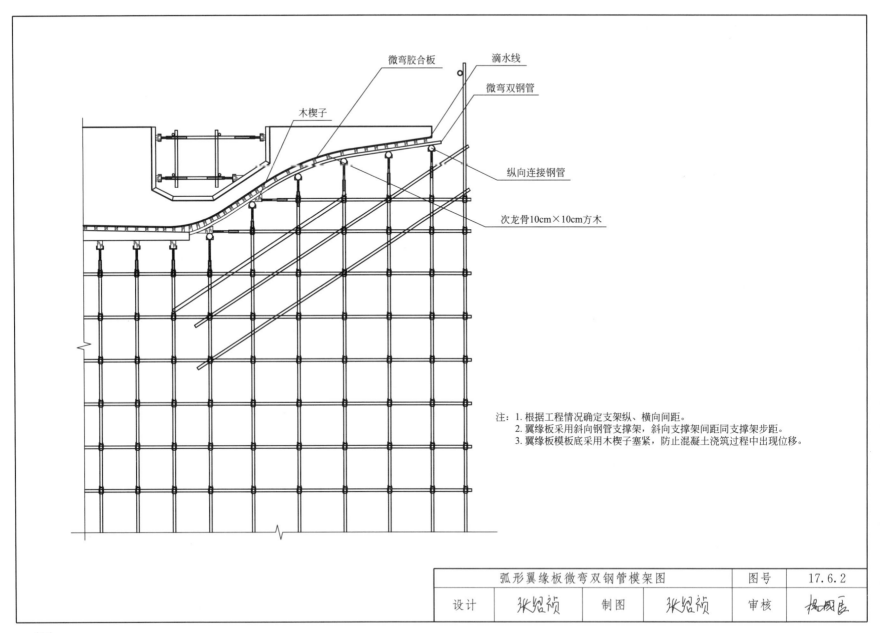

微弯胶合板
滴水线
微弯双钢管
木楔子
纵向连接钢管
次龙骨10cm×10cm方木

注：1. 根据工程情况确定支架纵、横向间距。
2. 翼缘板采用斜向钢管支撑架，斜向支撑架间距同支撑架步距。
3. 翼缘板模板底采用木楔子塞紧，防止混凝土浇筑过程中出现位移。

弧形翼缘板微弯双钢管模架图				图号	17.6.2
设计	张绍祯	制图	张绍祯	审核	杨树臣

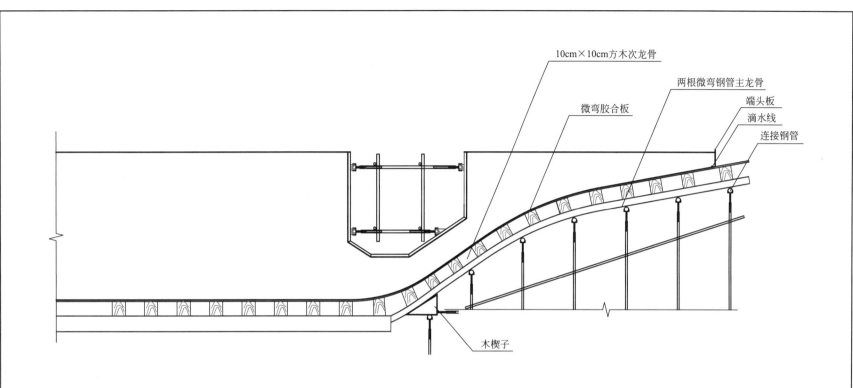

10cm×10cm方木次龙骨

两根微弯钢管主龙骨

端头板

滴水线

微弯胶合板

连接钢管

木楔子

注：1. 主、次龙骨间距根据实际工况计算确定。
　　2. 翼缘板模板的曲率半径与图纸一致。

| 弧形翼缘板微弯双钢管细部图（一） | 图号 | 17.6.3 | | |
| 设计 | 张煜祯 | 制图 | 张煜祯 | 审核 | 杨国臣 |

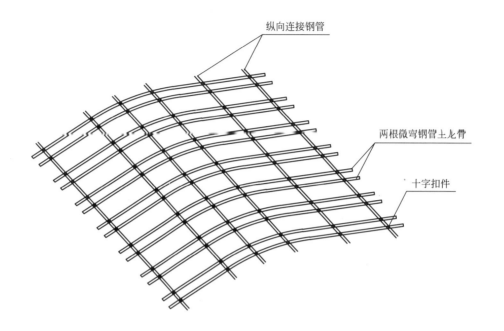

纵向连接钢管

两根微弯钢管土儿骨

十字扣件

注：1. 钢管自身间距30cm，每组双钢管间距90cm，即最大跨度60cm。纵向连接钢管间距
　　　同支架立杆间距。
　　2. 微弯钢管的制作方法：选用2m×6m的钢板，厚度不小于2cm，按照微弯钢管线形减
　　　去1/2钢管尺寸绘出微弯钢管弯曲圆弧内侧线形，并利用施工中ϕ32的钢筋废料，加
　　　工成长10cm的标准段，将该标准段以10cm间距垂直焊接在微弯钢管内弧线形处，
　　　钢板另一面用ϕ32钢筋焊接，制作成桌子形状，并在平整硬化的场地处加固落稳。
　　　按照已做好的胎具模型，试加工微弯钢管，与校验平台处线形校对，并根据校对结
　　　果适当调整胎具上定位钢筋的位置，直到符合要求。

弧形翼缘板微弯双钢管细部图（二）		图号	17.6.4
设计	张炤祯	制图	张炤祯	审核	杨树臣

17.7 T形梁后浇带模板

一、适用范围

适用于预制 T 形梁横隔板、湿接缝模板施工（预制小箱梁也可参照本图施工）。

二、技术要求

1. 模板采用胶合板模板，面板及主次龙骨应进行计算，其强度、刚度及稳定性应满足规范要求。

2. 侧模板面板一般采用 12～15 厚胶合板，次肋采用 5cm×10cm 方木，主肋可采用 10cm×10cm 方木。

3. 底模板面板一般采用 12～15 厚胶合板，次龙骨采用 5cm×10cm 方木，主龙骨采用 10cm×10cm 方木。

4. 横隔梁采用底托侧的方式，并通过对拉螺栓对模板支撑。

三、注意事项

湿接缝施工时，根据湿接缝宽度确定吊模板对拉螺栓排数，横担方木或钢管刚度要满足受力要求。

T形梁后浇带模板说明		图号	17.7.1
设计	苏靖	制图	苏靖	审核	杨树臣

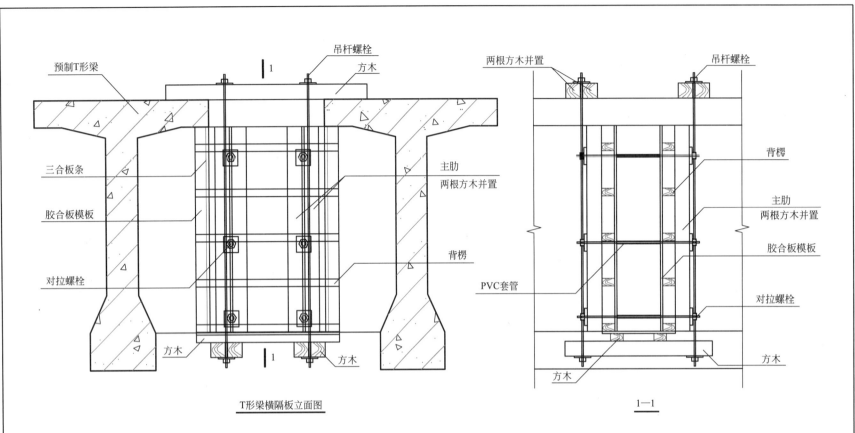

预制T形梁

吊杆螺栓

方木

两根方木并置

吊杆螺栓

三合板条

主肋
两根方木并置

背楞

胶合板模板

对拉螺栓

背楞

主肋
两根方木并置

PVC套管

胶合板模板

对拉螺栓

方木

方木

方木

T形梁横隔板立面图

1—1

注：1. 横隔板宽度≤60cm时，可在中间设置一道吊杆螺栓；横隔板宽度＞60cm
时，建议设置两排对拉螺栓。
2. 对拉螺栓、吊杆螺栓间距根据实际工况计算确定。

T形梁横隔板立面图				图号	17.7.2
设计	苏靖	制图	苏靖	审核	杨威屈

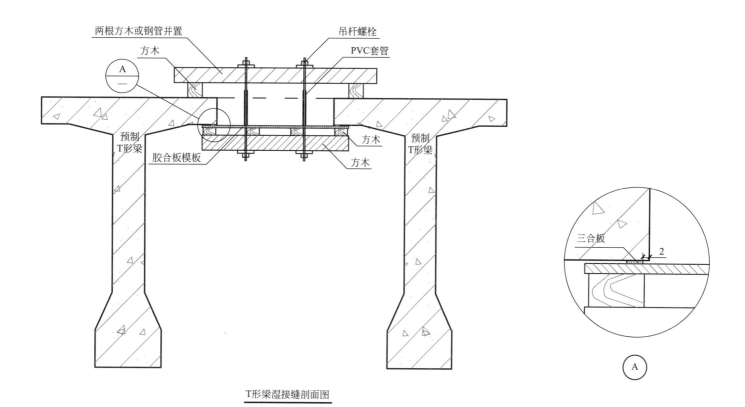

两根方木或钢管并置

吊杆螺栓

方木

PVC套管

A

预制
T形梁

胶合板模板

方木

方木

预制
T形梁

T形梁湿接缝剖面图

三合板

2

A

注：1. 湿接缝宽度≤60cm时，可在中间设置一排对拉螺栓；湿接缝宽度＞60cm时，
　　　宜设置两排对拉螺栓。
　　2. 吊杆螺栓间距根据实际工况计算确定。

T形梁湿接缝剖面图			图号	17.7.3
设计	苏静	制图	苏静	审核	揭国辰

第十八章

特殊体系

18.1　菱形挂篮模架

一、适用范围

本挂篮模架体系适用于悬臂标准段为 3.5m，0 号段位 10m，最重节混凝土自重不超过 154t 的箱梁施工。本图以 20.05m 宽箱梁为例，图中标注数字仅供参考。

二、技术要求

1. 主要由主桁架系统、底篮系统、行走及锚固系统、模板及调整系统和附属结构（操作平台、爬梯、栏杆等）组成。

2. 底篮由前下横梁、后下横梁、纵梁、底模板组成。纵梁与前、后下横梁螺栓固定。横梁提吊采用吊带和精轧螺纹钢吊杆。

3. 挂篮与悬浇梁段混凝土的重量比不宜大于 0.5。挂篮的变形总和不得大于 20mm。

4. 挂篮在现场组拼后，必须全面检查其安装质量，并进行模拟荷载试验，符合挂篮设计要求后方可正式投入使用。

三、注意事项

1. 挂篮安装、行走注意事项：挂篮主桁架必须垂直，平连水平，桥面通过调平支座及高强度等级砂浆找平、放样、测平。

2. 拆除：施工完成后，挂篮系统按安装顺序反序分块拆除。

菱形挂篮模架说明				图号	18.1.1
设计		制图		审核	

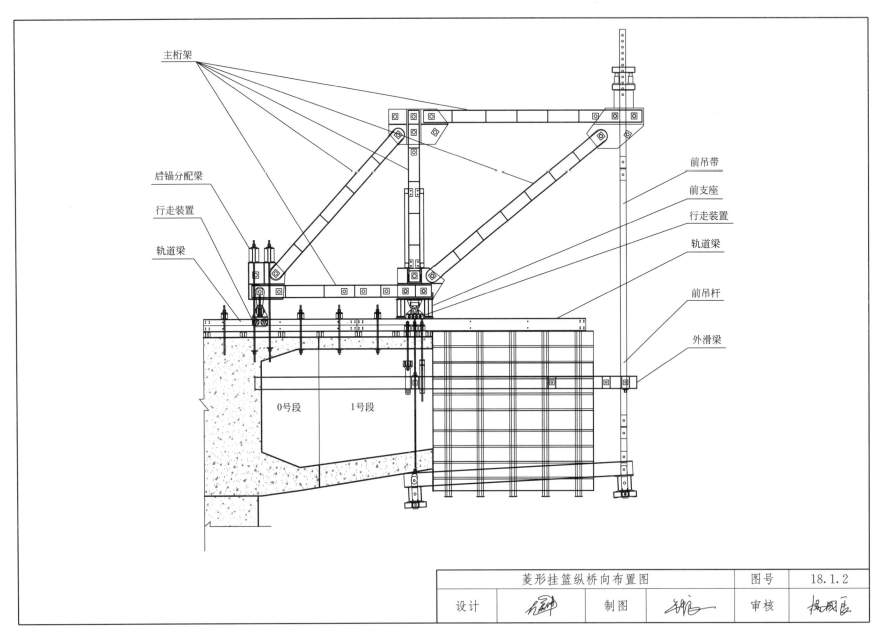

主桁架

后锚分配梁

行走装置

轨道梁

前吊带

前支座

行走装置

轨道梁

前吊杆

外滑梁

0号段   1号段

菱形挂篮纵桥向布置图				图号	18.1.2
设计		制图		审核	

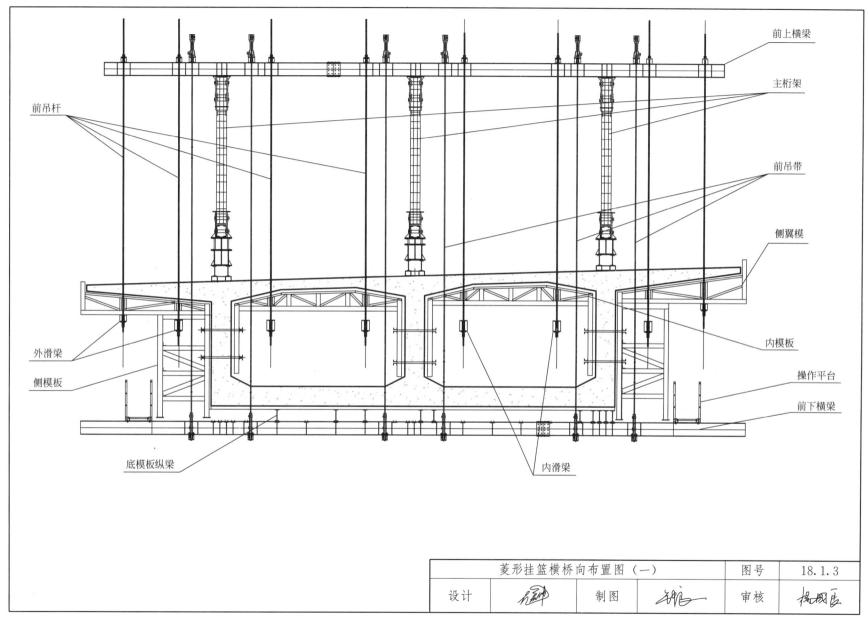

前上横梁

主桁架

前吊带

前吊杆

侧翼模

内模板

外滑梁

侧模板

操作平台

前下横梁

底模板纵梁

内滑梁

菱形挂篮横桥向布置图（一）			图号	18.1.3
设计		制图	审核	

413

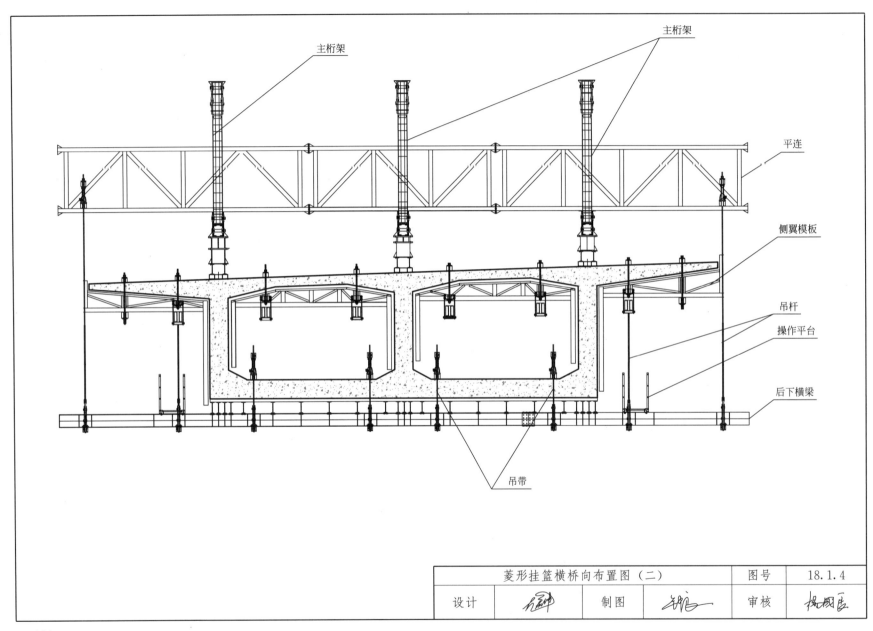

主桁架

主桁架

平连

侧翼模板

吊杆

操作平台

后下横梁

吊带

| 菱形挂篮横桥向布置图（二） | 图号 | 18.1.4 |
| 设计 | 制图 | 审核 |

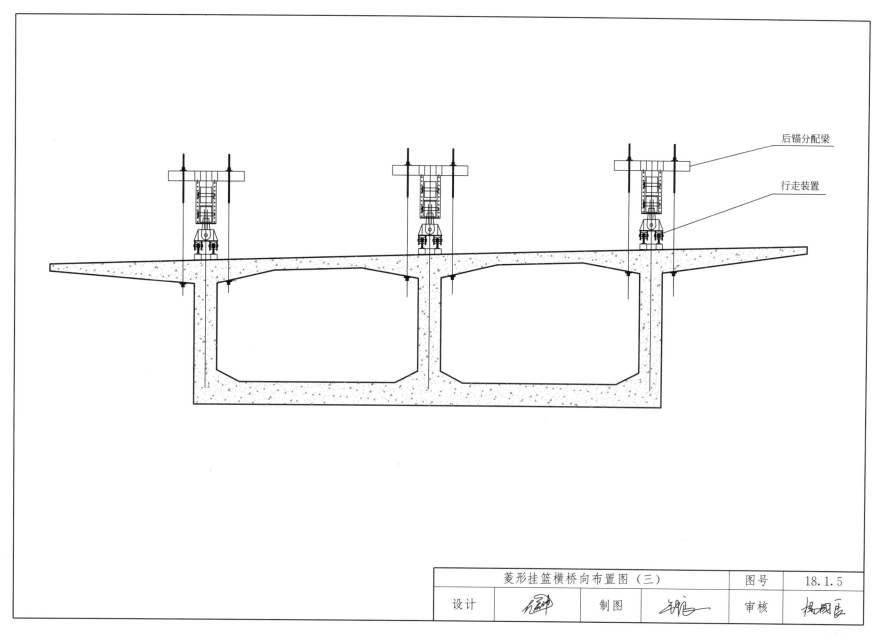

后锚分配梁

行走装置

菱形挂篮横桥向布置图（三）		图号	18.1.5
设计	制图	审核	

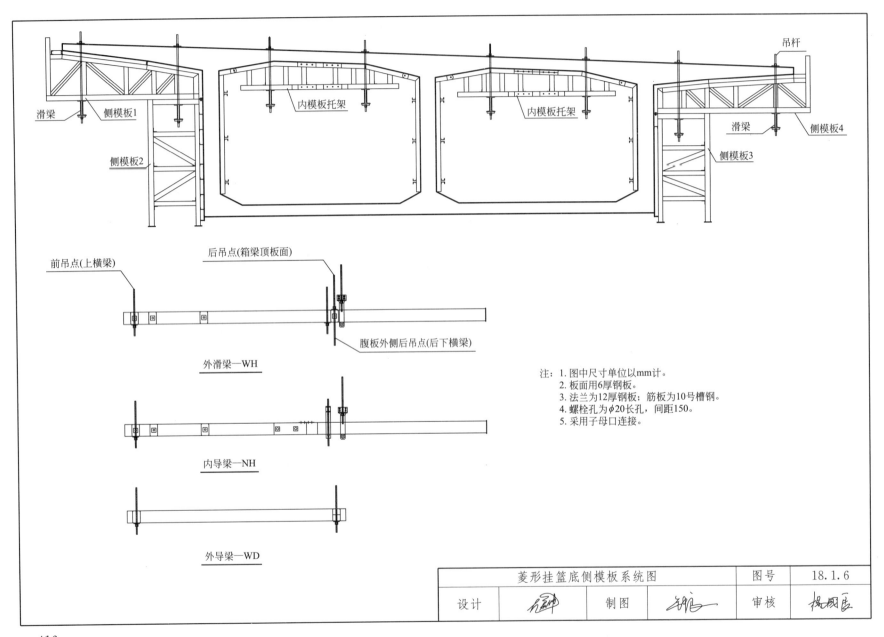

滑梁　側模板1

内模板托架　内模板托架

吊杆

滑梁

侧模板4

侧模板2

侧模板3

前吊点(上横梁)

后吊点(箱梁顶板面)

腹板外侧后吊点(后下横梁)

外滑梁—WH

内导梁—NH

外导梁—WD

注：1. 图中尺寸单位以mm计。
　　2. 板面用6厚钢板。
　　3. 法兰为12厚钢板；筋板为10号槽钢。
　　4. 螺栓孔为ϕ20长孔，间距150。
　　5. 采用子母口连接。

菱形挂篮底侧模板系统图		图号	18.1.6
设计	制图	审核	

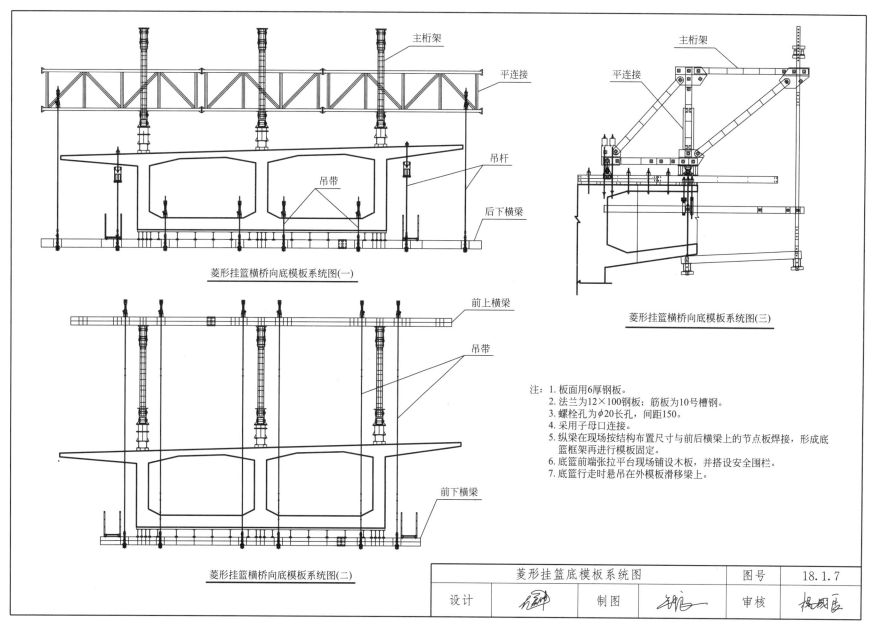

菱形挂篮横桥向底模板系统图(一)

菱形挂篮横桥向底模板系统图(三)

菱形挂篮横桥向底模板系统图(二)

注：1. 板面用6厚钢板。
2. 法兰为12×100钢板；筋板为10号槽钢。
3. 螺栓孔为φ20长孔，间距150。
4. 采用子母口连接。
5. 纵梁在现场按结构布置尺寸与前后横梁上的节点板焊接，形成底篮框架再进行模板固定。
6. 底篮前端张拉平台现场铺设木板，并搭设安全围栏。
7. 底篮行走时悬吊在外模板滑移梁上。

菱形挂篮底模板系统图			图号	18.1.7
设计		制图	审核	

18.2 前支点挂篮模架

一、适用范围

适用于采用现浇钢筋混凝土结构作为主梁的斜拉桥主梁悬臂浇筑施工。

二、技术要求

前支点挂篮模架由承重平台、张拉机构、行走系统、定位系统、锚固系统、模板系统、工作平台等组成。

1. 承重平台

承重平台置于主梁的下面，前端与张拉杆相连，中部和尾部通过锚杆锚固在已浇主梁顶面。

承重平台由主纵梁，前、中、后横梁组成。均是由钢板焊接而成的钢箱结构。各部件均分节制作，采用 10.9 级 M24 高强螺栓连接，连接处设置加劲板。

2. 张拉机构

张拉机构的功能是在挂篮悬浇施工时将斜拉索与挂篮连接起来形成前支点；在悬浇完成后，将斜拉索与挂篮分离，实现索力的转换。

3. 行走系统

行走系统由反顶轮、C 形梁、轨道和牵引设施组成。反顶轮采用 45 号钢，安装在挂篮纵梁后端尾梁上，用于抵抗挂篮行走过程中的倾覆力。C 形梁由 Q235 钢板组焊成钢箱形式，位于挂篮中部纵梁侧面，其上端挂在已浇梁段顶面，下端与纵梁焊接。轨道铺放在主梁顶面，将牵引设施与 C 形梁连接后，启动

牵引系统，使 C 形梁在轨道上前进，实现挂篮前移。

4. 定位系统

定位系统实现挂篮浇筑前的初定位及微调定位功能，由顶升机构、止推机构等组成。

5. 锚固系统

挂篮浇筑状态下锚固系统包括两组主纵梁前锚杆组、一组主纵梁后锚杆组、止推机构锚杆、拱顶模板锚杆。主纵梁前锚杆组设在主纵梁中部，它们的作用是将承载平台承受的施工荷载传递到已浇梁段上，主纵梁后锚杆组设在主纵梁尾部，其作用是平衡挂篮斜拉索初张拉时产生的倾覆力，同时，两组锚杆组亦作为抗风安全锚固点。主纵梁锚杆均采用材质 40Cr、Φ80 锚杆，止推机构锚杆采用 ϕ32 精轧螺纹钢，拱顶模板锚杆采用 ϕ25 精轧螺纹钢。

6. 模板系统

外模板系统由边肋底模板、横隔墙底模板、边肋外侧模板、横隔墙外侧模板、横隔墙内侧模板、边肋内侧模板等组成。

对拉杆为 ϕ25 精轧螺纹钢。

各模板均分块制作，采用 M16 普通螺栓连接。

7. 工作平台

为了保证挂篮施工人员安全，挂篮考虑了便利的工作平台，工作平台主要供施工人员往返，禁止在其上放置重物和机具。

三、施工工艺

1. 安装顶升机构千斤顶，油缸伸长并顶升，放下行走反滚轮。
2. 安装前锚杆组，同时顶升机构千斤顶油缸缩回，提升挂篮。
3. 安装止推机构，操作止推千斤顶，使挂篮纵向定位。
4. 安装后锚杆组。
5. 立模板，测量标高，同时调整顶升机构千斤顶及锚杆组，使挂篮精确定位，并满足预变形要求。

	前支点挂篮模架说明（一）			图号	18.2.1
	设计	马德元	制图	张鑫	审核	杨枫辰

6. 连接张拉机构与斜拉索冷铸锚，形成挂篮前支点，并初张拉。

7. 按主梁施工控制要求分层浇筑混凝土（或张拉斜拉索），使各节段满足索力及变形双控的要求。

四、注意事项

1. 结构安全检查

所有的连接部位进行常态化的检查。

2. 挂篮的纵向定位

挂篮的前移由行走机构完成，纵向精确定位由止推机构完成。操作时应预估挂篮由倾斜变为水平状态纵梁定位的变化量，控制误差小于15。

3. 挂篮的横向调整

（1）当挂篮产生横桥向偏移时，可在挂篮主纵梁与模板处用捯链调整。

（2）当牵引挂篮前移时，应尽量保证挂篮整体平移，并不时纠正挂篮的偏位。

（3）模板体系的安装应控制与挂篮承载平台轴线偏差不大于10。

4. 高处作业安全

（1）高处作业人员必须系好安全带，戴安全帽，穿防滑鞋，禁止赤脚和穿拖鞋施工。

（2）临边设置安全网，防止高空坠落。

（3）防止高空坠物打击。

5. 锚杆组的拆卸与保护

各锚杆组的拆卸应注意先后顺序，即先拆张拉机构，再拆后锚杆组、前锚杆组。锚杆组应注意对称同时拆卸，即用两台千斤顶同时顶升，松开锚杆锁紧螺母，然后同时放松千斤顶进

行拆卸。锚杆组必须配备锥形螺母和球形垫片，防止精轧螺纹钢受弯、受剪。精轧螺纹钢在使用过程中要采取防火、防热、防腐蚀措施，避免电火花等触及。

6. 提升、下放与行走

挂篮提升或下放时，两侧锚杆组必须同步操作。挂篮行走时，必须保证两侧同步前移，在两侧行走主桁架上增加刻度并安排专门人员分别在两侧观察。在挂篮行走过程中，禁止在模板上作业或逗留。

7. 工作平台

工作平台主要供施工人员行走使用，严禁在走道上堆放大型施工机具，影响工作平台使用安全。

8. 抗风措施

突遇大风时禁止前移挂篮，应将挂篮所有锚杆尤其是内外侧主桁架的后锚杆和前吊杆全部按要求安装。

9. 张拉机构定位

应根据设计和施工控制最终确定的斜拉索几何特征及梁端标高情况（箱梁倾斜状态）计算并放样确定前支点位置，精确定位。

初张拉完成后及在浇筑混凝土过程中，应保证张拉机构各连接构件与斜拉索成一直线，以防止张拉杆受弯。

10. 模板预拱设置

模板预拱数据参考主体结构计算书中主纵梁和前横梁的变形，亦可根据安装完成后挂篮预压试验实测的变形数据进行调整。

11. 预埋件

所有预埋件均应按设计要求进行预埋，并保证定位精度。用于锚固和止推机构安装的埋件的预埋精度应控制在20以内。

12. 偏载

浇筑混凝土时，控制桥中心线两侧的偏载不超过20t。

前支点挂篮模架说明（二）			图号	18.2.2
设计	马德元	制图	张鑫	审核	杨国良

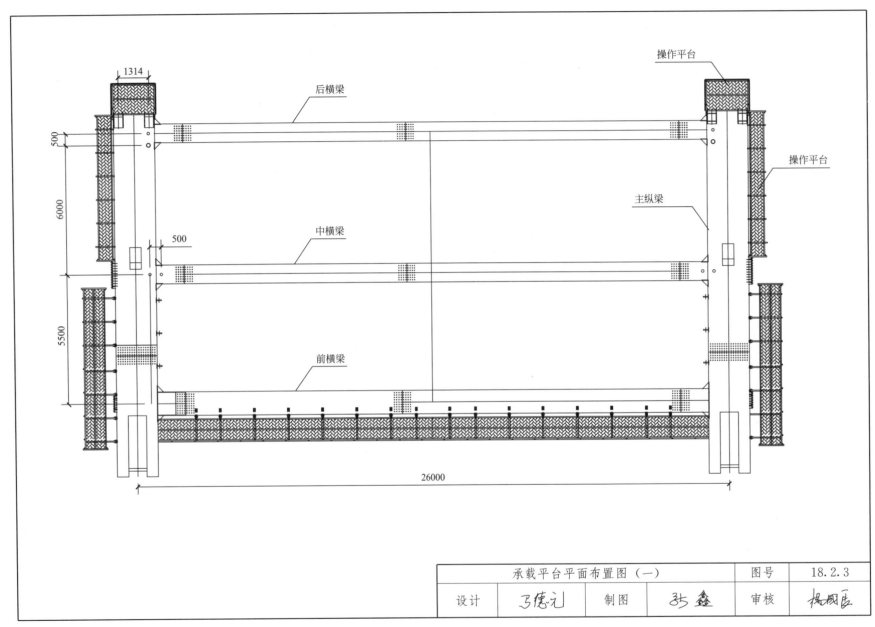

承载平台平面布置图（一）		图号	18.2.3
设计	马德元	制图	张鑫	审核	杨树臣

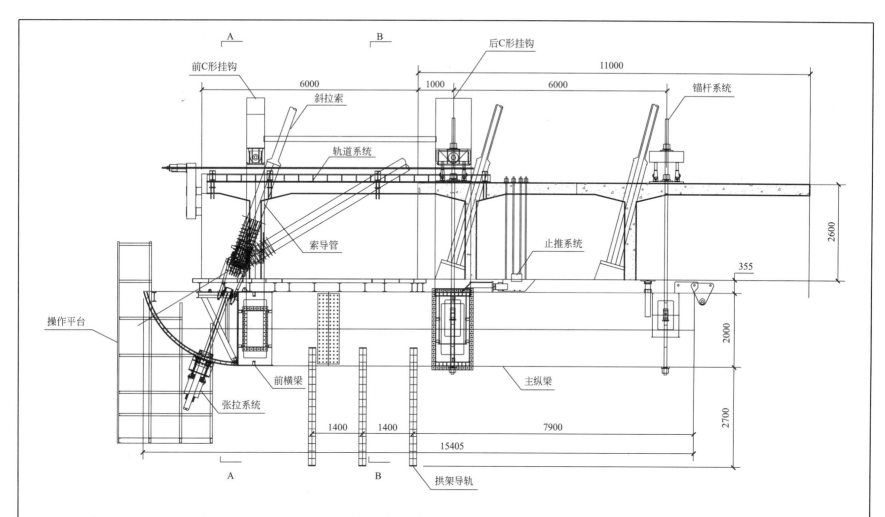

注: 1. 本图根据用户提供的东段水阳江大桥(110m+240m+110m连续梁)梁图设计。
2. 挂篮采用穿心千斤顶牵引前移。
3. 所有连接螺栓均由用户自备,具体数量详见相应清单。
4. 本牵索挂篮适用于浇筑最大梁段长6m,最大梁段重量343.7t的构件。
5. 本图为一套两台挂篮。
6. 本图尺寸以mm计。
7. 本图重量为估算重量。

承载平台布置图		图号	18.2.4
设计	马德元	制图	张鑫	审核	杨国辰

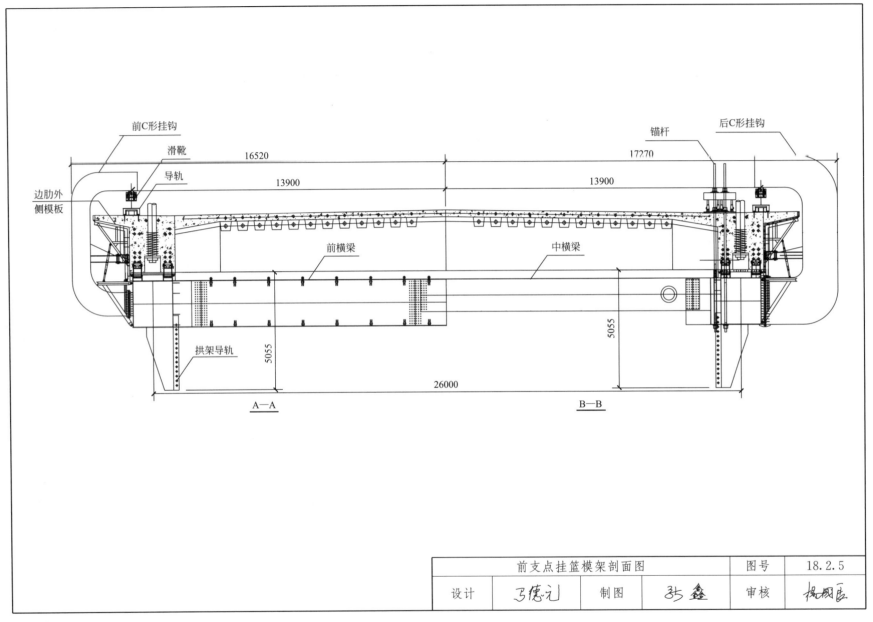

前C形挂钩　　滑靴　　导轨　　边肋外侧模板　　16520　　13900　　前横梁　　中横梁　　锚杆　　后C形挂钩　　17270　　13900　　5055　　拱架导轨　　5055　　26000　　A—A　　B—B

前支点挂篮模架剖面图				图号	18.2.5
设计	马德记	制图	张鑫	审核	杨国臣

422

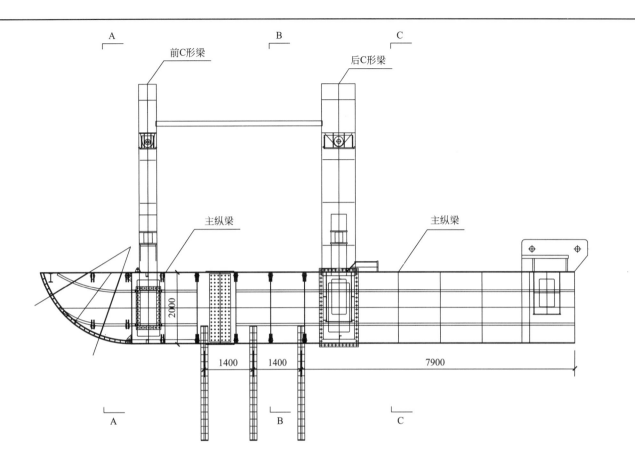

注：1. 各构件之间的焊接焊缝为二级焊缝，焊缝质量不低于《焊缝无损检测 超声检测 技术、检测等
级和评定》GB/T 11345—2013中的B级检验等级的Ⅱ级要求。

2. 10.9级高强度螺栓连接副应保证扭矩系数，螺栓应属同批制造，M24的预紧力为225kN。

3. 高强度螺栓施工严格按照现行行业标准《钢结构高强度螺栓连接技术规程》JGJ 82—2011执行。

4. 整体改造完后应清除焊缝夹渣，打磨毛刺，并在内外表面先后各涂一道防锈底漆和一道面漆。

5. 承载平台须进行预拼装。

6. 前挂腿挂篮需后退时再安装。

承载平台图（一）				图号	18.2.6
设计	马德元	制图	张鑫	审核	杨国臣

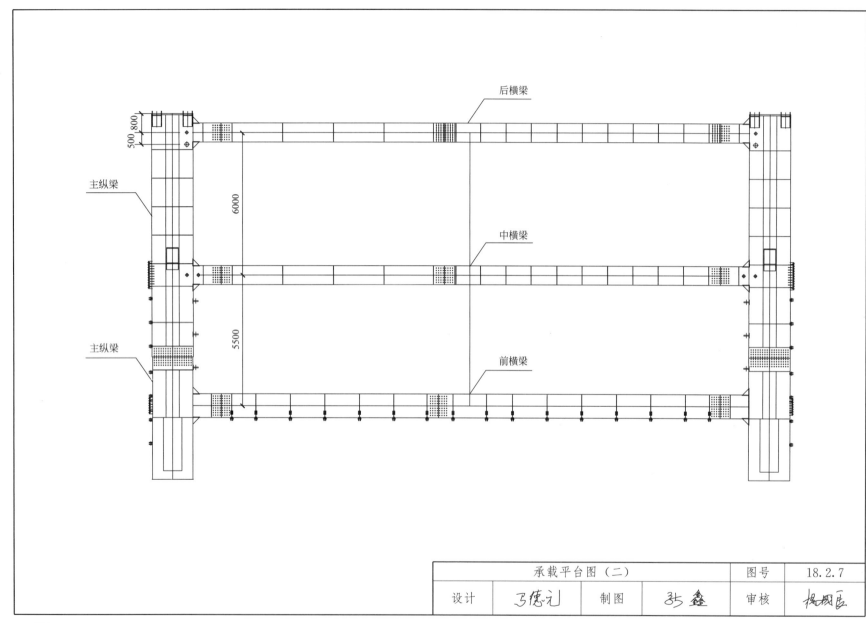

后横梁

主纵梁

中横梁

主纵梁

前横梁

6000

5500

500 800

| 承载平台图（二） | | 图号 | | 18.2.7 |
| 设计 | 马德记 | 制图 | 张鑫 | 审核 | 杨国臣 |

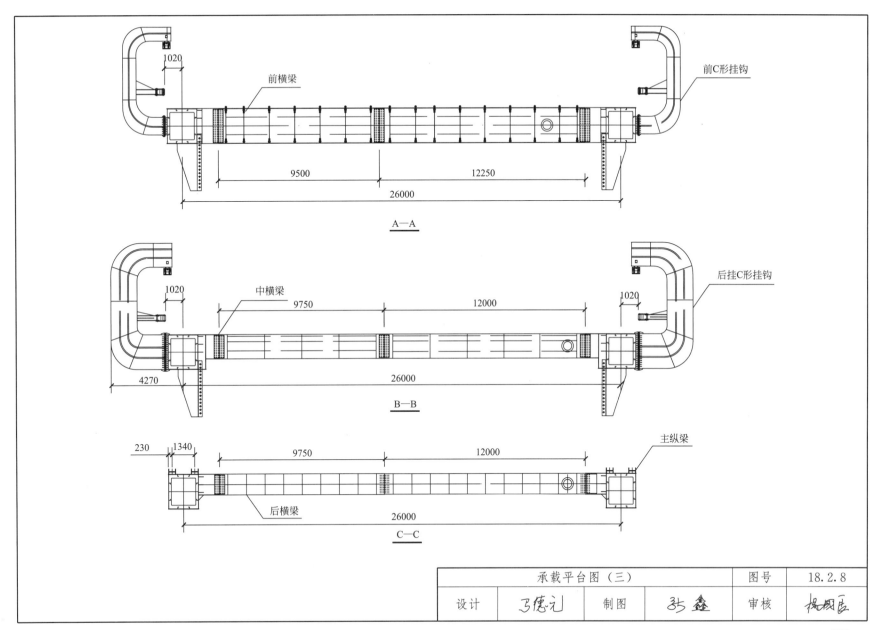

前C形挂钩

前横梁

1020

9500

12250

26000

A—A

中横梁

后挂C形挂钩

1020

9750

12000

1020

4270

26000

B—B

主纵梁

230

1340

9750

12000

后横梁

26000

C—C

| 承载平台图（三） | | 图号 | | 18.2.8 |
| 设计 | 马德元 | 制图 | 张鑫 | 审核 | 杨国臣 |

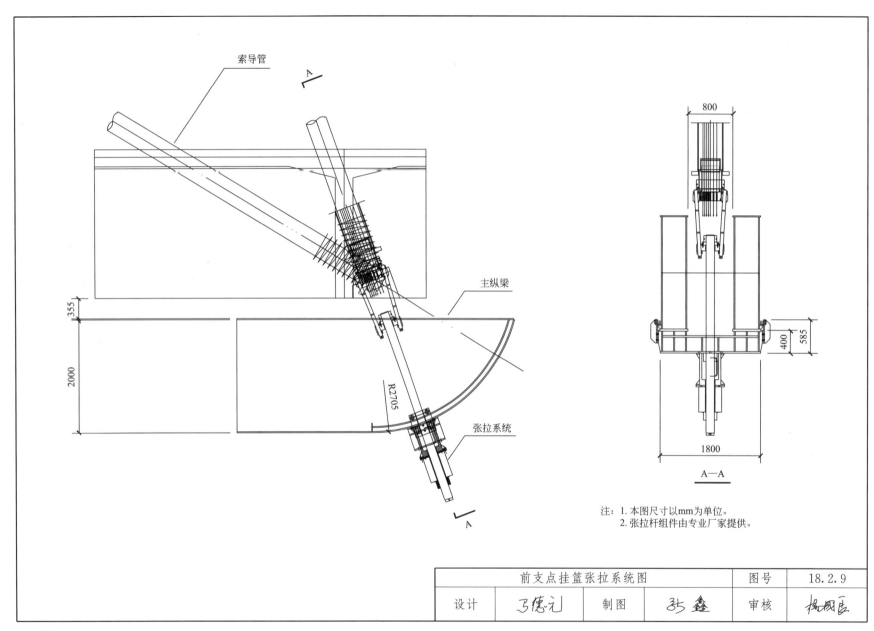

索导管

A

800

主纵梁

355

2000

R2705

张拉系统

400
585

1800

A—A

注：1. 本图尺寸以mm为单位。
　　2. 张拉杆组件由专业厂家提供。

前支点挂篮张拉系统图				图号	18.2.9
设计	马德元	制图	张鑫	审核	杨国辰

426

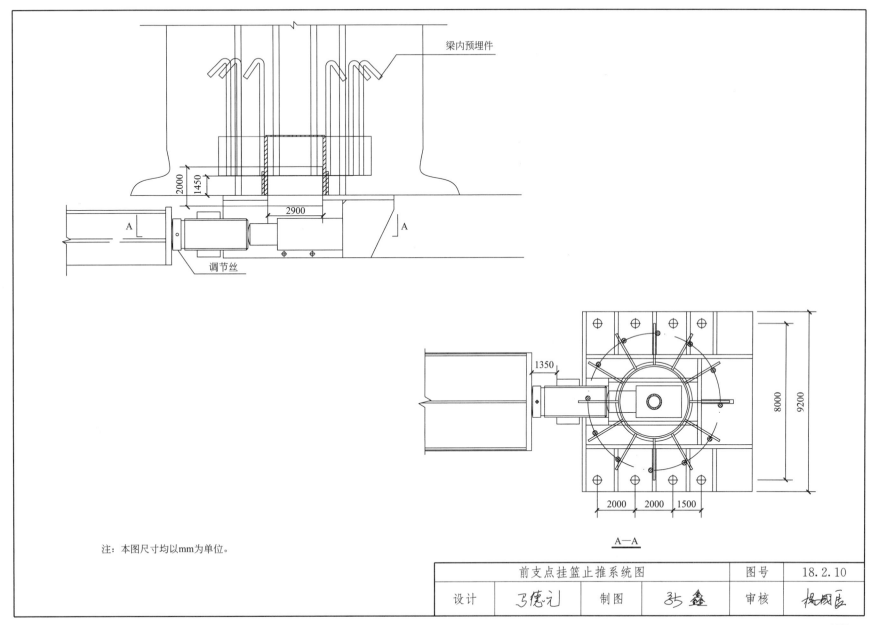

梁内预埋件

2000

1450

2900

调节丝

A—A

1350

8000

9200

2000 2000 1500

注：本图尺寸均以mm为单位。

前支点挂篮止推系统图				图号	18.2.10
设计	马德礼	制图	张鑫	审核	杨树臣

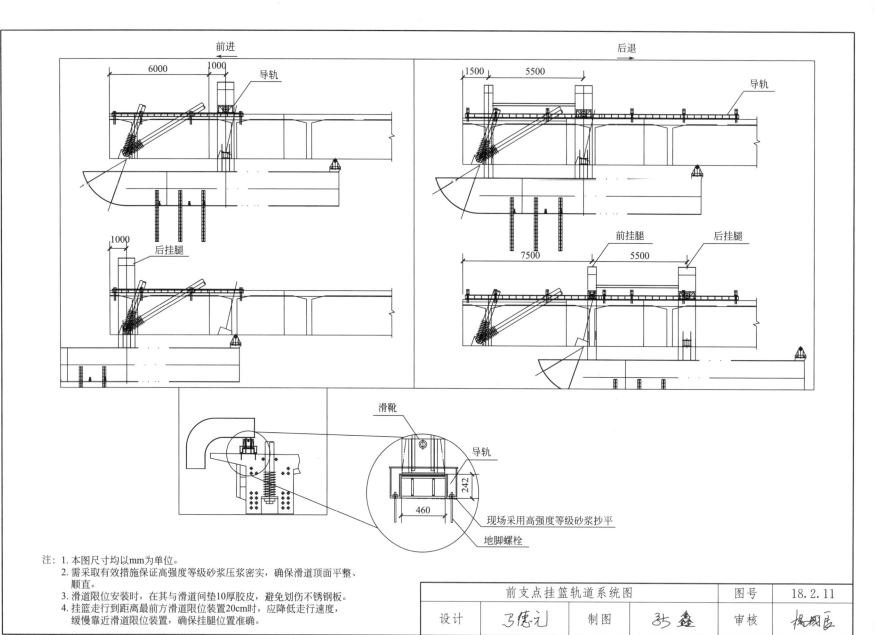

前进 → 后退 →

6000 1000 导轨

导轨

1000 后挂腿

1500 5500

前挂腿 后挂腿

7500 5500

滑靴

导轨

242

460

现场采用高强度等级砂浆抄平

地脚螺栓

注：1. 本图尺寸均以mm为单位。
2. 需采取有效措施保证高强度等级砂浆压浆密实，确保滑道顶面平整、顺直。
3. 滑道限位安装时，在其与滑道间垫10厚胶皮，避免划伤不锈钢板。
4. 挂篮走行到距离最前方滑道限位装置20cm时，应降低走行速度，缓慢靠近滑道限位装置，确保挂腿位置准确。

前支点挂篮轨道系统图		图号	18.2.11
设计	马德元	制图	张鑫	审核	杨国辰

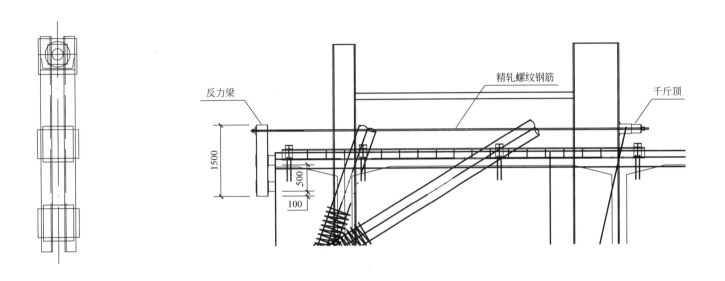

反力梁

反力梁

精轧螺纹钢筋

千斤顶

1500

500

100

前支点挂篮牵引系统图				图号	18.2.12
设计	马德元	制图	张鑫	审核	杨树臣

429

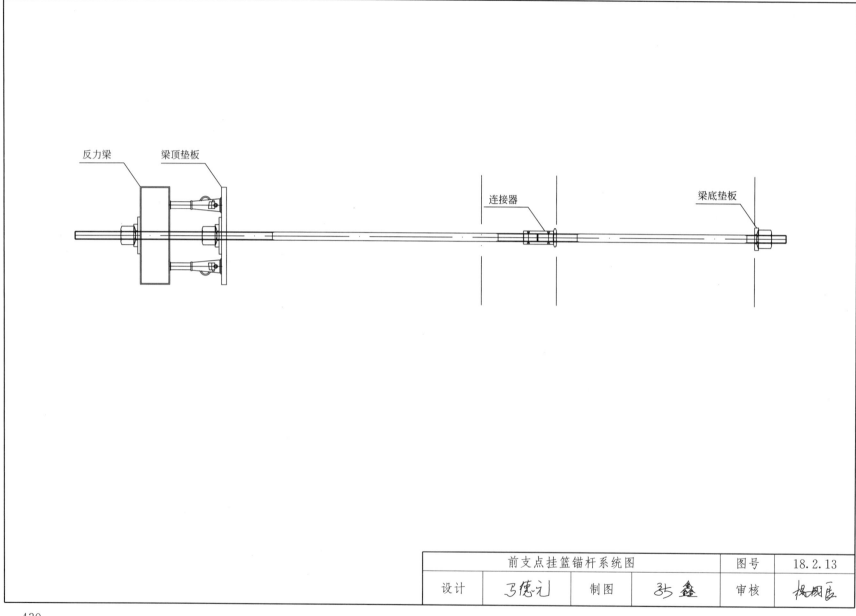

反力梁　　梁顶垫板

连接器

梁底垫板

前支点挂篮锚杆系统图			图号	18.2.13
设 计	马德记	制图	35鑫	审核	杨国辰

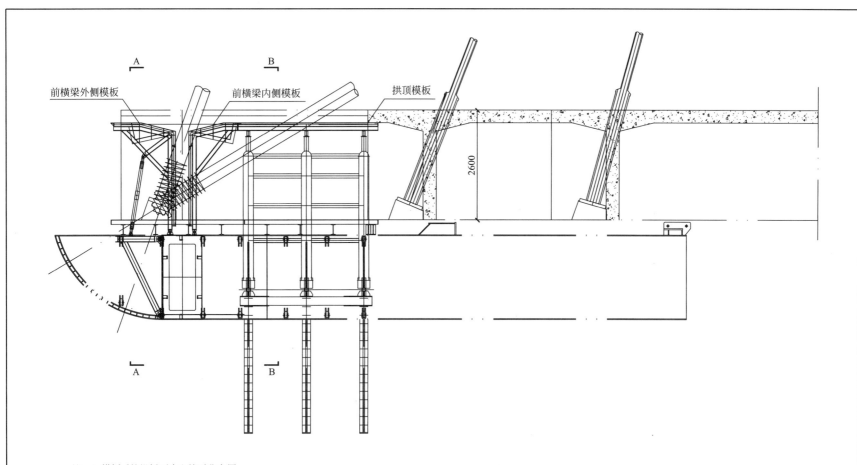

前横梁外侧模板　　前横梁内侧模板　　拱顶模板

2600

A　B

A　B

注：1. 模板系统沿桥面中心线对称布置。
　　2. 模板制作用所有部件必须采用机械下料。
　　3. 模板制作所用型材必须调直矫正，外形尺寸要求精确。
　　4. 图中拉杆位置仅作参考，具体位置由项目部根据现场情况自行确定。
　　5. 所有连接螺栓及对拉杆均由用户自备。

前支点挂篮模板系统图（一）			图号	18.2.14
设计	马德礼	制图	张鑫	审核	杨树臣

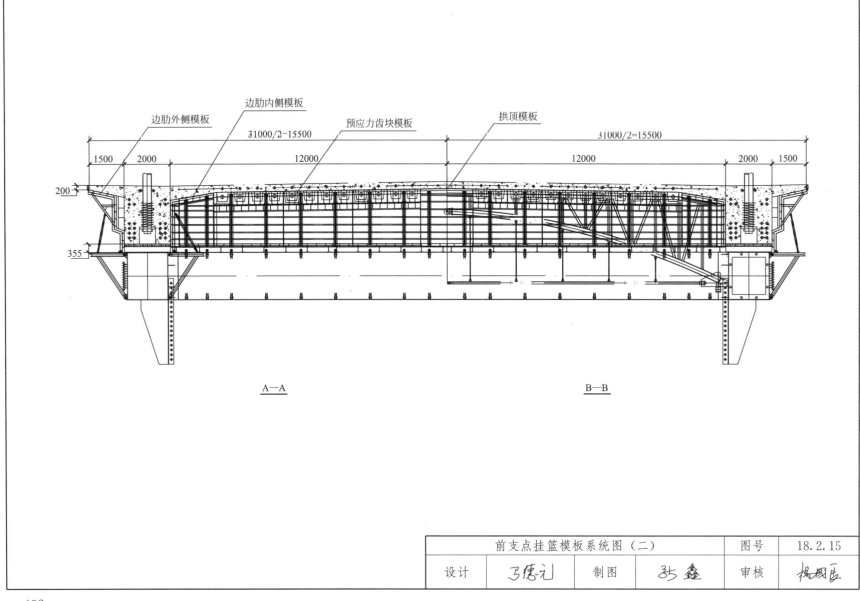

边肋外侧模板　　边肋内侧模板　　预应力齿块模板　　拱顶模板

31000/2=15500　　　　　　　　　　　　　31000/2=15500

1500　2000　　　12000　　　12000　　　2000　1500

200

355

A—A　　　　　　　　　　　B—B

前支点挂篮模板系统图（二）				图号	18.2.15
设计	马德记	制图	张鑫	审核	杨国臣

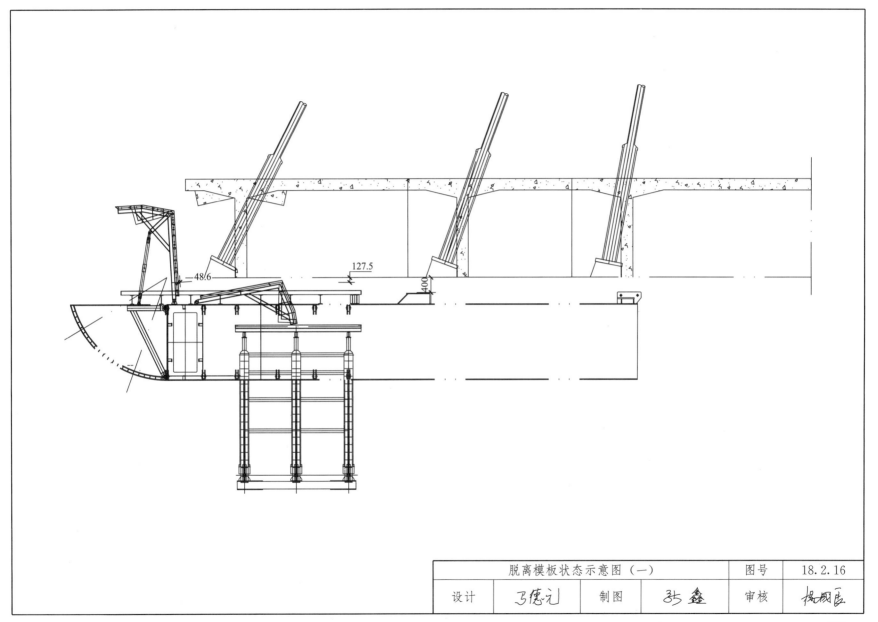

	脱离模板状态示意图（一）				图号		18.2.16
设计	马德礼	制图	张鑫	审核	杨国臣		

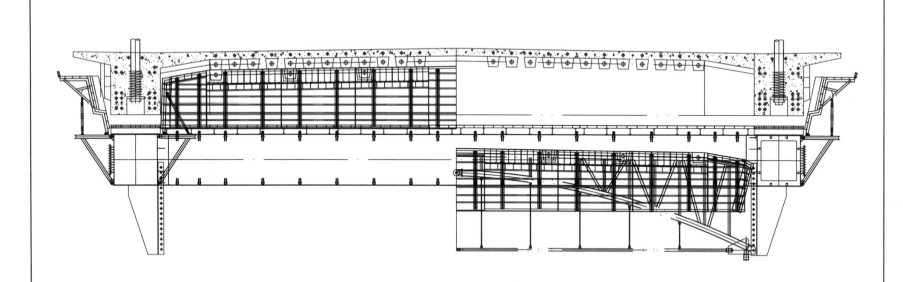

横隔墙外侧模板脱模说明：
1. 先拆除锚槽处模板与横隔墙外侧模板的连接，锚槽处模板留在原位，最后拆除。
2. 拆除横隔墙外侧模板的200厚调节块。
3. 调节横隔墙外侧模板的撑杆，使横隔墙外侧模板向外转动，与梁体脱离。
4. 调节边肋内侧模板的撑杆，使边肋内侧模板向横隔墙外侧模板靠拢，并与梁体脱离。

横隔墙内侧模板脱模说明：
1. 先拆除锚槽处模板与横隔墙内侧模板的连接，锚槽处模板留在原位，最后拆除。
2. 拆除边肋内侧模板与横隔墙内侧模板的所有连接。
3. 边肋内侧模板通过铰接销轴，绕拱顶模板转动，与梁体脱离。
4. 下放拱顶模板与边肋内侧模板。
5. 转动横隔墙内侧模板，使其搭于拱顶模板上。
6. 横隔墙内侧模板、边肋内侧模板、拱顶模板一同随着拱架下架至最低处。

脱离模板状态示意图（二）				图号	18.2.17
设计	马德元	制图	张鑫	审核	杨国良

第十九章

现浇防撞墩模板

19.1 现浇防撞墩模板

一、适用范围

适用于高速公路现浇防护栏与挂板一体化施工。

二、技术要求

1. 模板采用定型钢模板，模板的强度、刚度及稳定性应满足规范要求。

2. 定型钢模板面板宜采用 4 厚钢板，主肋采用 8 号槽钢，边肋采用 10 厚钢板，背楞可采用 10 号槽钢或矩形钢管。

3. 可采用叉车在桥面上安装模板。先安装内模板，再安装外模板，然后通过上下对拉螺栓固定模板。

4. 护栏须在墩顶、跨中及每隔 4～6m 设置 0.5～1cm 宽真缝，缝内模板需撤出，内填双组分聚硫密封膏，深 2cm。

三、注意事项

1. 内模板下承层需平顺，内模板下口可抬高 5mm，用密封胶嵌缝。

2. 外模板最下段压板的螺栓接孔，宜设置成可在上下方向的可调节型。

3. 为了保证线直顺度、防止模板上浮，可埋设地锚，通过钢丝绳紧线器固定。

4. 主肋、背楞和对拉螺栓间距要根据实际工况计算确定。

现浇防撞墩模板说明				图号	19.1.1
设计	邢彬	制图	邢彬	审核	杨树臣

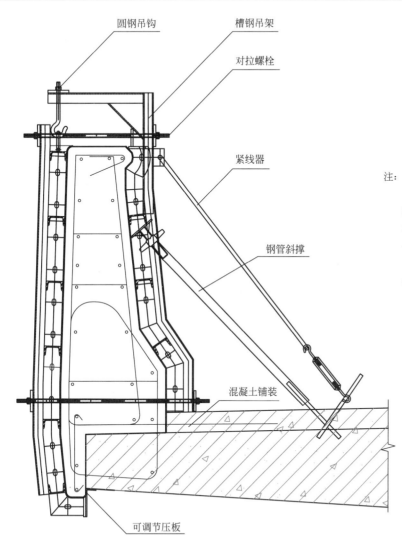

圆钢吊钩　　　槽钢吊架

对拉螺栓

紧线器

钢管斜撑

混凝土铺装

可调节压板

注：1. 模板用料：模板面板宜采用4厚钢板。主肋采用8号槽钢，边肋用10厚扁钢，背楞采用10号槽钢或矩形钢管。

2. 模板采用对拉螺栓，上拉杆距护栏顶3～4cm，下拉杆在沥青铺装层范围内。

3. 拉杆型号、模板连接螺栓型号及开孔间距，需计算确定。

4. 若先施工桥面混凝土铺装层，再施工护栏时，需先浇筑宽10cm、高5cm的豆石混凝土，作为内模板的支撑基面。

5. 内、外模板与旧混凝土交接处，用密封胶条或密封膏封堵空隙。

现浇防撞墩模板安装图				图号	19.1.2
设计	邢彬	制图	邢彬	审核	杨国臣

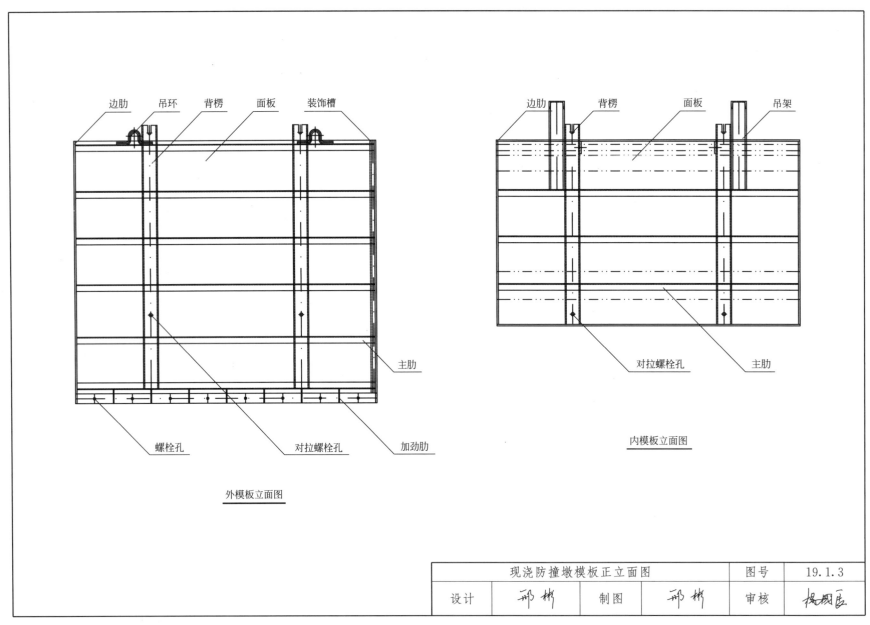

外模板立面图

内模板立面图

| | | | | | | | 现浇防撞墩模板正立面图 | | 图号 | 19.1.3 |
|设计| | |制图| | |审核| | | | | |